评审会现场照片（一）

评审会现场照片（二）

"纺织之光" 2020 年度中国纺织工业联合会纺织职业教育教学成果奖评审会合影

教学成果奖颁奖

中国纺织工业联合会文件

中纺联〔2020〕44号

关于授予"纺织之光"2020年度
中国纺织工业联合会纺织职业教育教学成果奖的决定

各有关单位:

根据国务院发布实施的《教学成果奖励条例》和《中国纺织工业联合会纺织职业教育教学成果奖励办法》,经中国纺织工业联合会纺织教育教学成果奖励评审委员会审定,中国纺联批准,"纺织之光"2020年度中国纺织工业联合会纺织职业教育教学成果奖授奖项目共171项,其中:授予江苏工程职业技术学院陈志华等申报的"依托平台协同创新,产教融合协同育人,助力纺织行业协同发展的实践"等18项教学成果一等奖,奖励金额1万元/项;广东女子职业技术学院谢盛嘉等申报的"基于'校企合作工作室'的高职服装与服饰设计专业项目化教学模式改革与实践"等51项教学成果二等奖;嘉兴职业技术学院金智鹏等申报的"'3+3'互利共赢的纺织类专业校外实习教学模式改革"等

102 项教学成果三等奖。以上奖励金由纺织之光科技教育基金会资助。

希望全行业要认真落实党中央对纺织工业转型升级的总体要求，鼓励纺织服装院校积极深化教学改革，彰显"做中学、做中教"的纺织教育教学改革的特点，开拓创新，提高纺织教育教学水平和教育质量，全面促进和推动纺织行业发展。

附件："纺织之光"2020 年度中国纺织工业联合会纺织职业教育教学成果奖获奖名单

中国纺织工业联合会
2020 年 10 月 22 日

"纺织之光"

中国纺织工业联合会
纺织职业教育教学成果奖
汇编

（2020年）

—— 主编 ——

中国纺织工业联合会

中国纺织服装教育学会

纺织之光科技教育基金会

中国纺织出版社有限公司

内 容 提 要

　　本书汇集"纺织之光"2020年度中国纺织工业联合会纺织职业教育教学成果奖一等奖、二等奖获奖项目共69项。2020年共有41所职业院校和相关单位申报了209项教学成果。成果从数量、质量、时效性等方面较上届均有所提高,主要表现在:更加强调对接产业链建设专业群,服务区域纺织服装产业"四新"经济特征;更加强调创新型人才培养,面向全体、全程融入创新教育,构建双创教育体系;更加强调标准体系建设,院校办学的法治标准规范意识进一步提升;更加强化非遗技艺和中国文化的挖掘与教学融合;更加强化院校企协同,校内做好拆墙跨界打造专业群,联企协同培养创新,依托教育学会平台跨校联合培养。

图书在版编目(CIP)数据

　　"纺织之光"中国纺织工业联合会纺织职业教育教学成果奖汇编. 2020 年 / 中国纺织工业联合会,中国纺织服装教育学会,纺织之光科技教育基金会主编. –– 北京:中国纺织出版社有限公司,2021.4

　　ISBN 978-7-5180-8376-3

　　Ⅰ. ①纺… Ⅱ. ①中… ②中… ③纺… Ⅲ. ①纺织工业—职业教育—文集 Ⅳ. ① TS1-4

　　中国版本图书馆 CIP 数据核字(2021)第 031520 号

责任编辑:亢莹莹　　责任校对:江思飞　　责任印制:王艳丽

中国纺织出版社有限公司出版发行
地址:北京市朝阳区百子湾东里A407号楼　邮政编码:100124
销售电话:010—67004422　传真:010—87155801
http://www.c-textilep.com
中国纺织出版社天猫旗舰店
官方微博http://weibo.com/2119887771
唐山玺诚印务有限公司印刷　各地新华书店经销
2021年4月第1版第1次印刷
开本:889×1194　1/16　印张:20.25　插页:2
字数:513千字　定价:78.00元

目 录

第一部分　一等奖

第二部分　二等奖

附录

第一部分

一等奖

依托平台协同创新，产教融合协同育人，助力纺织行业协同发展的实践

江苏工程职业技术学院

完成人及简况

姓名	性别	所在单位	党政职务	专业技术职称
陈志华	男	江苏工程职业技术学院	省先进纺织工程中心主任	教授
张炜栋	男	江苏工程职业技术学院	染整教研室主任	副教授
马昀	男	江苏工程职业技术学院	纺织服装学院院长	副教授
马顺彬	男	江苏工程职业技术学院	无	副教授
王生	男	江苏工程职业技术学院	发展规划处科长	讲师

1 成果简介及主要解决的教学问题

1.1 成果简介

针对当前高职创新人才培养过程中，创新教育与专业实践融合度不够、教师创新教育能力薄弱、专业服务产业不够的现状，依托以协同创新为目的的"先进纺织工程技术中心"，创新机制，整合资源，将企业研发项目与创新创业教育内容、研发人员与师生、研发过程与教学过程、研发成果与创新创业成果深度融合，构筑产教融合、协同育人的教育实践平台，在协同创新中协同育人；以省科技创新团队为抓手，以创新项目为驱动，组建由教授、博士领衔，青年骨干教师、企业研发人员和学生广泛参与的科研团队，全面提升教师科研与双创教育能力，打造创新与教练并重型师资团队；以学生创新能力培养为中心，将企业项目融入课程分段培养，在课程中设计模块和案例，从简单认知、复杂运用到综合创新，根据创新易难程度，在一、二、三年级中分步实施预创、练创和实创"三段推进"培养模式，把协同创新融入人才培养全过程，提升了人才培养质量；科技团队加强技术转移和科技服务，形成对纺织产业有实效的技术支撑，成果转化为企业发展提供了源动力，推动了江苏纺织行业的高质量发展，取得了良好的经济和社会效益，得到了政府、纺织行业、企业一致好评。

1.2 主要解决的教学问题

1.2.1 加强学理研究，构建高职协同创新平台，解决三大协同相互支撑的理论指导问题

通过高职协同创新路径现状分析，对高职院校科技协同创新平台机制、组织、攻关、责权、利益分配、评价指标体系等做了系统研究，提出了平台协同创新、产教协同育人、产业协同发展的产教融合人才培养模式。

1.2.2 打造创新项目课程体系，校企团队协同育人，解决教学与科技相脱离的问题

将企业项目融入课程体系，学生融入团队，校企共同实施分阶段培养，深化教学改革，运用导师制、学分制、走班制等形式，学创结合，把协同创新育人融入人才培养全过程。

1.2.3 积极推进成果转化，服务行业协同发展，解决了专业与产业融合度不够的问题

融合校企合作团队，瞄准关键技术协同攻关，推进产业化；全方位服务企业，开发新产品、培训员

工、制定国家、行业标准、省级以上获奖、知识产权、转让技术，有力地推进了企业协同发展，产业转型升级。

2 成果解决教学问题的方法

2.1 对接项目，围绕创新能力提升，解决"创新元素融入课程体系融合"问题

将企业项目融入课程，深化改革，运用导师制、学分制、走班制等形式学创结合；在一、二、三年级中分步实施预创、练创和实创"三段推进"模式，培养创新意识，经历创新锻炼，把协同创新培养融入人才培养全过程。

2.2 创新机制，校企合作建设一流师资团队，解决"创新教育能力薄弱"问题

通过理论研究指导创新体系建设，行业大师、首席专家引领，产业教授、特聘教授和企业研发骨干编入科技创新团队，聚焦方向，形成核心竞争力；以博士、教授工作室为单元形成研发责任主体，团队老师承担项目任务，研发教学指导并举。

2.3 协同创新，突破关键技术，解决"专业服务产业不够"问题

整合力量，聚焦纺织前沿领域，协同攻关，取得重大成果，超高分子量聚乙烯短纤维研发关键技术达到国际先进水平，生物质功能性纤维制备关键技术、生态染整短流程生产关键技术等项目已经产业化。累计服务企业 120 余家，在培训员工、开发新产品、制定国家与行业标准、获省级以上奖项、知识产权、转让技术等开展全方位合作，有力地推进了企业协同发展，产业转型升级。

3 成果的创新点

3.1 通过校企合作，打造一流团队，提高科研教学水平

创新机制，将工程中心行业大师等编入省、校、院三级 13 个科技创新团队，聚焦方向，形成核心竞争力，以博士、教授工作室为单元的团队，聚焦纺织新材料、纺织智能创新技术、纺织绿色节能技术等前沿性领域，指导学生进行创新创业实践，既提升了科技研发能力，又提升了创新教育能力，推进了创新与教练型师资团队建设。

3.2 学创结合，依次递进，建设协同育人课程体系

实施专业教育与创新教育的"双线融合"，将企业项目融入课程，深化教学改革，运用导师制、学分制、走班制等形式学用结合、学创结合。在一、二、三年级中分步实施预创、练创和实创"三段推进"培养模式，不断培养学生创新意识，经历项目创新锻炼，把协同创新培养融入人才培养全过程，提升人才培养质量。

3.3 集聚资源，深化机制改革，构筑协同创新育人平台

中心在项目实施、创新课程等方面进行了设计，成为协同创新、协同育人、协同发展特区，引入企业项目与人才、资金和设备，将创新元素项目转化为教学案例，在关键共性技术上协同攻关，取得重大成果，UHMWPE 纤维研发关键技术达到国际先进水平，生态染整短流程生产关键技术等项目已经产业化，累计服务企业 120 余家，在培训员工、开发新产品、制定国家标准、省部级获奖，有力推进了企业协同发展，产业转型升级。

4 成果的推广应用情况

4.1 全面提升纺织类人才培养质量

6 年来，先后培养 4200 余名具有创新理念的技术技能人才，学生主持省大学生实践创新项目 62 项，32 人次获得全国技能大赛一等奖，学生获得授权专利 21 项，发表论文 14 篇，6 名同学获全国纺织行业技能大赛标兵称号，6 名同学获中国纺织工业联合会"纺织之光"奖，27 人次获得省高校优秀毕业设计奖及优秀团队奖，获得全国发明杯等省级以上创新创业大奖 18 项，就业率连年保持 100%，

供需比 1：6，近百名学生先后创业开办了公司、实体或网店等，得到了政府、纺织行业、企业一致好评。

4.2　教学科研团队能力进一步提高

建设国家级、省级科技创新团队 4 个，校级团队 13 个，高层次人才数量不断增加，为纺织行业培养一批科技领军人才，现集聚院士 1 人，长江学者 1 人，省级以上人才 19 人，其中教授 18 人，副教授 33 人，省市级教学名师 3 人、省 333 人才 5 人、博士学位 10 人，90% 的专业教师具有"双师"素质；新增全国技能大师 3 人；校企合作开发教材 12 部，发表学术论文近 344 篇，其中被 SCI、EI、ISTP 收录 31 篇，中文核心期刊 123 篇。

4.3　人才培养示范引领作用显著

拓展渠道，与协同体单位联合培养多层次教育，学历教育与技术培训相结合，构建了从中职、高职、应用本科到研究生的立体式现代职教体系。苏州大学、江南大学在中心设立了研究生工作站，已联合培养博士研究生 4 人，硕士生 18 人，卓越工程师 218 人，专科技能人才 4200 余名。协同单位江苏联发集团在我校设立了江苏工院联发纺织高端纺织创新中心，校企共同开展创新和育人课程，企业与师生共同设计 600 余款服装，并推向市场。本成果经验推广应用到我校服装、家纺等专业和国内外纺织服装院校，近 6 年，我校服装设计专业在全国服装设计大赛中获得金奖达 43 个，家纺专业有 35 名学生自主创业开设了家纺设计工作室，学校连续 5 年举办纺织、染整、服装国培师资班，为全国 40 多所纺织服装院校 324 名教师开展培训，创新创业教育能力得到提升；为新疆开展纺织师资培训班 4 期，培训 128 人，为发展新疆纺织产业提供了人才支撑。省先进纺织工程中心正进行二期建设，现代纺织技术国家级专业教学资源库、现代纺织技术专业省级品牌专业均已建成验收，染整技术专业获得省骨干专业，现代纺织专业群入选国家高水平专业建设。拓展海外，参与一带一路建设，为世界纺织发展助力。牵头组建国际纺织服装职教联盟、中国纺织服装职教联盟，选派 80 余人到发达国家考察交流，吸纳荷兰等国留学生 112 人来校学习纺织技术，为非洲国家开展专业技能培训。

4.4　提升了社会服务能力和影响力

依托创新平台，围绕关键技术协同攻关，在纺织新材料等 3 个方向领域已突破 8 项关键核心技术，超高分子量聚乙烯短纤维关键技术打破国外垄断达到国际先进，已在仪征化纤等企业产业化；生物质功能性纤维制备关键技术已在江苏大生集团实施产业化。中心加强技术转移和科技服务，形成对纺织产业技术支撑，累计服务企业 120 余家，为企业培训员工 3000 余人，开发新产品 150 个，其中高新技术产品 8 个，制定标准 16 项，其中，国家标准、行业标准 3 项；授权发明专利 123 项，转让专利技术 32 项，为企业新增销售收入 8 亿元以上，和企业合作技术获省部级科技进步奖 8 项，有 8 家企业成为国家高新技术企业，成果转化为企业发展提供了源动力，推动了江苏纺织行业的发展，取得了良好的经济和社会效益。2015 年、2017 年现代纺织技术专业与江苏大生集团、江苏联发集团合作，获中国纺织服装产业校企合作专业优秀案例，2013 年被授予全国纺织行业技能人才培育突出贡献奖，2014 年被授予中国纺织服装人才培养基地，2017 年成为中国纺织服装职教集团理事长单位，2019 年成为中国纺织服装职教集团理事长单位，学校连续 9 年获评省高校就业先进单位，并入选"全国高校就业先进典型 50 强"和"全国高等职业院校"服务贡献 50 强、育人成效 50 强、国际影响力 50 强、创新团队获感动南通教育提名奖，南通市服务地方经济贡献奖。

基于产教融合"四新"机制的纺织品时尚设计人才的培养创新与实践

义乌工商职业技术学院

完成人及简况

姓名	性别	所在单位	党政职务	专业技术职称
金红梅	女	义乌工商职业技术学院	创意设计学院院长、义乌市创意园主任、义乌中国小商品城创意设计服务有限公司董事长	教授
龚晓嵘	女	义乌工商职业技术学院	创意设计学院副院长	副教授
华丽霞	男	义乌工商职业技术学院	创意设计学院副院长、创意园管理中心副主任	副教授
洪文进	男	义乌工商职业技术学院	专业机构主任	讲师
侯肖楠	男	义乌工商职业技术学院	无	助教
苗钰	女	义乌工商职业技术学院	无	讲师
毛艾嘉	女	义乌工商职业技术学院	无	助教

1 成果简介及主要解决的教学问题

1.1 成果简介

习近平总书记称赞义乌是世界"小商品之都"，集聚 25 万家中小企业、7.5 万个商铺、26 个大类、210 多万种商品，帽子、围巾、针织、饰品、衬衫、家纺等多类时尚消费纺织品行业的提档升级亟待商业设计人才支撑。我校时尚设计专业群依托浙江省高职优质建设校及一批省部级教学改革项目，以浙江省八大万亿、义乌四大千亿时尚产业发展为引擎，提出了"立足市场需求，聚焦商业设计，注重实践转化"的教学理念，推动多元主体参与体制改革，创新了混合多元、开放共赢的产教融合新机制，构建市场导向、能力进阶的专业群课程新体系，搭建产学研创、共建共享的实践教学新平台，开展项目贯穿、协同培养的实践教学新模式，破解了校企合作办学活力不强、设计类专业人才培养供给侧与产业需求侧不适应等痛点，培养了一大批具备纺织品商业设计能力的高质量应用技能型人才（图 1）。

成果改革成效显著，专业建设获国家级荣誉项目 6 项、省部级荣誉项目 20 项；学生竞赛获省级以上奖项 60 余项；专利授权 319 项；社会服务横向收入 2110.38 万元，学生设计成果转化金额 1443 万元；中央电视台新闻调查栏目、经济半小时、新华社专题报道，中国教育报头条报道我校创意设计服务地方产业成效，人民日报社、新华网、光明网、凤凰网等先后报道累计 174 次。

1.2 主要解决的教学问题

（1）如何激发校企合作办学活力，形成产教融合长效共赢机制。

（2）如何集聚区域产教办学资源，构建市场需求导向的专业群课程体系。

（3）如何搭建实践教学平台，优化教学模式，培养适应区域产业的纺织品设计人才。

2　成果解决教学问题的方法

2.1　混合多元、开放共赢的产教融合新机制

成果以体制改革推动机制创新，拥有 2 个国家级研发中心和 65 家入驻设计机构的义乌市创意园与二级学院合署，理事会领导主任负责制；与国企上市公司中国小商品城集团合办混合所有制商城设计学院和商城公司；院长兼主任、董事长，企业骨干任总经理，专业团队运营产业项目，专业建设和运营一盘棋；共建聚饰云产业学院（饰品产业园）、棒杰数码针织品省级研发中心、浙江新光饰品科技研究院（省级）；制订企业育人奖励、成果转化激励等系列制度；形成学校主导、企业主体，开放融合、校企共赢机制。

2.2　市场导向、能力进阶的专业群课程新体系

以市场需求为导向，制订纺织品商业化设计师能力清单，根据"基础期→技能期→岗位期"能力进阶路径，构建能力清单化、课程模块化、教学项目化、实践岗位化、成果市场化的专业群课程新体系，产学研成果接受市场检验，建设 32 家协同育人主体、学徒制企业 25 家、省新形态教材 2 部、课程标准 27 套、项目化课程 26 套。

2.3　产学研创、共建共享的实践教学新平台

建设面积 91000m² 的创意园和 3 个市场实践基地，建设面积 6790m²、设备总值 1400 余万元的国家级生产性实训基地，营造"产学研创"环境；集聚 32 家协同育人主体、两大研发中心 27 个分基地、65 家设计机构的优秀设计师和优质项目，专业团队运营国家级展会文旅产品专区、商业大赛、创意市集、产品开发等 89 场（项），校企共建实践教学平台，学生成果转化金额 1443 万，设计服务金额 7277.51 万元，转化产值 10 亿元，校企共享育人成果。

2.4　项目贯穿、协同培养的技能教学新模式

产学研项目来自企业真实开发命题，贯穿实践教学，转化渠道通畅；建设 45 名境内外设计师、技术骨干、渠道营销专家组成的企业导师库，组建对接区域产业的针织、饰品、玩具等 9 个动态项目制"校企多导师"教学团队，培养学生适应真实项目的设计技能，指导产品转化的商业要素、工艺成本分析等技能。

3　成果的创新点

3.1　创新了混合多元、开放共赢的产教融合新机制

成果以体制改革推动机制创新，开展混合所有制、冠名产业学院、现代学徒制等多层次、多维度的校企合作，推进多元主体参与办学，优质产教资源集聚，形成开放融合、校企共赢机制，在全国首先提出商业设计人才培养定位，尝试解决高职院校纺织类时尚设计成果不适应市场、转化率低的共性问题，改革推动设计创新与义乌市场转型升级融合发展，为高职院校依托区域深化产教融合提供示范样本。

3.2　创新了市场导向、能力进阶的专业群课程新体系

成果以市场为导向，根据"基础期→技能期→岗位期"能力进阶过程，校企共同构建能力清单化、课程模块化、教学项目化、实践岗位化、成果市场化专业课程体系，有效衔接技能与应用、课堂与实践、项目与课程、岗位与市场，学生毕业前已完成适应市场"最后一公里"阶段，人才培养质效大幅度提升，取得了显著的社会效益和经济效益。

3.3　创新了项目贯穿、协同培养的技能教学新模式

成果以产业项目、商业大赛为市场化运营载体，引入企业产品开发实际需求，保障成果转化的市场化通道；组建的动态项目制"校企多导师"教学团队，分别指导产品转化商业要素、工艺成本分析

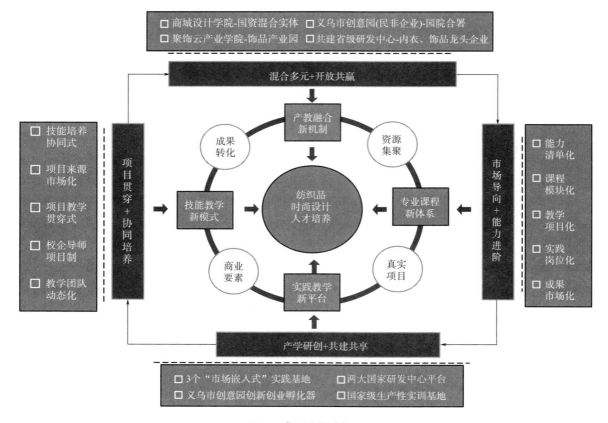

图1　成果改革路径图

等不同方向的技能，学生设计成果转化率大幅提升，助推区域产业升级。

4　成果的推广应用情况

4.1　成果应用效果

（1）提升了时尚设计专业群建设水平。获国家级生产型实训基地、国家级骨干专业、省高等学校产教融合人才培养类示范基地等省级以上项目和荣誉26项。产品艺术设计、模特与礼仪专业获"金平果"2020高职分专业竞争力排行榜第三，以专业群为主要建设成效，学校跻身全国创新创业典型经验高校50所、全国高职社会服务贡献50强、育人成效50强。

（2）培养了大批高质量时尚设计人才。学生技能证书通过率100%，就业率98%以上，专业创业率15%以上；学生竞赛获省级以上奖项66项；获专利授权126项，被企业采纳成果300余个，转化金额1443万元；毕业生担任梦娜袜业等知名企业设计总监。

（3）提高了专业群社会服务能力。近三年，专业群社会服务横向项目到款2110.38万元，获专利授权319项；与企业共建省市级研发中心6家；参与制订"无痕内裤"国家行业标准；2家师生共创公司获批省科技型企业；举办省金蓝领饰品高技能人才培训等省级以上高研班8场，产业培训7000余人次；2016～2019年创意园设计服务业绩7277.51万元，带动产值10亿元。

4.2　示范推广效果

4.2.1　示范推广

成果改革经验得到广泛认可，来校考察学习单位221家、7956人次；运营的产业项目和设计大赛吸引北京服装学院等百余所高校、万余名设计学子参赛，成为中央美术学院、韩国桂园艺术大学等多所国内外高校的实践基地，专业学生与知名本科院校设计学子同台竞技交流；大连工业大学、武汉

城市职业学院与我校开展本专科交换生项目；韩国桂圆艺术大学、上海海事大学慕名参加我校举办的
WORKSHOP 项目；建设韩国明知大学等 2 个海外实践基地。

4.2.2　辐射影响

举办 3 届 "一带一路" 中国义乌世界小商品创新驱动国际论坛，获人民日报海外版等专题报道，
两院院士发声点赞专业服务区域贡献；两大研发中心设立 27 个国内研发分基地，服务辐射全国；师生
作品多次受邀参加北京国际旅游商品博览会等各国家级展会；167 件优秀作品受邀参加西班牙"义新欧"
四周年展，马德里市政府市长给予高度评价。

4.2.3　媒体报道

中央电视台新闻调查栏目和经济半小时专题报道我校设计专业现代学徒制试点班，新华社专题报
道毕业生双创事迹，中国教育报头条报道我校创意设计服务地方产业成效，人民日报、新华网、光明网、
凤凰网等先后报道累计 174 次。

"双擎牵引、三创并举、四联驱动" 纺织服装复合型人才培养模式创新与实践

广东职业技术学院
佛山市纺织服装行业协会

完成人及简况

姓名	性别	所在单位	党政职务	专业技术职称
吴教育	男	广东职业技术学院	校长	教授
龙建佑	男	广东职业技术学院	副校长	教授
张宏仁	男	广东职业技术学院	质量监控中心副主任、直属第四支部书记	副教授
李竹君	女	广东职业技术学院	纺织系主任	教授
王家馨	男	广东职业技术学院	服装系主任	教授
向卫兵	男	广东高明产业创新研究院	院长	教授
刘捷	男	广东职业技术学院	教务处副处长	教授
文水平	男	广东职业技术学院	系主任	副教授
吴浩亮	男	佛山市纺织服装行业协会	常务副会长兼丝绸学会理事长	高级工程师
蔡祥	男	广东职业技术学院	无	教授
黄婷	女	广东职业技术学院	学生处副处长、创新创业学院常务副院长	高级职业指导师、人力资源经济师
黄碧峰	男	广东职业技术学院	无	助理研究员

1 成果简介及主要解决的教学问题

为适应轻纺制造业快速转型升级对纺织服装复合型人才的需求，自 2012 年 5 月起，我校依托政校企行共建国家级纺织服装公共实训中心（国家发改委、教育部）、广东高明产业创新研究院等实践育人平台，深化产教融合，创新人才培养，不断凝练特色，逐步形成了"双擎牵引、三创并举、四联驱动"纺织服装复合型人才培养模式（图 1）。

1.1 成果主要内容

1.1.1 基本内涵

整合政、校、企、行各方优势资源，形成政府、学校、企业、行业深度融合办学局面，建立多元育人平台，打通教育链、产业链、人才链、创新链，实施"双擎牵引、三创并举、四联驱动"纺织服装复合型人才培养。

双擎牵引：将"校企精准对接""校企精准育人"作为人才培养双引擎，分别牵引实现"专业融入产业""教学融入企业"。"专业融入产业"即专业和人才培养规格紧随产业转型升级实施动态调整、产业发展需求融入专业和基地建设，"教学融入企业"将产业先进技术元素、企业真实项目融入课程体系，校企精准对接、双导师双身份精准育人，支撑整个人才培养。

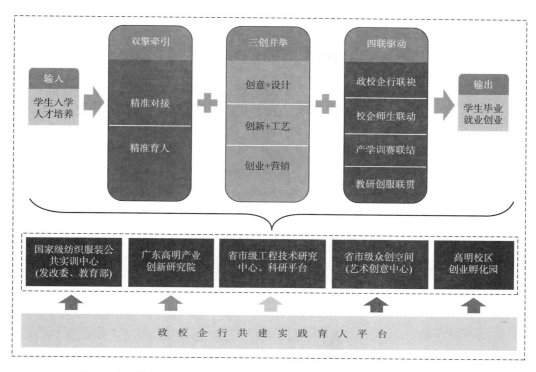

图1 "双擎牵引、三创并举、四联驱动"纺织服装复合型人才培养模式

三创并举：以产品生产为项目驱动，贯通设计（创意）、工艺（创新）和营销（创业）能力培养与课程体系构建，形成"创意 + 设计、创新 + 工艺、创业 + 营销"三创并举，培养有创意、懂设计、会工艺、能创新、善营销、可创业的纺织服装复合型人才。

四联驱动：坚持以"政校企行联袂、校企师生联动、产学训赛联结、教研创服联贯"四联驱动的方式，促进整个人才培养提质增效。

1.1.2 主要特色

（1）该成果创新形成了"跨界融合、开放共享"的职业教育办学理念、"产教融合、协同育人、知行合一、德技双修"人才培养理念，首创"双擎牵引、三创并举、四联驱动"纺织服装复合型人才培养模式。

（2）该成果积极探索人才培养紧密结合生产劳动和实践过程，校企精准对接、精准育人，建成了央财支持重点专业2个、国家级骨干专业4个、省级品牌专业8个，主持和参建了国家级专业教学资源库3个，建设了集国家级纺织服装公共实训中心（发改委、教育部）、广东高明产业创新研究院、省市级工程技术研究中心、省市级众创空间、高明校区创业孵化园等为一体的政校企行协同育人平台，其中央财支持实训基地3个、国家级公共实训中心1个、省级工程技术研究中心2个、省级协同创新平台1个，省级众创空间1个、市级工程技术研究中心5个、市级众创空间3个、市级科研平台6个，有力支撑了复合型人才培养。

（3）践行"四联驱动"育人模式，政校企行联合课程开发、技术研究、技术服务、创新创业，实现了"产、学、训、赛、教、研、创、服"互融互哺，教师乐教善导、学生乐学善思、社会乐用善任。

1.2 成果成效

经过近5年的实践检验，人才培养质量显著提升，毕业生初次就业平均月收入由2015届的3088元提高到2019届4175元；毕业生初次就业率5年来均达到98%以上，高出全省平均水平2.93到4.21个百分点；成果多次在全国高职高专校长联席会议、粤港澳大湾区发展与教育创新高端论坛等高峰论坛上分享，中国教育报、广东广播电视台、南方日报、珠江时报、佛山日报等20多家媒体进行了相关报道，被全国 100 余所院校学习借鉴，在全国纺织服装类专业产生了重大影响。

2 成果解决教学问题的方法

2.1 坚持"双精准"双擎驱动，解决了专业设置与产业需求、学习内容与岗位需求脱节的问题

遵循"专业融入产业，教学融入企业"的理念，根据产业结构转型升级的要求，以适应设计、生产、管理第一线岗位的需要为原则，组建校企结合的复合型人才培养共同体，在专业设置、人才标准、培养方案、课程改革、教材建设、实训实习等方面形成良好的合作机制，校企精准对接、精准育人，使人才培养工作更贴近生产实际。

2.2 重构人才培养三阶递进课程体系，解决了纺织服装类人才素质和能力如何有效培养的问题

遵循"知行合一、德技双修"的理念，以典型岗位职业标准为依据，以岗位分析为基础，重构了以"设计＋工艺（生产）＋营销"为主线，创意元素融入设计、创新意识融入生产工艺、创业理念融入营销服务的"三创并举"、专业素养与能力"三阶递进"的课程体系。有力地支撑了学生"创意思维＋设计策划能力、创新意识＋生产制造能力、创业素养＋市场营销能力"复合型素质和能力的培养（图 2）。

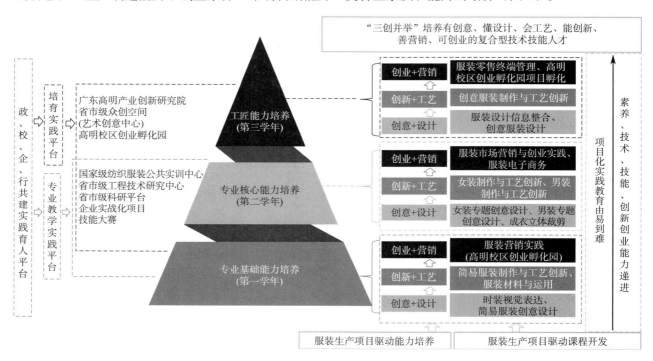

图 2 "创意＋设计、创新＋工艺、创业＋营销"三创并举三阶递进式课程体系

2.3 搭建"政、校、企、行"实践育人平台，四联驱动解决了人才培养主体、环境、模式对学生能力培养协同不足的问题

遵循"产教融合、协同育人"的理念，由政府、企业和学校共同投入资金、场地、设施设备及相关人员，建设了集国家级纺织服装公共实训中心、广东高明产业创新研究院、省市级工程技术研究中心、省市级众创空间、高明校区创业孵化园等为一体的"政、校、企、行"协同育人平台。基于国家级纺织服装公共实训中心，"双导师"指导学生基本技能训练；基于广东高明产业创新研究院企业工程师指导学生技术工艺知识和训练；基于省市级工程技术研究中心，"双导师"带领学生实施企业真实项目，成果交付后，学生将会获得一定"准员工"劳动报酬；基于省级市众创空间，"双导师"指导学生创新创业；基于高明校区创业孵化园，学校免费提供场地，指导并帮助学生创业项目落地。通过"政校企行联袂、校企师生联动、产学训赛联结、教研创服联贯"，很好地驱动了复合型人才的培养。

3 成果的创新点

3.1 理论创新——构建"双擎驱动、三创并举、四联驱动"人才培养模式

根据查新报告（编号：202036000L150165），本成果提出的"双擎牵引、三创并举、四联驱动"纺织服装复合型人才培养模式未见报道。该模式以"专业融入产业，教学融入企业"为办学理念，通过校企无缝合作，将产业需求融入专业建设、企业先进元素融入基地和课程建设，精准对接、精准育人；以"产教融合、协同育人、知行合一、德技双修"为人才培养理念，构建了"创意思维＋设计策划能力、创新意识＋生产制造能力、创业素养＋市场营销能力"的纺织服装类复合型人才素质技能培养体系，搭建了"政、校、企、行"协同育人平台，建立了"政校企行联袂、校企师生联动、产学训赛联结、教研创服联贯"、教师师傅"双导师"培养，学生学徒"双身份"学习等育人机制。项目组先后发表相关教研论文近20篇，创新并发展了产教融合、校企合作人才培养理论。

3.2 体系创新——首创"创意＋设计、创新＋技术、创业＋营销"三创并举的复合型素质、能力培养体系

该体系对接区域纺织服装产业链，以典型岗位职业标准为依据，以岗位分析为基础，探索纺织服装类复合型人才所需的素质能力结构，形成以"设计＋工艺（生产）＋营销"为主线，创意元素融入设计、创新意识融入生产工艺、创业理念融入营销服务的"三创并举"、专业素养与能力"三阶递进"的课程体系。依托专业教学实践平台和培育实践平台，通过第一学年的专业基础能力培养、第二学年的专业核心能力培养和第三学年的工匠能力培养三阶递进系列课程，由易到难开展项目化实践教育，逐步培养学生的综合素养、技术、技能和创新创业能力。

3.3 实践创新——打造产教融合复合型纺织服装技能人才培养生态系统

建立了"四联驱动""双导师""双身份"育人模式，建成了广东高明产业创新研究院等五类"政、校、企、行"协同育人平台，建设了一批国家级骨干专业和省级品牌专业，开发了一系列优质教育资源，将企业的生产、学生的学习、实战的训练和专业的比赛联结起来，将教学、研究、创业、服务贯通起来，形成了"政校企行联袂、校企师生联动、产学训赛联结、教研创服联贯"的育人模式。

4 成果的推广应用情况

4.1 校内应用

4.1.1 人才培养质量显著提升

形成了"进口旺、出口畅"的纺织服装类专业人才培养格局。2012年成果应用以来，报读纺织服装类专业学生由3670人上升到2019年的4431人，就业率稳定在98%以上，毕业生初次就业平均月收入由2012届的2067元提高到2019届4175元；2017年起纺织服装类专业先后与惠州学院、韶关学院、华南师范大学等高校联合开展"3+2"高职本科人才培养，形成了"中、高、本"一体化衔接的纺织服装类专业人才培养体系；近5年，学生频频亮相中国国际大学生时装周，学校多次荣获"中国国际大学生时装周人才成果培育奖"；近5年来，学生在各级各类比赛中取得优异成绩，累计获得省级一等奖以上113项，凸显了纺织服装类复合型人才的培养实效。

4.1.2 社会服务能力持续增强

连续多年承办全国纺织服装类职业院校最具影响力的纺织面料检测技能大赛，受到中国纺织服装教育学会等的充分肯定，连续多年承办全国职业院校染整技术专业水平最高、参与范围最广的染色小样工技能大赛，在全国范围内产生了广泛影响，2019年承办了参赛选手最多、社会影响最大、联合主办部门最全的全国职业院校技能大赛（高职组）"服装设计与工艺"赛项比赛，标志着我校服装类专业办学实力达到了全国先进水平。最近5年，开展的社会培训服务均达10万人日以上，每年完成培训

收入在 700 万元到 1000 多万元之间，很好地服务了区域经济社会的发展。

4.2 校外应用、社会影响和辐射

4.2.1 输出优质教育资源

与越南百宏责任有限公司合作设立了广东职业技术学院越南百宏纺织应用技术学院，与柬埔寨服装培训学院、柬埔寨中国纺织协会、柬埔寨制衣协会合作设立了广东职业技术学院柬埔寨纺织服装教育基地，借助学校纺织服装品牌专业优势，推广学校课程标准、专业教学标准，为当地中国企业输入优秀毕业生。先后派出 13 位老师赴越南百宏纺织应用技术学院对 100 名企业人员进行了培训，共为其输送海外管理、技术骨干 14 人，开展现代学徒制培养 30 多人、订单培养 50 多人，现有 7 名学生在越南百宏责任有限公司实习，另有 6 位教师在广东职业技术学院柬埔寨纺织服装教育基地对新入职员工和高层管理人员进行培训，推广职院的办学理念、人才培养模式和专业教学标准。

4.2.2 形成典型案例校外推广

多次参加全国高职高专校长联席会议，2019 年获评全国高职高专校长联席会议 2019 年年会改革发展成果优秀案例；多次在国际纺织服装职业教育联盟、粤港澳大湾区发展与教育创新高端论坛等高峰论坛上分享，广东广播电视台、南方日报、珠江时报、佛山日报等 10 多家媒体进行了相关报道；2019 年中国管理科学研究院《中国大学评价》课题组发布的"武书连 2019 中国高职高专学科大学排行榜"中，我校在全国 119 所开设轻工纺织大类专科专业的高职高专院校中全国排名第三，广东省内排名第一；先后在全国 100 多所院校进行推广，得到学生、行业企业、政府和社会广泛认同以及高度评价，在全国产生了广泛影响与示范效应（图 3）。

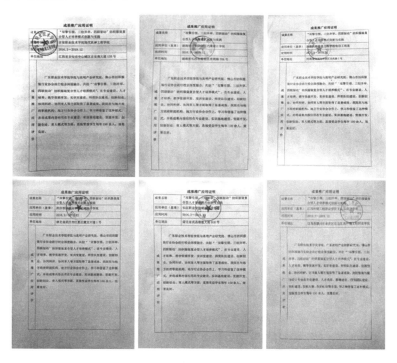

图 3 部分国内职业院校成果推广应用证明

4.2.3 用人单位评价

近年来，举办的全校大型供需见面会和纺织服装类毕业生专场招聘会，用人单位踊跃到学校招贤纳士，纺织服装类毕业生供不应求。毕业生良好的个人形象和专业素质，得到了用人单位的一致认可和高度评价，来校招聘的企业负责人纷纷表示：我校培养的纺织服装类毕业生上手快，业务强，综合素质高。2017 ~ 2019 年，用人单位雇主满意度分别为 87.03%、88%、89.03%。

"艺技贯通、跨界合作、学创融合"民族文化传承下服装文创型人才协同培养

无锡工艺职业技术学院
南通蓝印花布博物馆
江南大学

完成人及简况

姓名	性别	所在单位	党政职务	专业技术职称
梁惠娥	女	无锡工艺职业技术学院	党委书记	教授
许家岩	男	无锡工艺职业技术学院	时尚学院副院长	讲师
吴萍	女	无锡工艺职业技术学院	无	讲师
陈珊	女	无锡工艺职业技术学院	教务处处长	副教授
胡少华	女	无锡工艺职业技术学院、南通蓝印花布博物馆	无	讲师
吴元新	男	无锡工艺职业技术学院	产业教授、中民协副主席	研究员级高级工艺美术师
崔荣荣	男	江南大学	江南大学社会科学处副处长	教授
龚慧娟	女	江苏省服装设计师协会	常务副会长	高级工程师

1 成果简介及主要解决的教学问题

1.1 成果简介

我院服装设计专业紧抓深化国家职业教育改革发展、中国传统工艺振兴计划的重要契机,针对服装专业人才培养中存在的"重技术轻艺术、重工艺轻文化、重现代轻传统、重专业轻素养、重创新轻传承"等共性问题,以培育"工匠精神"为导向,把"艺技贯通、跨界合作、学创融合"的理念贯穿人才培养全过程,构建高职(无锡工艺)、本科(江南大学)、企业(德赛数码科技等)、行业协会(江苏省服装协会、中国民间艺术家协会)参与的"四方协同"育人机制,培养民族文化传承下服装专业"文创型"人才。

基于学生职业能力提升和文创产业人才需求问题,将民族文化传承与产业需求并重,融民族文化精神、知识、技能分别纳入"专业文化课堂""专业基础课堂""创新实践课堂",构建"三堂融教"的专业教学体系,发挥"文化思想引导、专业基础普适、实训技能培育"功能,促进服装行业"文创型"人才培育。

聚焦个性化培养,依托省产教融合实训平台、360°数码印花工程技术中心,四方协同、跨界合作,实施"名师引领工程",组建师生工作室团队,推动文化、技艺传承和人才个性化培养。

聚焦创新创意创业能力,基于兴趣小组、创梦广场、江苏省大学生创业项目、大学生创业园,构建"四层递进"文创平台,促进学创融合,确保学生创新创业教育分层次、分类型、科学化实施。

经过5年实践,立项建设江苏省高水平骨干专业、省数码印花服饰产教融合实训平台、省360°数码印花服饰技术工程中心;建成中国工艺美术大师传承创新基地、江苏省"十二五"重点专业群。围

绕江苏传统服饰文化，立项国家艺术基金 1 项，省哲社重大项目 1 项，一般社科基金 12 项，出版学术专著 2 部，获批省级产业教授 2 人，教师海外学术交流 6 次。学生获省部级以上奖项 50 余项，省级大学生创新创业项目 14 项，人才培养质量得到显著提升。

1.2 成果主要解决的教学问题

（1）解决民族文化传承与高职服装专业人才培育脱节、各自为营的问题。

（2）解决民族文化传承如何融入专业教学体系的问题。

（3）解决基于文化传承、创新和技艺培育的"四方协同"育人问题。

（4）师生个性化培养，解决创新创意创业"三创"能力不足问题。

2 成果解决教学问题的方法

2.1 构建"四方协同"育人机制，解决文化传承与服装专业人才培育各自为营问题

对接文化产业需求，依托专业建设指导委员会，找准双方利益共同点，建立企业、中民协（非遗大师）与学校合作的动力机制，形成多类型利益共同体，如江苏省数码印花服饰平台、江苏省 360° 数码印花服饰技术研究开发中心、名师（大师）工作室、阿仕顿（康博）服饰零售人才储备项目等。推行高职—本科—行业协会—企业共同参与的"四方协同"文创育人机制，引导企业、非遗传承大师（产业教授）实际参与专业设置、人才方案制订、课程开发、项目研发等深层次合作，推动文化传承融入专业人才培养。

2.2 构建"三堂融教"教学体系，解决民族文化融入专业教学路径问题

基于"艺技贯通、跨界合作、学创融合"的理念，引入非遗技艺"蓝印花""精微绣"和产业新技术"360° 数码印花"，借力"大国工匠进校园""名家名师讲堂""服饰文化讲座""产教融合平台""文创团队"等项目，将民族文化精神融入"专业文化课堂"、民族文化知识融入"专业基础课堂"、传统手工技艺资源融入"创新实践课堂"，构建"三堂融教"的专业教学体系（图 1）。

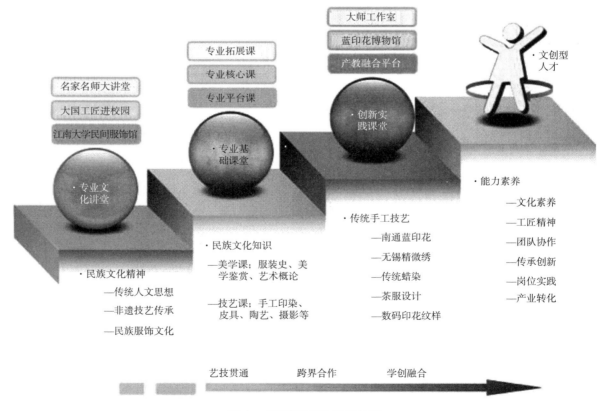

图 1 "三堂融教"教学体系

2.3　实施"名师引领"工程，解决师生个性化培养问题

依托中国工艺美术大师传承创新基地、江南大学民间服饰文化传习馆，采取"大师工作室 + 文化讲堂"，实施"名师引领"工程。以无锡市"梁惠娥名师工作室"为引领，致力于民族服饰文化传承、传播研究，将"传统服饰文化与现代设计融合"，培养师生传统与现代的跨界融合设计能力；以产业教授吴元新"蓝印花布大师工作室"、赵红育"精微绣大师工作室"为引领，致力于纺织类传统手工艺传承、文创项目研发，组建手工皮艺、布艺、印染、茶服等师生工作室团队，推动艺技传承和人才个性化培养。

2.4　搭建"四层递进"文创平台，提升学生"三创"能力

依托省级产教融合实训平台、360° 数码印花工程中心，导入南通蓝印花布博物馆、无锡德赛数码科技等企业实际项目，学创融合，构建"认知→模拟→体验→实战""四层递进"文创平台，形成"创新创业一体化孵化链条"，激发和培养服装学生的首创精神、企业家精神和创新创业能力，提高学生创业的成功率（图 2）。

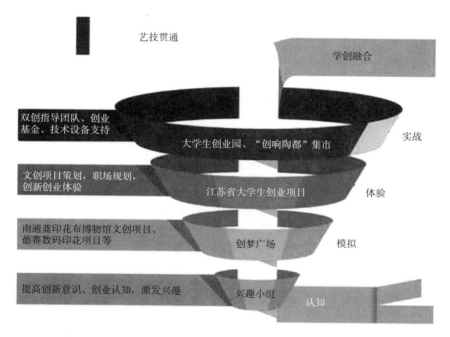

图 2　"四层递进"文创平台

3　成果的创新点

3.1　理念创新：提出"艺技贯通、跨界合作、学创融合"理念，推动服装文创型人才培养

对接产业升级、文创人才需求，提出"艺技贯通、跨界合作、学创融合"的理念，形成高职—本科—行业—企业"四方协同"育人长效机制，以学导创，推动民族文化传承下的服装文创型人才培养。

3.2　路径创新：构建"三堂融教"教学体系，实现文化传承与专业人才培养相融合

聚焦民族文化传承、传播和学生综合素质提升，创新人才培养路径，构建了"三堂融教"的教学体系。"专业文化课堂"提升文化素养、职业道德、工匠精神；"专业基础课堂"注重艺术熏陶、文化积累，提升创新能力，跨界设计能力；"创新实践课堂"培育传承能力、创业能力、工匠技能和工匠行为。

3.3　实践创新：打造"名师引领工程""四层递进平台"，提升师生"三创"能力

将"民族服饰文化与现代设计相融合、校园文化与企业文化相融合"，引入优秀企业文化因子，传承地方"染绣"文化，打造"名师引领工程""四层递进平台"，发挥"教学名师 + 行业大师（产

业教授）"的引领作用，组建师生工作室团队，孵化与传统文化相关的研究成果和文创产品，打造"艺技融合，衣锦华夏"的服装专业文化，助推师生创意思维，增强创新创业能力。

4 成果的推广应用情况

4.1 改革成效显现，行业影响提升

"服装与服饰设计专业"被评为江苏省高水平骨干专业、无锡市特色专业、无锡市现代学徒制试点，并建成江苏省"十二五"重点专业群—服装设计与工程专业群、无锡市职业教育重点专业群"时装创意设计专业群"。项目前期的成果被中国轻工业联合会、中国纺织工业联合会评为教学成果一等奖 3 项，二等奖 1 项。

中国教育报先后对我院服装设计与工程专业群进行了"一体两翼，三环四进"培养人才、"共栖同体"根治校热企冷"顽疾"等报道，新华日报、江苏教育电视台视频新闻等媒体对"大学生创梦广场活动"、全国纺织服装信息化教学大赛做了新闻宣传（图 3）。学生毕业作品登陆新华社视点微博、江苏教育等一系列媒体平台，受到广泛好评。

中国教育报关于我院服装专业建设的报道，新华日报、江苏教育电视台等媒体对"大学生创梦广场"活动等的新闻宣传。学生毕业作品登陆新华社视点微博、江苏教育等一些列媒体平台，收到广泛好评。

图 3 专业改革媒体报道

4.2 专业成果丰硕，文化特色彰显

围绕江苏服饰文化，打造了以"教学名师 + 行业大师"领衔的专业教学团队，其中教授（博导）1 人、产业教授 2 人（中国工艺美术大师）。培养省"青蓝工程"2 人，省"333"高层次人才培养工程 1 人，省级教学名师 1 人，江苏省十佳服装设计师 1 人。

聚焦汉族民间服饰文化、传统染绣和数码印花技术等方面，申报国家艺术基金 1 项，江苏省社科基金重大项目 1 项，省一般科研基金项目 8 项，获发明和实用新型专利 14 项；出版 2 部专著：《汉族民间服饰文化》《中国传统佩饰明清"帉帨"研究》（图 4），教材 8 本，其中《服装结构设计与工艺》评为"十二五"国家规划教材；公开发表与本成果相关的论文 60 余篇，其中核心期刊 16 篇。

国内外文化传承、传播显成效，由梁惠娥教授带队先后赴美国加州大学戴维斯分校、北卡罗来纳州立大学、路易斯安那州立大学、香港理工大学等院校，对中国优秀传统服饰文化的传承、创新及与现代服装设计理论和实践的结合做了专题汇报与展演（图 5）。与香港知专设计学院，关于"中国优秀传统服饰文化融入现代服装"课程及人才培养进行教学研讨和双向合作交流，推动了民族服饰文化、传统手工艺的国内、国外传播交流与影响。

图4 民族文化、传统技艺学术著作

由梁惠娥教授带队先后赴美国加州大学戴维斯分校、北卡罗来纳州立大学、路易斯安娜州立大学等院校，对中国传统服饰文化、传统手工艺的传承、创新及现代服装设计理论和实践进行推广、展演和汇报。

图5 民族文化、传统技艺海外交流推广

项目通过研究、试点、完善，由服装与服饰设计专业推广应用到服装设计与工艺专业、服装陈列与展示设计专业、服装表演专业，受益学生达1320人，学生的实践能力明显提高，学生获国家级奖项5项，省级比赛获奖50余项，2016～2018年连续三年入围教育部职业技能大赛高职组"服装设计与工艺"赛项，获得一等奖1次，二等奖2次。

学生公开发表创新型论文12篇，完成含《京剧脸谱元素在服饰设计中的创新应用》、《传统编结工艺在现代服饰设计中的应用》《传统纹样在现代服饰设计中的应用》在内的省级大学生创新项目14项。"尚品手工坊""一包一世界""扎染配饰"等11个创梦团队，年销售总额超5万元，其中卓越技师班"天裁定制服装工作室"获10万元创业基金；学生项目作品入选全国职业院校艺术类作品"广交会"、江苏省"互联网+"大学生创新创业大赛、无锡市创业大赛等6项，学生创新创业能力明显提升。

4.3 行校企协同，产教深度融合

基于学校"中国工艺大师传承创新基地"，吴元新、赵红育等3名国家工艺美术大师和7名省工

艺美术大师，被授予"百名大师进校园活动首批院校合作大师"称号。与产业教授吴元新、赵红育合作的《影》《蓝印花布创新设计》等作品获得首届中国民间工艺传承重点推介作品、广交会同步交易展作品一等奖等（图 6）。

通过"文化讲堂＋大师工作室"，发挥专业教授、技能大师在文化传承和人才培养中的领衔作用，推动文化、技艺传承和人才个性化培养。

学院被评为首批中国工艺美术大师非遗传承基地。师生在南通蓝印花布博物馆实践创作。与技能大师（产业教授）合作文创项目获一等奖 3 项，提升了创新创业能力。

图 6　行校企协同合作

2016 年，与三家企业合作申报江苏省产教融合实训平台项目"数码印花服饰产教融合实训平台"成功立项；2017 年，与江苏新雪竹服饰，申报建设无锡市现代学徒制试点专业，着重于旗袍传承创新、茶服设计等方面的研发；2018 年，与无锡德赛数码科技等公司立项建设江苏省"360°数码印花服饰技术研究开发中心"项目；与阿仕顿服饰、波司登集团、柒牌集团等开展校企深度合作，设有"康博班""柒牌班""阿仕顿时尚零售班"等；与宜兴乐祺集团孵化"熹黑"牛仔品牌，并在"微盟""淘宝"等线上平台销售；近三年，社会培训 1675 人次，开展横向课题 26 项，社会服务到账经费 98 万元。

基于行业指导的高职服装设计专业发展"六联"模式的探索与实践

青岛职业技术学院
青岛酷特智能股份有限公司

完成人及简况

姓名	性别	所在单位	党政职务	专业技术职称
乔璐	女	青岛职业技术学院	艺术学院院长	教授
张金花	女	青岛职业技术学院	服装实训室车间主任	讲师
刘晓音	女	青岛职业技术学院	无	讲师
张培颖	女	青岛职业技术学院	无	助教
李晓伟	女	青岛职业技术学院	无	助教
周彦东	男	青岛职业技术学院	管控中心总经理	高级工程师

1　成果简介及主要解决的教学问题

1.1　成果简介

青岛职业技术学院服装设计专业在十几年的发展过程中，始终主动促进与各级服装行业协会和企业的紧密合作，坚持服务行业企业对人才的需求，建立产教融合的办学机制，积极探索基于行业指导的高职专业发展途径，建立了学院专业与行业企业之间的专业调整联动机制、人才培养联盟机制、培养培训师资队伍联通机制、培养培训基地联建机制、技术创新与服务联合机制和技能大赛比武联赛机制等六个方面长效机制，形成了专业发展的联动、联盟、联通、联建、联合、联赛的"六联"模式。

1.2　主要解决的教学问题

（1）解决高职职业教育的五对接问题："专业与产业、职业岗位对接，专业课程内容与职业标准对接，教学过程与生产过程对接，学历证书与职业资格证书对接，职业教育与终身学习对接"的五对接。

（2）解决教育教学与实际生产和技术研发脱节的现象，形成"产、学、研"一体化的模式。

（3）解决产教深度融合，成果的创新型的问题。

2　成果解决教学问题的方法

（1）建立学院专业发展与行业需求的联动机制。通过联动机制的建立有效地解决了高职职业教育的五对接问题，使教育更能符合社会经济建设对人才培养的需求。

（2）以工学结合为核心，建立学院与行业、企业专业人才培养合作联盟机制人才培养联盟机制，实现与服装行业、企业共建服装设计专业，共同推进服装行业发展。

（3）建设一支专兼结合、结构合理的高水平双师型教学团队，建立学院行业、企业培养培训师资队伍联通机制。通过"内培外引"，打造专兼结合的教学团队。目前已建设完成30人规模的"双导师"

队伍。

（4）以共享资源为核心，建立学院人才培养与企业员工培训的培养培训基地联建机制。通过校企共建专业工作室的教学情境，校内建设实训基地，满足校内实训需求；优选"2家一协"——青岛酷特智能股份有限公司、青岛花手箱品牌管理（青岛）有限公司、青岛市纺织服装行业协会，区域主流企业共建校外实训基地，为复合型人才培养创造条件、提供保障。

（5）以技术服务为核心，建立学院与行业企业技术研发与服务联合机制。通过打造专业，与行业企业建成以专利做支撑，以产品、艺术品开发为基础，以横向课题、技术研发为突破点的社会服务平台。

（6）以提高技能为核心，建立学生技能大赛与员工技能比武相结合联赛机制。通过校企合作、工作岗位与课程学习相互转换，有效地提高了学生的动手实践操作能力，使得学生在技能大赛中也屡获佳绩，近年来，我校共获得一类大赛一等奖3项、二等奖4项、三等奖3项。进一步提升了人才培养质量。

3　成果的创新点

3.1　创新人才培养模式，构建校、企、协的"六联模式"

建立了学院专业与行业企业之间的专业调整联动机制、人才培养联盟机制、培养培训师资队伍联通机制、培养培训基地联建机制、技术创新与服务联合机制和技能大赛比武联赛机制六个方面长效机制。

3.2　创新平台建设，校企共建山东省职业教育技艺技能传承创新平台建设项目，开启"六联＋创新"的深度合作

在校、企、协合作的"六联"模式应用的基础上，校企合作的开展围绕创新创意人才培养，共建山东省职业教育技艺技能传承创新平台建设项目。开展"六联＋创新"的深度合作。

3.3　创新校企协合作新模式，成立青岛市青年时尚产业发展促进会，积极转化人才培养成果，助推地方城市建设

在"六联"合作模式的基础上，成立青岛市青年时尚产业发展促进会成立，积极推广应用合作成果，进一步整合社会资源、带动时尚文化创意产业转型升级。

4　成果的推广应用情况

4.1　以行业协会为平台，深化"六联"模式，对接山东省"十强产业"服务新旧动能转换

与山东省共建"山东省服装行业人才培训考核基地"青岛市纺织服装行业协会合作了"青岛市服装行业人才培训基地""青岛市服装行业调研中心"。与企业、行业合作成立"青岛市青年时尚发展促进会"依托行业协会、产业联盟主动对接山东省"十强"产业，增强教育服务新旧动能转换能力，为文化创意产业提供更加有力的人才保障和技术支持。

4.2　发挥"六联"合作模式，完善校企"双元"育人机制，服务青岛国际大都市的发展规划

2018年青岛市出台了《关于在新旧动能转换中推动青岛文化创意产业跨越式发展的若干意见》，文件指出突出影视业核心竞争优势，打造时尚设计策源地。对此服装与服饰设计专业积极开展产教融合、校企合作，发挥"六联"校、企、协合作模式。完成了首批国家级现代学徒制试点专业的验收，被评为山东省首批校企一体化示范专业，校企共同制定山东省服装与服饰设计专业的专业教学指导方案。

4.3　"六联"模式下，专业发展形成教育体系和行业产业统筹融合，良性互动的发展格局

服装与服饰设计专业发展对接"一带一路""中国制造2025"，形成独具特色的现代学徒制下混合所有制改革实践与创新的建设内容；完善课程体系构建，完成1门全国在线开放课程、2门省级精品资源共享课程；创建智能高科技艺术中心，争创国家级高水平专业化产教融合实训基地；深化教学改革和产教融合内涵建设，与企业共同开发现代学徒制育人标准、岗位核心技能课程标准，全面实行学

分制改革；依托省级教学团队、省级技艺技能传承创新平台争创国家级教师教学创新团队；提升教科研与社会服务能力，专利申请 20 余项、企业员工和社会公益培训每年不少于 1000 人次、职业院校师资培训每年不少于 1000 人次、国家一类大赛获奖 8 项、省级以上其他获奖 30 余项；牵头成立"山东省民族技艺教学指导委员会"，提升专业引领辐射带动能力。

4.4 "六联"模式下，招生、就业优势明显，国际影响力强，媒体、同行高度认可

专业每年招生高考投档率均为 100%、新生报到率 95% 以上。毕业生就业率一直保持在 96% 以上。2017 年全国职业技能大赛服装设计与工艺赛项，我院学生获得全国一等奖第一名的佳绩，并获得全国技术能手称号。毕业生马季新毕业后成为跨国服装设计公司的设计总监，为周冬雨、李宇春等当红影视歌星做高级定制；毕业生周晓兰等就职于酷特智能股份有限公司，成了服装高级顾问。

专业与俄罗斯、意大利、土耳其、韩国、中国台湾等 10 余个国家和地区建立了国际合作联系。姚铭教授被聘为韩国全北文化形象大使；王泽辉博士担任世界文化产业协会海外理事，韩国时装商学会会员。师生作品入选意大利米兰国际世博会、获得韩国发明大赛金奖。

近 3 年，接待来自国内院校来访交流 60 余次，组织国家、省市师资培训班 30 余期，培训全国、省级骨干教师近万人日。参与教育部艺术设计类专业目录修订、国赛及各省赛专家裁判工作，指导山东省中职组技能比赛。在全国职业技能大赛服装设计与工艺赛项交流会上做典型发言。

"六联"合作模式的广泛应用，有利于推动专业教育链、人才链和产业链、创新链的有机衔接。

"三型融通、四轮驱动、五元交互"打造现代纺织技术专业专创融合优秀教学团队的探索与实践

盐城工业职业技术学院
江苏悦达纺织集团有限公司
深圳翔明瑞投资管理有限公司

完成人及简况

姓名	性别	所在单位	党政职务	专业技术职称
孙卫芳	女	盐城工业职业技术学院	副校长	教授（三级岗）
王曙东	男	盐城工业职业技术学院	创新创业办公室、科技产业处副处长（主持工作）	副教授、高级工程师
王可	男	盐城工业职业技术学院	纺织服装学院党总支委员	高级工程师、讲师、技师
马倩	女	盐城工业职业技术学院	无	讲师、工程师、技师
周彬	男	盐城工业职业技术学院	无	副教授、高级工程师、高级技师
王慧玲	女	盐城工业职业技术学院	无	副教授、高级工程师、高级技师
周红涛	男	盐城工业职业技术学院	纺织服装学院办公室主任	讲师、工程师、技师
樊理山	男	盐城工业职业技术学院	技术转移中心主任	教授、高级工程师
吴建国	男	盐城工业职业技术学院	国际合作处副处长（主持工作）	副教授、工程师
戴俊	男	江苏悦达纺织集团有限公司	江苏悦达纺织集团有限公司总经理	产业教授、研究员级高工
田新华	男	深圳翔明瑞投资管理有限公司	深圳翔明瑞投资管理有限公司董事长	高级经济师
马春琴	女	江苏悦达纺织集团有限公司	江苏悦达纺织集团邮箱公司副总经理	高级工程师

1 成果简介及主要解决的教学问题

1.1 成果简介

要实现纺织产业高质量发展，一方面科技创新是第一动力，另一方面需要创新人才的支撑。高职院校作为国家的人才培养基地和科技创新的重要阵地，教学团队建设是开展人才培养、创新研究、创业示范和社会服务的关键。

盐城工业职业技术学院现代纺织技术专业专创融合优秀教学团队，持续提升教师、学生、产业人才的综合素质，围绕生态纺织品开发，在支撑产业高质量发展的同时开展创新创业教育，培养优秀人才。在近十年的探索与实践中，构建了专创融合教学团队建设长效机制，逐步形成了"三型融通、四轮驱动、五元交互打造现代纺织技术专业专创融合优秀教学团队"的新模式，构建了"专创融合"的高职生培养体系、"文化为引、互学互促、全程贯通"的产学研机制，取得了一批教科研的创新成果，培养了一批全面发展的双创人才（图 1）。

团队入选江苏高校"青蓝工程"优秀教学团队，2 人获聘中国创新创业大赛全国总决赛评委和创业

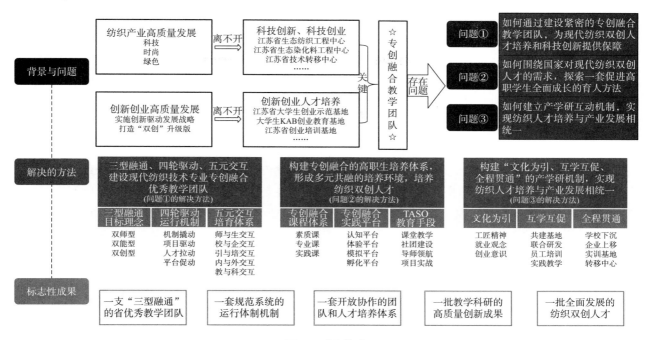

图 1 成果简介

导师，4 人入选省"青蓝工程"，3 人入选省"科技副总"、1 人入选省"产业教授"；获省部 级教学成果一等奖 4 项，科学技术奖 4 项，技术服务到账经费 986.1 万元。

指导学生获"挑战杯——彩虹人生"国赛特等奖，"大挑"省赛一等奖，"互联网+"省赛一等奖，团中央"践行工匠精神先进个人"，江苏省大学生年度人物等标志性成果。成果多次被人民日报、中国教育报、光明日报、人民网、教育部网站等主流媒体报道，江苏教育简报多次以专刊形式介绍团队专创融合、产业教授的做法，产生了重大影响。

1.2 主要解决的教学问题

（1）如何通过建设紧密的专创融合教学团队，为纺织创新人才培养和科技创新提供保障。

（2）如何围绕国家对纺织双创人才的需求，探索一套促进高职学生全面成长的育人方法。

（3）如何建立产学研互动机制，实现人才培养与产业发展的统一。

2 成果解决教学问题的方法

2.1 构建实施"三型融通、四轮驱动、五元交互"专创融合教学团队培育模式

在政府指导下，牵头成立盐城市纺织职业教育联盟，联合盐城市纺织工业协会、纺织工程学会以及悦达纺织集团等企业，形成由基础课教师、专业课教师和企业家构成的"三合一体"教学团队，并以"三型融通"为目标理念，激发团队建设源动力；以"四轮驱动"运行机制为推动，打造团队培育新动能；以"五元交互"培育体系为助动，形成团队建设聚合力（图 2）。

2.2 构建"专创融合"的高职生培养体系，形成"多元共融"的培养环境，培养纺织双创人才

将创新创业教育融入素质教育课程、专业课程和专业实践，构建了"专创融合"课程体系（图 3）；在大学生科技创业园内建立集"认知、模拟、体验、实战"于一体的"四层递进"实践平台（图 4），确保创新创业教育能够分层次、分类型、科学化地实施；摈弃课堂教学的单一模式，采取创新创业"TASO"综合手段，将课堂教学、创客团队建设、创新创业导师工作室、创新创业实战训练融为一体。

2.3 构建"文化为引、互学互促、全程贯通"的产学研机制，实现纺织人才培养与产业发展相统一

文化为引：发挥教师表率作用，培养学生工匠精神；引入合作企业文化，引导学生形成正确的就

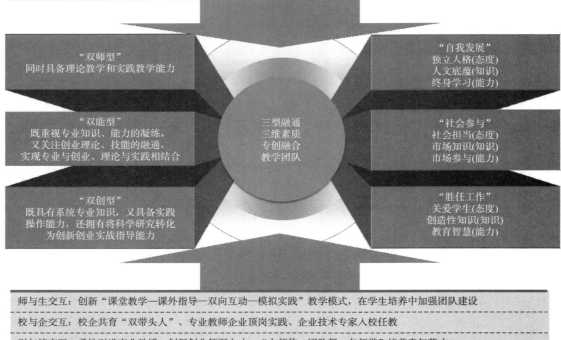

图 2 "三型融通、四轮驱动、五元交互"专创融合教学团队培育模式

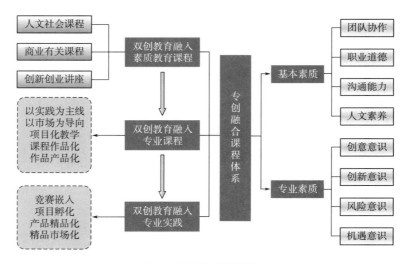

图 3 专创融合课程体系

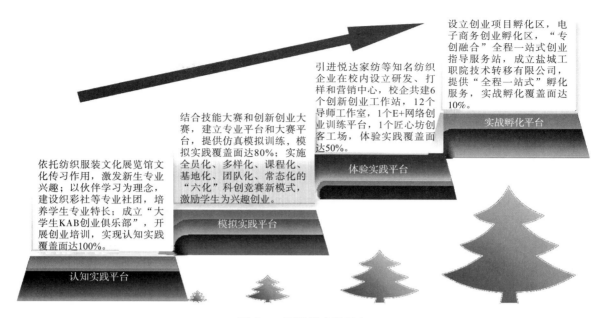

图4 四层递进实践平台

业观念；请优秀毕业生、企业老总分享创业成功经验，培养学生的创业意识。

互学互促：通过产学研基地建设、联合研发、学术交流、实践教学等多种方式合作，形成互补协作的良好关系。

全程贯通：团队下沉，企业上移，建设产学研贯通载体，学生深度参与技术研发全过程，实现全面培养（图5）。

3 成果的创新点

3.1 "专创融合"教学团队建设模式创新：三型融通、四轮驱动、五元交互

团队目标理念上有新高度：双师型、双能型、双创型"三型融通"；团队成员素质上有新要求：自我发展、社会参与、工作胜任力的"德—知—能""三维素质"；团队运行机制上有新突破：机制撬动、项目驱动、人才拉动、平台促动"四轮驱动"；团队培育体系上有新形式：师与生、校与企、引与培、内与外、教与科"五元交互"。

3.2 纺织双创人才培养体系创新：专创融合课程体系、专创融合实践平台、TASO教育手段

将创新创业教育融入素质教育课程、专业课程和专业实践，"三融合"在"专创融合"课程体系上有新突破。建立认知、模拟、体验、实战"四层递进"实践平台，播撒创新创业"种子"，发现创新创业"苗子"，培养"创新型工匠"；在创新创业教育分层次实施上有创新，采用集"课堂教学（Teaching）—社团建设（Association）—导师领航（Supervisor）—项目实战（Operation）"于一体的创新创业教学手段新形式（TASO）。

3.3 产学研机制创新：文化为引、互学互促、全程贯通

通过发挥团队教师表率作用、引入合作企业文化、分享创业成功经验，培养学生工匠精神、就业观念和创业意识。通过产学研基地建设、联合研发、学术交流、实践教学等多种方式合作，形成互学互促的良好关系。建立全程贯通的产学研机制，团队下沉到新产品新技术研发的第一线，提升实践能力；企业技术骨干在教学过程中上移至原理端，在基础性研究和潜在应用的探索中，把握行业发展方向；学生由校内教师、企业专家构成的教学团队联合指导，学校师生与企业技术骨干频繁进行技术交流与双向互动，实现校内师生与企业技术人员的互学互促；最终实现纺织人才培养与产业发展相统一。

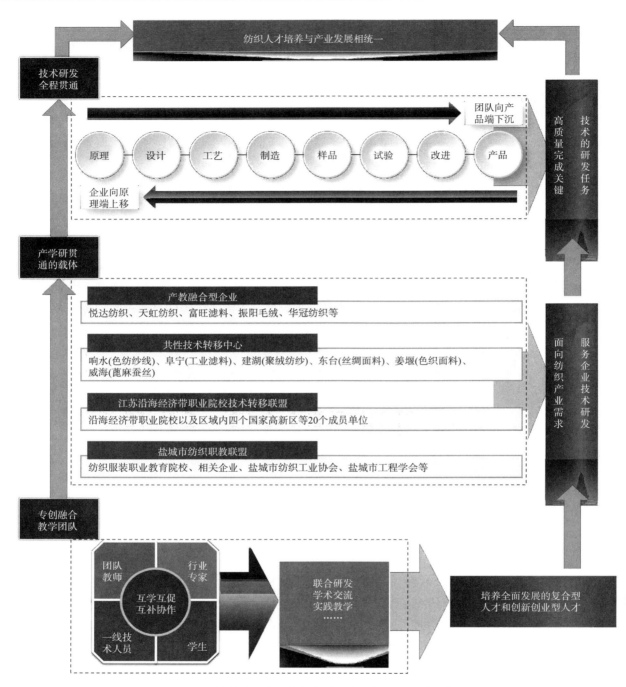

图 5　培养全面发展的复合型人才和创新创业型人才

4　成果的推广应用情况

4.1　学生受益，社会点赞

学生科技创新创业活动成效显著，获"挑战杯——彩虹人生"国赛特等奖等标志性成果。据麦可思报告显示，毕业生创业比例高于全省同类院校水平。据《江苏高校就业报告》显示，学生就业指数连续两年在全省高职院校排名第一。涌现出了如梁洁洁（团中央"践行工匠精神先进个人"）、杨贺（江苏省大学生年度人物）、踪揆揆（江苏省优秀大学生创业项目）等典型。

4.2 教师受益，教科研能力提升

成果实施期间，团队入选江苏优秀教学团队，2 人受聘中国创新创业大赛全国总决赛评委和创业导师，4 人入选省"青蓝工程"，3 人入选省"科技副总"、1 人入选省"产业教授"。获省部级教学成果奖一等奖 4 项，科学技术奖 4 项，技术服务到账经费 986.1 万元。

4.3 媒体聚焦，多方关注

光明日报刊文《高职院校如何"贴近企业做学问"》，报道了团队面向企业需求，从生产一线实际中培养人才的做法。中国教育报刊文《产业教授搭起产教融合桥梁》，报道了通过产业教授在校企双向任职，倒逼专业建设和教育模式升级的做法。江苏教育简报以《借力产业教授优势 推进产教深度融合》《以"四层递进式"推动大众创业、万众创新》为题刊发专刊，专题推广相关经验。《江苏教育》报道了团队以应用课题研究为引领、以省科技副总人才为抓手、以高新技术产品开发为目标，推动成果转化落地的做法。

4.4 示范辐射，推广交流

2019 年，孙卫芳在全国纺织教育教学成果奖宣讲培训会上，向全国 46 所纺织服装类院校参会者介绍其团队在培育教学成果以及"专创融合"培养人才等方面的经验；《江苏教育》以《结对帮扶守初心 共同发展担使命》为题，报道了团队成员周彬指导铜川职业技术学院师生申请专利、获得"挑战杯"金奖的事迹。2018 年孙卫芳在江苏省产业教授推进会上做专题介绍《借力产业教授 推进产教深度融合》，相关经验在人民日报、中国教育报、人民网、教育部网站等刊发。近年来，常州纺织、安徽水利、辽宁轨道、湖南铁道等 39 家兄弟院校来校交流学习团队建设机制。

四维融通的现代学徒制智慧教学管理模式实践

浙江纺织服装职业技术学院
宁波市纤维检验所

完成人及简况

姓名	性别	所在单位	党政职务	专业技术职称
季荣	女	浙江纺织服装职业技术学院	专业主任	副教授
邵灵玲	女	浙江纺织服装职业技术学院	无	讲师
杨福斌	男	宁波市纤维检验所	书记、所长	高级工程师
夏建明	男	浙江纺织服装职业技术学院	无	教授
刘健	男	浙江纺织服装职业技术学院	无	副教授
俞鑫	女	浙江纺织服装职业技术学院	无	讲师
翁毅	男	浙江纺织服装职业技术学院	无	教授
杨乐芳	女	浙江纺织服装职业技术学院	无	教授

1 成果简介及主要解决的教学问题

1.1 成果简介

随着现代学徒制改革试点工作不断探索和深入，高职院校积极地完善现代学徒制人才培养模式。但在实施过程中，陆续出现了很多问题，尤其是在校企课程、企业课程、学生轮岗顶岗阶段，教学工作管理难、企业师傅评价不及时、学生学习情况追踪效率低等问题。针对以上问题，信息化手段的加入，尤其是智慧教学大数据的加入，势必成为高职院校完善人才培养模式改革的重要方向。

1.2 本成果主要解决的问题

（1）现代学徒制人才培养过程中，企业课程、校外基地实训课程、轮岗实习阶段学生对于工作任务和学习目的、内容的迷茫。学生不了解在实训过程中自己学要做什么，应该怎样做，做到什么样的程度，学生在学习中无目标的迷茫状态非常多（图1）。

（2）检测行业对毕业生的知识、技能要求越来越高，实训室建设投资大，昂贵设备、进口设备较多，学校缺少尖端的与国际检验机构接轨的专业化的实训设备，而在企业岗位工作中又缺少必要的引导与系统学习。

（3）现代学徒制校企课程、企业实训阶段，学生学习状况难以把握，学生学习情况无法及时反馈。人才培

图1 低效参观学习、隔靴搔痒

养过程中，对于在校外的学习情况，企业、学生的反馈往往都是好好好，但具体是否达到学习目标，学生学习过程的问题难以发现。在校外实训及轮岗阶段，学生的技能训练达到了什么程度，操作过程

中是否有问题，学生学习的内容是否准时完成，给学生布置的作业是不是能正确提交。这些问题难以一一询问，与企业师傅的沟通也难以面面俱到，难以得到每个学生真实学习的过程数据。

（4）学生分别分布在不同的企业，由不同的师傅带领，如果校内指导老师到企业进行指导工作量大，而且难以面面俱到；对于在校开设的校企的课程，企业老师在课后与学生进行沟通不便。在校外企业的技能训练中，校内老师对于学生学习的状况，学习内容的补充，技能训练的指导，用电话指导也很难说得明白，而学生在顶岗的过程中也难以在工作时间学习。

我们结合智慧教学工具的实时交互及大数据优势，进行了四维融通的现代学徒制智慧教学管理实践。

2 成果解决教学问题的方法

2.1 四维融通的现代学徒制智慧教学管理模式

依托地方经济，基于信息化大环境和企业岗位核心能力需求，校企共同推进纺织品检验与贸易专业现代学徒制实训课程教学改革，学校建立立体化综合实训中心（线上线下）、企业学徒制实训基地（线上线下）、学生学情管理平台（蓝墨云班课 APP）、国家教学资源库（数字资源）四维融通，联合构建智慧课程体系（图2），结合混合式教学，将信息化手段应用于校企课程、企业课程、学生轮岗顶岗阶段的教学中，突破教学过程中的时间、地点、形式、人员的限制（图3）。

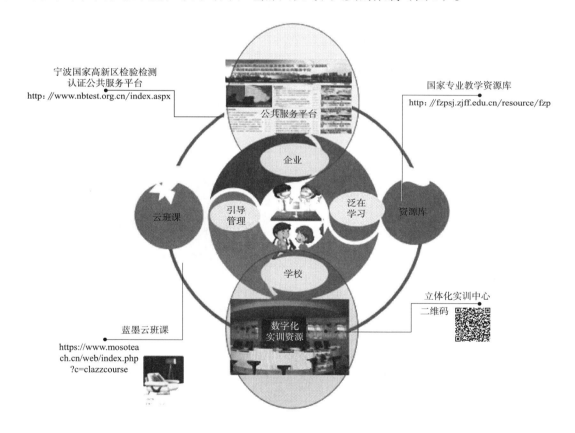

图2 四维融通的现代学徒制智慧教学管理模式

利用信息化技术大数据的优势，校企共同建设专业基础课、专业核心技术技能课、专业拓展课相应的评价体系、教学管理制度。利用国家专业教学资源库，蓝墨云班课等信息化教学资源及技术，共建教学资源库，提供多种学习途径，满足学生、员工终身学习需求（图4、图5）。

(a) 宁波国家高新区检验检测认证公共服务平台(http：//www.nbtest.org.cn/index.aspx)

(b) 学徒在法国必维绍兴公司(左)与宁波进出口检验检疫局(右)实验室

图3 企业实验室与检验检测认证公共服务平台形成立体化校外实训基地

图4 云班课智慧教学管理学徒制实训课程列表　　　图5 宁波纤检所学徒制师傅录制课程资源

2.2 依托公共服务平台，云端实现学习、工作过程的融合

依托位于宁波的全国第二个国家级"公共检验检测服务平台示范区"，协同6家签约单位，使用蓝墨云班课管理学徒学习进度，推送学习内容，集"教学、科研、生产、培训"多种功能于一体，促进行业、企业与校内老师一起参与职业教育人才培养全过程，在云端实现学习过程与工作过程的融合（图6、图7）。

2.3 加强与实训资源相配套的数字化教学资源库的建设及使用

尤其是加强检测标准库的建设，制作实验室的实验操作微课、操作录像、课件PPT，将检测标准、规程等都存放在电脑中，供学生学习（表1）。

图 6　学徒制培养班级在宁波市纤维检验所（左）、法国必维宁波公司（右）现场教学

图 7　学徒制学生在宁波纤检所专项实训

表 1　数字化教学资源建设情况

序号	名称	个数	负责人
1	（纺设）国家专业教学资源库课程	4	季荣、杨乐芳、刘健
2	学堂在线慕课	1	季荣
3	浙江省精品在线开放课程	2	季荣、杨乐芳
4	宁波市慕课	2	杨乐芳、季荣
5	专指委实践资源库	2	蒋艳凤、季荣
6	省精品课程	2	杨乐芳、季荣
7	省微课程建设	1	季荣
8	宁波市面料数字图书馆	1	季荣
9	数字化纺织品检测标准素材库	1	翁毅
10	数字化实训报告平台	1	蒋艳凤
11	学校网络课程、 实践课程资源库	4	杨乐芳、翁毅、刘健、邵灵玲、季荣

实训室的所有仪器都将配套操作示范微视频，学生扫码即可学习，将教师的教学行为由课堂上扩展到了课堂外，使得教学更为灵活生动，为学生的个性化学习与终身学习提供了可能（图8、图9）。

图8 校内虚拟＋现实的立体化实训中心及操作微视频二维码示例（需使用内网平台）

图9 立体化实训中心设备及操作视频二维码位置示例

2.4 "互联网＋"时代的校企技能训练课程教学模式改革

各种手机APP的开发应用，使得我们的教学模式正在发生巨大的转变。利用便携式智能化电子工具，解决传统校内外实训场所与固定的智慧教室的矛盾。利用信息化技术大数据的优势，引导学生完成非同步学习任务，混合式教学模式，解决学生在企业时间不能自由支配的"学习难"的难题。以移动信息技术结合"项目教学""行动学习""创新学习"，以学生为主体分组多地、云合作学习，因材施教，真正以学生为中心，形成课前线上导学—课堂线上线下混合—课后线上反思。借助信息化手段，解决与校外学生多方即时互动问题（图10）。

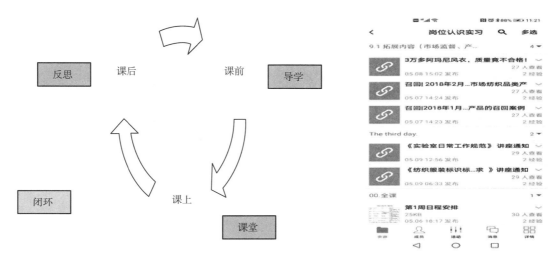

图10 使用云班课的校企技能训练课程教学模式及班课资源导学

3　成果的创新点

基于信息化大环境和企业岗位核心能力需求，校企共同推进纺织品检验与贸易专业现代学徒制实训课程教学改革，学校立体化综合实训中心（线上线下）、企业学徒制实训基地（线上线下）、学生学情管理平台（蓝墨云班课 APP）、国家教学资源库（包括实践资源）四维融通。

（1）联合构建课程体系，联合教学，将信息化手段应用于校企课程、企业课程、学生轮岗顶岗阶段的教学中，突破教学过程中的时间、地点、形式、人员的限制。以移动信息技术结合"项目教学""行动学习""创新学习"，以学生为主体分组多地、云合作学习。借助信息化手段，解决与校外学生多方、多地即时互动问题（图 11）。

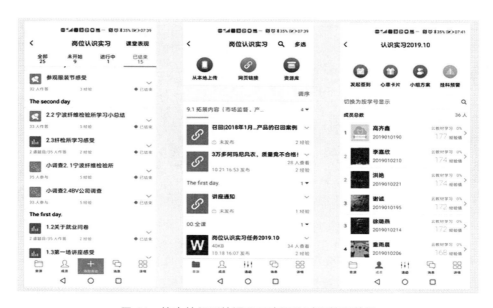

图 11　校企技能训练课程云班课的过程管理数据

（2）利用信息化技术大数据的优势，校企共同建设专业基础课、专业核心技术技能课、专业拓展课相应的评价体系、教学管理制度。

（3）利用资源库与便携式智能化电子工具，借助二维码联通现实与虚拟资源，解决传统校内外实训场所与固定的智慧教室的矛盾。

（4）利用国家专业教学资源库，蓝墨云班课等信息化教学资源及技术，校企共建教学资源库，提供多种学习途径，满足学生、员工终身学习需求。

4　成果的推广应用情况

2016 年开始与我校纺检专业正式开展现代学徒制试点工作，我校与 6 家单位分别签订了《现代学徒制校企合作协议》，学校、企业分别与学生签订了《现代学徒制三方协议》，开展多种形式的合作。这些企事业单位目前已经成为我校紧型校外实训基地，校企共同在实训类课程中实践探索四维融通的现代学徒制智慧教学管理模式。

在四维融通的现代学徒制智慧教学管理模式实践中，学生通过云班课的导学列表及资源推送，明晰了在企业的工作任务和学习目的，明确知道自己在企业学习的企业课程、校外基地实训课程、轮岗实习阶段的学习任务和内容，不再迷茫。学生能清楚地知道在实训过程中自己学要做什么，应该怎样做，做到什么样的程度（图 12、图 13）。

 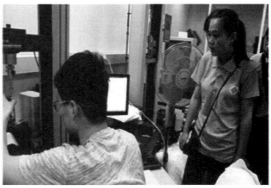

图 12　学徒在宁波海关纺织品检测实验室做专项训练

图 13　学徒在宁波桑通检测（左）、宁波纤维检验所（右）做专项训练

通过这种智慧教学管理模式，学生既能在企业接触到尖端的与国际检验机构接轨的专业化的实训设备，又能在企业岗位工作中接受学习导师必要的引导与学科体系的系统学习。老师与企业师傅能及时把握每个学生学习状况，得到每个学生真实学习的过程数据，有针对性的提供帮助；校内指导老师通过这种模式，在无法经常到达企业时也可以指导学生，工作量大大减少的同时，又保证了教学效果；分布在各地的不同组学生，也可以在线上交流，进行合作学习，获得更多的工作经验。

四维融通的现代学徒制智慧教学管理模式实践具体应用单位及开设项目情况如表2所示。

表 2　现代学徒制校外实训基地建设情况一览表

校企合作项目名称	合作企业	是否签订协议	合作时间	主要参与项目学生人次		培养	企业老师负责人
纺织品检验与贸易国家纺织服装产品质量检测中心（浙江）宁波实验室校外实习实训基地	宁波纤维检验所	是	2016	学徒制学生		18 人	杨福斌 石东亮
				课程建设		3 门	
				岗位认识实训		256 人次	
				专项训练		76 人次	
				顶岗实习		12 人	
纺织品检验与贸易专业出入境检疫局纺织测试中心校外学徒制试点实训基地	宁波（鄞州）出入境检疫局纺织测试中心	是	2016	学徒制学生		15 人	冯云 付科杰
				岗位认识实训		225 人	
				专项训练		57 人次	
				课程建设		2 门	
				顶岗实习		6 人	

校企合作项目名称	合作企业	是否签订协议	合作时间	主要参与项目	学生人次	培养	企业老师负责人
纺织品检验与贸易专业天祥校外学徒制试点实训基地	上海天祥质量技术服务有限公司宁波分公司	是	2016	学徒制学生	19人		杨力生
				专项训练	66人次		
				顶岗实习	12人		
纺织品检验与贸易必维校外学徒制试点实训基地	上海必维宁波公司	是	2017	学徒制学生	12人		梅雪华
				岗位认识实训	225人		
				专项训练	78人次		
				顶岗实习	8人		
纺织品检验与贸易专业中纺联检校外学徒制试点实训基地	中纺联检绍兴公司、上海公司	是	2018	学徒制学生	11人		沈殷
				课程建设	1门		
				讲座	1次		
				顶岗实习	10人		
纺织品检验与贸易专业中鑫校外实习实训基地	宁波中鑫毛纺集团	是	2011	学徒制学生	8人		刘幼芬
				课程建设	1门		
				岗位认识实训	107人		
				讲座	2次		
				顶岗实习	5人		

2018年1月、2019年9月分别在全校专业主任培训会汇报交流，在全校推广该成果。2018年12月，宁波市重点学科、重点专业建设工作推进会议上汇报了该成果，进行经验交流。2016～2019年多次在各类会议及兄弟院校做相关汇报交流（图14～图16）。

图14　宁波市重点专业建设工作推进会议的汇报

图15　全国移动信息化教学模式培训会汇报交流

图16　兄弟院校新能源汽车技术专业教学资源库建设会

聚焦"三化一融合"教学改革的卓越课堂认证体系建设与实践

江苏工程职业技术学院

完成人及简况

姓名	性别	所在单位	党政职务	专业技术职称
尹桂波	男	江苏工程职业技术学院	教务处处长	教授
王荣芳	女	江苏工程职业技术学院	无	副教授
丁永久	男	江苏工程职业技术学院	教务处教研科科长	副研究员
黄海涛	男	江苏工程职业技术学院	教务处处长助理	讲师
隋全侠	女	江苏工程职业技术学院	无	副教授
王晶晶	女	江苏工程职业技术学院	无	研究实习员
黄涛	男	江苏工程职业技术学院	无	助理研究员
李晓娜	女	江苏工程职业技术学院	无	讲师
蒋丽华	女	江苏工程职业技术学院	无	副研究员

1 成果简介及主要解决的教学问题

1.1 成果简介

2015 年江苏工程职业技术学院以江苏省现代纺织技术品牌专业人才培养模式改革和一流专业教学团队项目为基础，借鉴悉尼协议"学生中心、成果导向、持续改进"理念，构建了聚焦"项目化、信息化、思政化、课赛融合"（简称"三化一融合"）教学改革、对教师课程教学进行认证的卓越课堂认证体系。

本成果创新性提出了"循环认证、持续卓越"理念，即建立资源评价、随堂听课、说课总结三阶段认证程序与标准，面向教师，以四年为周期，以课程为载体，对高水平实施"三化一融合"教学改革的课程教学进行认证，为师生走向持续卓越赋能。成果实施以来，课堂教学满意度达到 97.74%，比 2014 年提高 3.4 个百分点，教师获全国教学能力大赛一等奖 2 项，获全国优秀教师 1 名，学生获全国技能大赛服装设计与工艺赛项一等奖 14 项，打造了内容先进、教学高效、思政融入、课证融通的卓越课堂。卓越课堂认证经验先后在世界纺织服装教育大会、中国—东盟职业教育推介会宣讲推广，学校在 2019 年入选全国职业院校"育人成效 50 强"。

1.2 主要解决的教学问题

1.2.1 课堂含金量不高的问题

金课的特征是"高阶性""创新性""挑战度"，课程教学应培养学生的高阶思维能力，创新内容、形式和考核方法，严格教学要求。然而高职院校教师课程改革的深度与广度普遍不均衡，课程内容落后于不断出现新技术、新模式、新规范的经济社会发展，教学过程依赖低阶的记忆、理解和重复操作技能，教学和考核形式单一且存在"放水"现象，立德树人的根本宗旨贯彻不够，"三化一融合"就是针对上述问题推动持续教学改革。

1.2.2 教学胜任力不足的问题

高职院校教师的教学胜任力模型是三维的，即应具备专业性、技术性和师范性要求。然而高职院校教师教学能力提升普遍缺乏系统规划，教师多来源于本科院校，专业知识储备充足，但对职业教育理念认识不足，实践教学能力欠缺，教书和育人环节脱离。卓越课堂认证就是在认定教师专项胜任力基础上，评定教师"三化一融合"的综合改革与实施能力，帮助教师明晰不足，逐项提升，提高教学胜任力。

1.2.3 教改支持度不够的问题

高职院校对教学中心工作的改革的支持应该是全方位的，即在经费、机制、技术等各方面提供支持。然而高职院校教学改革普遍缺乏平台支持，不少高职院校教改经费呈现下滑趋势，学校职称评定、教学质量评优评奖制度与教改脱节，教师改革缺少培训和指导等技术支持。卓越课堂认证就是立足以标准为引导，为教师搭建教学沙龙，对接大赛、职称晋升、荣誉激励制度，为教师发展提供平台支持。

2 成果解决教学问题的方法

2.1 通过实施"三化一融合"改革，解决课堂含金量不高的问题

通过项目化改革，把新技术、新模式、新规范等融入课程内容，培养学生分析、综合、评价等高阶思维能力和团队合作精神，改革课程评价方式。通过信息化改革，开发慕课、微课等在线资源，改造落后的教学手段和方法。通过思政化改革，把立德树人要求贯穿教学始终，构建三全育人体系。通过课赛融通，课程标准对接大赛标准、职业资格标准。"三化一融合"改革覆盖全员、全课程、全过程，提高了课堂含金量。

2.2 通过构建"卓越课堂"认证体系，解决教师胜任力不足的问题

出台卓越课堂实施方案，系统阐述"循环认证、持续卓越"理念，构建针对教师技术性和师范性不足的认证标准体系和支持发展平台，认证标准是发展指南，支持体系是教师发展支架。每年引导30% ~ 35%的教师参与认证，完成一轮认证后，根据职教理念、技术和产业发展，更新标准体系并开展下轮认证，促进教师教学能力持续发展。

2.3 通过搭建经费、机制、技术支持体系，解决教改支持度不够问题

把教改活动纳入品牌专业建设等重大质量工程资助对象，加大经费支持力度。认证过程对接教学大赛过程和教学新秀奖、优秀教学奖评选过程，通过认证教师给予经济奖励，纳入职称评审、教学质量评优业绩量化考核（简称三对接两纳入），每学期举办"三化一融合"专题教学沙龙，邀请专家进校辅导，组织外出专题培训，在经费、机制和技术方面加大对教改支持力度。

3 成果的创新点

3.1 理论创新：提出了"循环认证、持续卓越"的新理念

卓越课堂认证借鉴悉尼协议"学生中心、成果导向、持续改进"理念，创新性提出"循环认证、持续卓越"理念，以周期性循环认证为牵引，持续深化"三化一融合"改革，打造内容先进、教学高效、目标达成度高的卓越课堂，培育卓越教师，培养卓越人才，为师生赋能。

3.2 标准创新：建立了基于"教师胜任力"的评价新标准

制定《教学资源评价标准》《课堂教学评价标准》《说课反思评价标准》，从基于"三化一融合"的专项胜任力到教师综合能力，形成了规范完整的卓越教师认证标准，成为助力高职教师高质量发展的指南，为中国高职标准化发展提供参考借鉴。

3.3 实践创新：探索了"课程改革＋课堂认证"的新模式

针对高职教育类型特征、教育技术发展、立德树人和育训结合要求，全面推动课程"三化一融合"

系统改革，与此同时，推进教学改革在课堂的实践，倡导改革在平常、成效在课堂，持续提升课程质量和课堂教学成效。

4　成果的推广应用情况

4.1　学校内全面推广

截至目前，412名教师已完成首轮卓越课堂认证，参与率达到96.8%，第二轮已完成三批认证。认证教师对728门课程完成项目化改革，形成了产业先进元素更新机制。共建设在线课程447门，引入慕课192门，实现了专业课、公共基础课上线全覆盖，选修课上线率达86%。通过认证教师均能熟练使用在线教学平台，68%的教师能使用智慧教室开展智慧教学。开发了《走进高端纺织》等32门通识教育与思政教育融合课程，对照核心素养培养目标，针对思政教育点专业课程全部完成标准修订，确保思政教育全程融入。对接职业证书、技能大赛标准，对《服装制版》等68门课程完成课证融通改革。2019年，第三方调查发现学生对母校课程教学的满意度为96.38%；学校课堂育人满意度一、二年级分别达到97.86%、98.03%。

4.2　省内院校推广应用

2019年在江苏省教师教学能力比赛中获得一等奖4项、二等奖2项、三等奖3项成绩，位列全省第一，卓越课堂成效逐步显现，引发省内高职院校关注。截至目前已接受省内扬州工业职业技术学院、苏州农业职业技术学院、常州信息职业技术学院等单位的33批156人来校交流卓越课堂认证标准开发、平台支持、环节组织等内容，"以卓越课堂认证为牵引的'三教'改革探索与实践"列为江苏省教改重点课题，同年受邀在江苏省高教学会年会上作《卓越课堂认证探索与实践》报告，受到广泛热议和好评。

4.3　全国纺织类院校推广

认证助推了教学能力和教学质量提升，教师获全国教学能力大赛一等奖2项，学生获全国技能大赛服装设计与工艺赛项一等奖14项，获奖数量在全国纺织类院校中最多。依托牵头建立的中国纺织服装职教集团，发挥在全国高职纺织类院校示范引领作用，学校先后在世界纺织服装教育大会、中国纺织服装学会理事会会议（武汉）、国际纺织服装职业教育论坛等做大会交流发言，受到全国高职纺织类院校关注，2019年学校入选全国职业院校育人成效50强。

"一带一路"视域下高职服装专业国际学生"知行中国"教育模式的探索与实践

成都纺织高等专科学校

完成人及简况

姓名	性别	所在单位	党政职务	专业技术职称
刘登秀	女	成都纺织高等专科学校	服装学院党总支副书记	讲师
黄小平	女	成都纺织高等专科学校	副校长	教授
阳川	女	成都纺织高等专科学校	服装学院院长	教授
张晓骞	女	成都纺织高等专科学校	国际交流处处长	副研究员
徐翔	男	成都纺织高等专科学校	服装学院党总支书记	助教
韩剑南	男	成都纺织高等专科学校	基础教学部副主任	副教授
李晓岩	女	成都纺织高等专科学校	学院总支宣传委员、教学督导	副教授
王霖	男	成都纺织高等专科学校	建筑学院党总支副书记	副教授
王双	男	成都纺织高等专科学校	无	讲师
黄添喜	男	成都纺织高等专科学校	无	工程师
张亚茹	女	成都纺织高等专科学校	总支组织委员、办公室主任	助教

1 成果简介及主要解决的教学问题

1.1 成果简介

"一带一路"倡议下，国内高职示范院校与国家骨干高职院校开始推进教育国际化，走出去、请进来，逐步建立了中国特色职业教育模式。2012年，成都纺织高等专科学校服装学院以服装专业为代表，开始开展国际学生短期游学项目；2016年，服装专业招收了来自老挝、孟加拉、乌兹别克斯坦、尼泊尔等国60余名学历学生。八年的实践，提出了"知行中国"的国际学生培养理念，构建了"教育+教学+管理"三位一体的国际学生"知行中国"的教育模式。该模式搭建了以"一带一路"国际文化艺术周为主平台的"知行中国"教育平台，"一干多支"开展国际学生"知行中国"特色活动，建立了"文化互融"的专业教学体系，创新了"趋同管理、同中有别"的国际学生管理模式，为国际学生了解中国、理解中国、热爱中国进行了卓有成效的探索与实践。该成果体系设计合理，人才培养效果显著，得到老挝琅南塔教育体育厅、四川省教育厅及其他国际学生的认可，并推广到中国学生的"国际理解"教育中，取得了显著成绩。省内外多所高职院校曾多次到校交流学习国际学生教育管理经验，具有一定的示范效应。

1.2 主要解决的问题

（1）解决了国际学生对文化不适应的问题。

（2）解决了专业教学与文化交流的融合问题。

（3）解决了国际学生管理困难的问题。

2 成果解决教学问题的方法

2.1 提出了"知行中国"的国际学生培养理念，构建了"教育＋教学＋管理"三位一体的国际学生"知行中国"教育模式（图1）

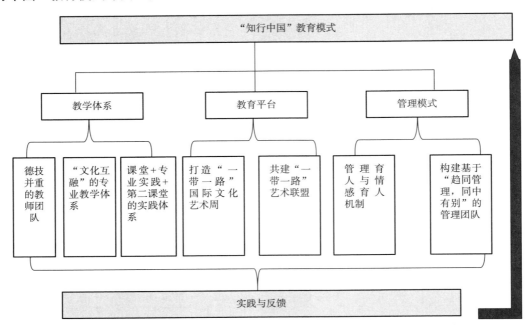

图1 "知行中国"教育模式

2.2 "一干多支"开展国际学生"知行中国"特色活动，解决了国际学生对文化不适应的问题

"一干"即以"知行中国"教育为指导思想，"多支"即指文化交流、文化浸润、文化理解三个层面，多渠道实现国际学生"知行中国"的目标。通过学校搭建的"一带一路"国际文化艺术周和"一带一路"国际艺术联盟等交流平台，对短期游学学生开展以中国服装文化为主题的国际工作坊活动，进行文化交流；对学历留学生，通过参观访问、体验式文化活动、与中国学生一起学习和生活，了解中国文化、经济、科技，增强对中国文化的理解和认同。

2.3 构建了"文化互融"的专业教学体系，解决了专业教学与文化交流的融合问题

对短期游学国际学生，开设以蜀绣、少数民族服饰等4门以四川纺织非遗为主题的国际工作坊双语特色课程，进行文化讲解、作品制作、作品展示；对学历生，组织服装专业骨干教师自费前往学生生源国开展调研，了解当地历史文化与纺织服装产业状况，为人才培养方案制定提供依据。构建了"中国文化＋语言＋专业技术"的课程体系，教学实施中，语言教学过程贯穿中国文化，专业学习中，贯穿中外服饰发展与中国服饰技艺，二课堂开展基于职业教育的体验式"知行中国"实践活动，毕业设计体现学生对中国文化与本国文化互融的理解；跨学院选聘教师，内培外训，打造了一支服装专业职业教育教学团队，为国际化教学提供了有力支持。

2.4 构建基于"趋同管理、同中有别"的国际学生管理模式，解决了国际学生管理困难的问题

针对国际学生，采取基于国际理解的"趋同管理，同中有别"管理模式。"趋同管理、同中有别"即参照中国学生管理要求，并尊重学生所在国家的民族文化习惯，开展国际学生日常管理。一是开展跨国家访与调研，了解留学生所在国文化背景、社会经济状况，深入学生家庭了解家庭情况。二是建立了稳定的国际学生管理团队，学院领导亲自担任班级管理工作，选拔有跨文化背景的教师担任班主任，注重国际学生管理团队在政策、方法等方面的学习，专业教师参与日常管理。三是建立了由学院党政

负责人、国际处、学生处、后勤处、班主任组成的留学生紧急事务小组，及时协调留学生生活、心理、法律、中外学生融合、中国社会融入等工作。四是中国学生与国际学生结对子，帮助国际学生融入本地生活以及顺利进行专业学习。

3 成果的创新点

3.1 构建了"教育 + 教学 + 管理"三位一体的国际留学生"知行中国"教育模式

提出了"知行中国"的国际学生培养理念，构建了"教育 + 教学 + 管理"三位一体的国际学生"知行中国"教育模式，开展了理论研究。申报省级科研课题 1 项，发表理论研究论文 1 篇。

该模式从三个方面加以实施："一干多支"开展国际学生"知行中国"特色活动，开展"文化互融"的专业教学，实施"趋同管理、同中有别"的国际学生管理，取得突出效果，得到老挝琅南塔教育体育厅、四川省教育厅、国际学生的认可。

3.2 打造了一支国际职业教育教学与管理团队

德技并重，选聘教师队伍，内培外训，培养了一支具有国际思维、教学方法多样、经验丰富、责任心强的国际职业教育教学与管理队伍，多名教师荣获优秀指导教师称号，一名教师获得四川省教书育人名师称号，服装学院获评教育部"全国教育系统先进集体"。

4 成果的推广应用情况

通过"教育 + 教学 + 管理"的模式，对来自老挝、孟加拉、乌兹别克斯坦、尼泊尔等国 60 余名国际学历生以及来自印度、印度尼西亚、韩国等国上千人次的短期游学生开展了解中国—理解中国—热爱中国的"知行中国教育实践"

4.1 知行合一，了解中国，开展国际学生"知行中国"教育的实践

以文化交流穿针引线，搭建了"一带一路"国际文化艺术周与"一带一路"艺术联盟等平台。2015 年，学校倡导了首届"一带一路"国际文化艺术周，迄今连续举办五届。五年来，文化艺术周以切磋传统技艺、传播现代文明、品味异域文化为主要内容，致力于扩大和深化与"一带一路"沿线国家的交流与合作，扩大国际学生规模，探索合作办学多种途径。学校已与"一带一路"沿线 20 多个国家、40 多所高校和教育机构建立了长期友好合作关系，以中国传统服饰、蜀绣蜀锦、手工皮具、扎染、中国书画、篆刻、国际服装秀等为媒介，为来自美国、新加坡、印度、印度尼西亚、韩国等 20 余个国家、上千师生通过国际工作坊开展传统技艺等培训。"一带一路"艺术联盟以学术论坛，邀请中国、韩国、日本、马来西亚、英国、荷兰、印度尼西亚等国专家学者开设服饰、艺术、文化等学术讲座。"一带一路"国际文化艺术周已成为学校对外交流、开展"知行中国"教育实践的一张名片，2017 年上升为四川教育国际文化体验系列活动之一。

4.2 文化互融，将中国文化与专业教学紧密结合

4.2.1 构建了"文化互融"的专业教学体系

"文化互融"的专业教学体系分为两部分，一部分是"短期游学理论与实践教学体系"，包含学术论坛、双语国际课程、国际工作坊三大项目；另一部分是"学历留学理论与实践教学体系"，包含基础课程体系、专业学习体系以及二课堂（图 2）。

4.2.2 加强专业教学实践

加强第一课堂国际学生文化教育，语言教学中融入快乐教学法，提高学生对中国文化的兴趣。在教学中融合唱歌、模仿、表演等艺术教育方法，寓教于乐，如学习中秋节时，配以歌曲《明月千里寄相思》；学生生活的城市《说成都》时，配以歌曲《成都》；学习《华夏民族及服饰》时，配以歌曲《中华民族》，加深了国际学生对中国文化的印象。

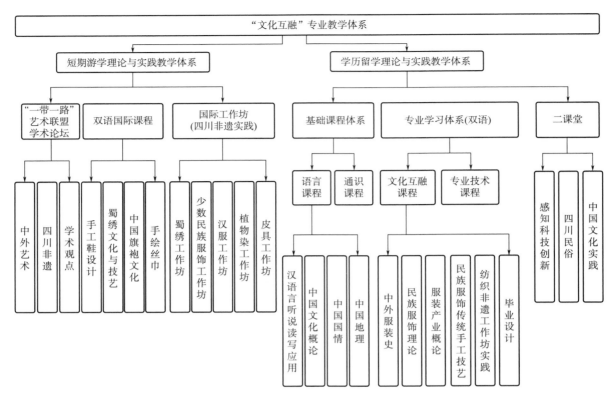

图 2 "文化互融"专业教学体系

专业教学将理论教学与实践教学结合，认知中国文化、服装产业与专业的趋势。专业教学中，融入中国传统文化、服饰文化、西南少数民族服饰、传统手工服饰技艺等课程，融合现代服装设计理念与传统服装工艺，展现老挝、孟加拉等服饰元素与特色，培养兼具现代服装设计理念与传统技艺的服装人才。实践教学中，带领国际学生到成都荷花池、雷迪波尔服饰股份有限公司、四川祥和鸟服饰有限公司、际华3536实业有限公司等调研服装市场、经销与生产流程等，引导学生认知现代服装生产与销售。2019年服装专业首届老挝学生举办了融合中国服饰特色的毕业设计作品展和老挝文化展，学生全部按时毕业，其中安妮昆获得了学校2019年"织菁之星"称号。2020年春，新冠疫情阻断了正常教学，师生克服时差、通信条件、学习条件带来的困难，通过微信群坚持专业学习，开展交流。17级老挝毕业生面临毕业，教师们坚持指导，目前老挝毕业生已顺利完成毕业生设计。2019年服装学院的合作企业雷迪波尔服饰股份有限公司走出国门，在老挝首都万象开设了三家专卖店，将在2020年老挝毕业班中录取员工。

4.2.3 强化第二课堂

重视国际学生第二课堂活动，创新活动内容与方式，引导国际学生感受中国经济与科技创新的力量和区域文化的丰富多彩。开展"感知科技创新——共建'一带一路'"社会实践，参观环球中心、IFS中心、熊猫基地、宽窄巷子、南丝绸之路地点，体验川剧、西南少数民族服饰等非物质文化遗产，品川菜、学茶艺等，引导学生了解中国社会经济发展、科技创新，感知四川区域文化、风土人情，增强对"一带一路"建设的信心以及对四川、成都和学校的情感。留学生表示"第一次看到现代化的中老铁路三维设计模型，感到很震撼，一定会珍惜在中国学习的难得机会，毕业后回国为老挝建设发展贡献力量"。

创新开展国际学生"文化理解"特色活动，感知中国传统文化的魅力，传承国际学生本民族文化基因。以老挝新年、孟加拉新年活动为国际学生提供展现本国文化、表达自我的舞台，成为中国学生了解他国民族文化的窗口。以赛促学、促理解，组织学生参加中国—东盟教育交流周、四川教育国际文化体验等活动，举办国际学生汉字书法大赛、经典诵读大赛，增强了国际学生汉语应用能力，深化了国际学生对中国的感情。近年来，国际学生在中国—东盟教育交流周、四川教育国际文化体验等活动中获得演讲、征文、书法等比赛一、二、三等奖10余项。开展端午节"挂艾草、包粽子"、中秋节"吃月饼"、春节"包饺子"等传统节日习俗体验活动，增进国际学生对中国的认识，深化了国际学生对中国传统文化的了解和对中国的感情。

4.3 管理育人与情感育人，为国际学生提供良好环境

服装学院国际学生管理团队将管理育人与情感育人相结合，趋同管理、同中有别，将制度挺在前面，严格管理；兼顾人文关爱，情感育人。一年一次的跨国家访与调研，考察该国经济、教育、产业发展与学校家庭状况，一期一封给留学生及家长的信，加强家校联系，实现家校共育；1+1+1帮扶，解决留学生学业、生活、文化融合等难题；免费配备必需的学习生活用品，确保其学习生活的顺利；立足留学生身心健康，将心理健康与体育教育贯穿留学生教育全过程，培养留学生自信阳光、感恩、独立的健康心态，为国际学生的学习和生活奠定了良好基础。

2020年新冠肺炎来袭，留在学校的老挝、孟加拉的学生情绪非常紧张，学院党政负责人、国际处、学生处、后勤处、班主任组成的留学生紧急事务小组第一时间为他们进行心理安抚、送去紧缺的口罩、防疫物质、大容量冰箱以及蔬菜、米面油等，宣讲防疫知识，派专车送学生去机场回国。成绩优秀的孟加拉学生韩冬家境贫困，学院领导自掏腰包为他购买了返程机票，韩冬安心返国。本学期，老师们继续在微信群上开展教学，关注学生身心健康，停课不停学，不停服务。

4.4 打造了一支国际职业教育教学与管理团队

德技并重，面向全校选聘有海外学习背景和语言能力强的基础课程与公共课程教师，由服装学院、基础教学部、外语学院、艺术学院、纺织学院联合组建了双语教学团队，开展双语理论教学、双语实验教学、双语教学研讨会、文化研讨等多类型教学活动，加强日常教学管理，及时听取学生对教学的反映。学生管理团队参加国际职业教育培训以及"来华留学生管理干部"培训，学习政策法规、工作程序等，熟悉留学生生源国文化习俗，以便于学生充分沟通。五年来，留学生教学与管理团队运用先进的职教理念，广阔的国际视野，丰富的教学经验与管理经验，受到在校国际学生一致好评。

4.5 成效显著

4.5.1 理论成果

《高校教育国际化背景下的老挝留学生心理健康教育探析》获2018年四川省高校学生思想政治研究会高职高专专委会三等奖。

《如歌岁月文化咏——高职高专留学生中国文化课程内容体系研究与实践》发表于2018年《中文信息》第一期。

《跨文化背景下服装专业文化传承与创新人才培养体系研究》获四川省教育厅《四川省2018—2020年高等教育人才培养质量和教学改革项目》立项，编号：JG2018-1047。

成都纺织高等专科学校教育教学科研项目《东盟留学生中国文化课程教学研究》2019年9月结题。

4.5.2 实践成果

国际学生在中国—东盟教育交流周、四川省教育国际文化体验活动等各类比赛获得奖项10余项。

2018年，因教学成效显著，老挝琅南塔教育体育厅为服装专业颁发了办学成效优秀的证书。

2018年，入选亚太职业院校影响力50强（亚洲教育北京论坛组委会）。

2018年，学校与北京服装学院签订人才培养合作协议，联合开展服装艺术设计专业外国留学生专升本"3+2"项目，成为北京服装学院留学生生源基地，打通了国际留学生继续深造的通道。

留学生教育得到社会的认可。2016级老挝留学生参加郫都区双柏社区文化活动得到社区居民好评。

教育导报、高职高专教育网等多次报道学校留学生教育成效。

国际学生教育得到学生的认可。2019 年，首届服装专业老挝班留学生毕业，对学校、老师的感谢，对四川、对中国的热爱溢于言表，表示要为"一带一路"建设、中老友谊发展贡献力量。2020 年春，新冠肺炎疫情暴发，老挝、孟加拉留学生高度关注中国疫情，为武汉、为中国加油。2018 级孟加拉留学生苏杰明牺牲寒假时间，前往 180 公里外的孟加拉国首都达卡，联系商家，充当翻译与搬运，协助中国侨联购买了 3 万副 3M-N95 口罩发往中国，以自己的实际行动为中国抗疫助力。

4.5.3　辐射效果

"一带一路"国际文化艺术周受到中国网、四川教育网、新浪网、中国高职高专教育网、四川日报、教育导报、成都电视台新闻频道等多家媒体与网络报道。省内外多所高校来校交流学习留学生教学与管理经验。

连续举行了 6 年的老挝新年活动、1 年的孟加拉新年活动，用当地民族音乐、舞蹈与美食吸引了本校以及西南交通大学、西南科技大学等多所学校的中外学生参加。

应用于中国学生的"国际理解"教育，增强中国学生国际视野，增强了制度自信以及对多元文化的认同。20 余名学生前往韩国、美国开展专业学习与文化交流。通过疫情教育，增强了学生对制度的认识和对国家的热爱。

"侗寨·五娘"非遗"123+N"现代传承育人模式实践与创新

柳州市第二职业技术学校
广东省时尚服装研究院

完成人及简况

姓名	性别	所在单位	党政职务	专业技术职称
龙陵英	女	柳州市第二职业技术学校	校长	教授
秦海宁	男	柳州市第二职业技术学校	副校长	高级讲师
陈桂林	男	广东省时尚服装研究院	院长	教授
徐毅华	女	柳州市第二职业技术学校	无	高级讲师
伍依安	男	柳州市第二职业技术学校	无	讲师
李海辉	男	柳州市第二职业技术学校	艺术设计系副主任	讲师
韩晶	女	柳州市第二职业技术学校	无	助理讲师
兰伟华	女	柳州市第二职业技术学校	无	高级讲师
罗媛媛	女	柳州市第二职业技术学校	无	讲师
陈美娟	女	柳州市第二职业技术学校	无	高级讲师
陶静	女	柳州市第二职业技术学校	无	讲师
蒋钰	女	柳州市第二职业技术学校	无	讲师
秦怡婷	女	柳州市第二职业技术学校	无	讲师
宁方方	女	柳州市第二职业技术学校	无	讲师
周秀妹	女	柳州市第二职业技术学校	无	无

1 成果简介及主要解决的教学问题

1.1 成果简介

柳州市第二职业技术学校是一所国家级重点职业学校、国家发展改革示范学校。学校深入贯彻执行国家《关于推进职业院校民族文化传承与创新工作的意见》和《广西职业教育民族文化传承创新工程实施方案》，致力于民族文化研究与现代职业教育人才培养工作相融合。从2012年开始，学校依托地方资源和专业优势，将柳州市三江侗族自治县侗族各种"非遗"传承项目与学校专业建设相结合，以侗族非遗项目"侗绣、侗族大歌、侗族打油茶、侗族农民画、侗族百家宴"为核心内容，多专业联动，形成了"123+N"现代传承模式（图1）。

1个核心，即以"侗寨·五娘"非遗为传承创新教育的核心。

2个平台，即搭建"侗寨·五娘"非遗校内研学平台和校外产商平台。

3级传承人梯队，即非遗传承人＋校内教师（校级技能大师、专业骨干教师）＋专业学生。

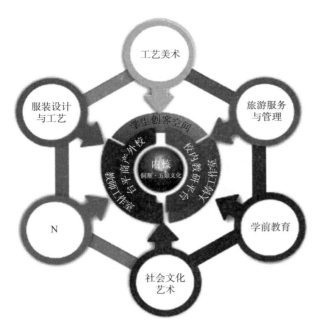

图1 "123+N" 现代传承模式

"+N"指整合多个专业，从师资建设、课程建设、艺术创作、校园文化建设等领域，全方位地推动侗族文化融入学校教育全过程。

多年来，学校积极传承中华优秀传统文化和民族非遗技艺，打造本校的教育特色和品牌。2018年，学校获批第二批全国中小学中华优秀文化艺术传承学校，获认定为广西民族服饰文化传承创新职业教育基地。项目建设以来，累计培养校内侗族学生3000余人，其中升学1200多人，就业学生中绝大多数在当地企业就业或返乡自主创业，服务地方文化产业经济发展。本成果在培养民族文化技艺传承人的同时，推动民族文化与专业建设、地区经济发展相融合，塑造了大批服务民族地区发展的创新型技术人才，特色鲜明，成效显著。本教学成果被柳州市教育局选入《职业教育发展柳州模式》经典案例，在民族地区中职学校形成核心示范和辐射推广。

1.2 成果主要解决的教学问题

本成果立足于丰硕的实践改革经验，主要从资源整合、专业建设、师资建设、融合创新、社会服务能力五个方面解决相应的教学问题。

2 成果解决教学问题的方法

本成果立足于丰硕的实践改革经验，主要从资源整合、专业建设、师资建设、融合创新、社会服务能力五个方面解决相应的教学问题。

2.1 解决侗族非遗技艺由碎片化传承向体系化转变的资源支撑力不足问题

以学校侗族非遗技艺传承创新项目为纽带，通过调动学校、政府、文化产业和民族技艺行业等各界的资金、人力和物力资源，对学校开展基地建设课程及教学资源开发、教师队伍建设、文创产品开发、歌舞秀展演等项目给予支持，各方资源的共同参与，解决了侗族非遗技艺由碎片化传承向体系化转变过程中资源支撑力不足问题。

2.2 解决了侗族非遗技艺与学校专业建设发展不相融合问题

将"侗寨·五娘"中的每一"娘"文化与学校多个专业对接，开发建设相应课程和教学资源，融入各专业人才培养中，培养民族技艺传承创新人才。

2.3 解决了侗族非遗传承人队伍单薄、教学内容及手段单一问题

聘请侗族非遗传承人常驻学校，建立非遗大师工作室，培养校内技能大师，与非遗传承人共同制定专业人才培养方案、编写教材，以系统的教育规范技艺传承，教授学生技艺与创新理念，构建形成"三级"传承人队伍，提升人才培养实效。

2.4 解决了侗族非遗技艺与现代文化融合创新发展不佳问题

专业教师向非遗传承人学习传统技艺，寻找侗族文化与现代文化的最佳契合点进行再创造，创新设计侗族服饰品、工艺品、歌舞表演和饮食文化等系列现代文创作品，打通产业化发展道路。

2.5 解决了非遗教育社会服务能力不足的问题

学校以"123+N"现代传承育人模式，整合资源，有效提升了社会服务能力，面向中小学开展送课进校活动，面向企业、社区、政府提供技能培训、展演等社会服务，广受好评，推广应用效果显著。

3 成果的创新点

3.1 侗族非遗人才培养的实践创新

学校通过收集各类侗族服饰及手工艺品、歌舞作品，分析其文化内涵、技艺表现形式和艺术规律，将其文字化、体系化和课程化，形成了侗族非遗系列教材，变封闭式传承为开放式传承，变静态保护为活态传承，形成了"123+N"现代传承育人模式，率先实现了侗族非遗技艺从碎片化传承向系统化传承的转变。

3.2 侗族非遗人才培养的机制创新

建立了专业化传承师资队伍，制定了教学成果奖励制度，为师资队伍进行侗族非遗技艺调研与学习、课程开发与教材编写、教学与艺术创作等项目提供了人、财、物保障。搭建了技能大师工作室，建立了工作室管理制度，为技能大师通过工作室开展侗族非遗技艺教学与创新实践提供了平台保障。

3.3 侗族非遗人才培养的文化创新

将非遗技艺传承与贯彻落实精准扶贫政策相结合，扶"志"与扶"智"相结合，重视思想和价值观的教育，唤醒和激发了侗族女生的现代女性自信和智慧，使她们改变传统婚育观，大面积升学、就业创业，文化扶贫，改变侗族女生人生格局。

4 成果的推广应用情况

4.1 在学校内的推广应用和效果

我校已培养六代绣娘，歌娘、茶娘、画娘、厨娘各三代，代代相传。非遗现代传承改变了侗族学生的人生观、价值观和婚育观，她们的人生格局得到改变。

受我校"侗寨·五娘"项目的启发，自治区打油茶非遗传承人郭朝阳创立了三江县侗寨五娘文化发展有限公司，我校为其订单培养100多名学生。我校累计培养校内侗族学生3000余人，其中升学1200多人，就业学生中绝大多数在当地企业就业或回到家乡自主创业，服务地方文化产业经济发展。

4.2 在国内同类院校得到推广

"侗寨·五娘"系列成果在同类院校中引起强烈的反响。2019年学校牵头成立了中等职业教育民族文化传承创新柳州联盟并召开了"侗寨·五娘"文化论坛，国内22所中职学校参加，我校当选理事长单位，扩大了国内影响力。先后有各院校约2000人次慕名来校交流学习。

2019年11月，学校师生在中华职教社主办的首届"黄炎培"杯中华职业教育非遗创新大赛暨非遗职业教育成果展示会惊艳亮相，荣获"非遗职业教育贡献奖""最佳组织奖"，全国人大常委会副委员长、中华职教社理事长郝明金亲自为学校颁奖；《侗族大歌》等5个非遗创新作品分别荣获一、二、三等奖及优秀奖，打响了学校以职业教育为载体的现代传承育人模式在国内的名声。

4.3 普及侗族非物质文化遗产

"侗寨·五娘"项目陆续向柳州市各中小学开展送课进校活动，通过体验式教学，树立民族文化意识，累计受益中小学生达10000多人次。

4.4 主流媒体高度关注

中国教育报、中国职业技术教育等报刊对"侗寨·五娘"现代传承育人模式给予了介绍。中国教育电视台、广西电视台等各级各类媒体宣传报道达100多次。

4.5 对侗族非遗现代传承研究的贡献

编写了《侗族大歌训练实用教程》等4册校本教材，出版了《侗族服饰款式设计与制作》等5册特色教材，公开发表论文10篇，撰写了多篇专题研究报告和实践案例，为丰富侗族非遗现代传承的理论研究做出重大贡献。

4.6 通过国际交流平台扩大侗族文化影响

来自法国、日本和泰国等多所国外职业院校代表团来校进行文化交流。"侗寨·五娘"侗族服饰受邀赴新西兰、澳大利亚展演；2018 年"侗寨·五娘"歌舞秀在中国—东盟博览会首演；侗族服饰、侗族打油茶赴法国、意大利展演；2019 年受邀参加中国广西—越南广宁青年大联欢演出。在这些国际交流过程中产生很大反响，成功地展现了侗族文化魅力。

服装设计与工艺专业"三线驱动"个性化人才培养模式的改革与实践

杭州职业技术学院

完成人及简况

姓名	性别	所在单位	党政职务	专业技术职称
章瓯雁	女	杭州职业技术学院	达利女装学院第一党支部书记	教授
徐高峰	男	杭州职业技术学院	达利女装学院院长	副教授
程利群	男	杭州职业技术学院	党委委员 宣传部部长	教授
祝丽霞	女	杭州职业技术学院	学工办主任	思政助教
梅笑雪	女	杭州职业技术学院	无	讲师
曹桢	男	杭州职业技术学院	无	副教授

1 成果简介及主要解决的教学问题

随着社会经济的发展，呈现出对人才的多元需求，各院校也在探索人才培养模式改革。但随着高职规模的扩大，生源结构的复杂性使高职人才培养还存在着一些突出的问题，如：培养目标同一性，无法满足社会对人才多样化的需求；课程设置单一性，学生创新创意能力不足；教学实施统一性，学生特长得不到充分发挥和培养等。近年来，我校服装设计与工艺专业积极探索与实践了"三线驱动"多层次个性化人才培养模式改革，有效破解了上述难题，构建了人才培养的"杭职模式"。

基于生源结构的多样性，根据其专业特长及学习能力，三线驱动个性化培养学生。"一线"即现代学徒制，通过校企交替跟岗学习和顶岗实习，培养技艺高超的岗位技能人才；"二线"即课堂走班制，通过模拟项目课程、真实项目课程和顶岗实习，培养复合型技术技能人才；"三线"即工作室导师制，通过大师技艺传授、技能大赛专项训练和真实产品研发，培养技术技能拔尖人才。通过"三线驱动"的个性化人才培养模式改革，打造了一流的女装技术技能人才培养高地。入选全国"双高"专业群，学生获全国技能大赛金奖 11 项，师生出版教材 6 部，团队教师入选包括"全国优秀教师""全国技术能手"等各项荣誉和人才项目 10 余项（图 1）。

2 成果解决教学问题的方法

2.1 设计"三线驱动"个性化人才培养方案，为学生个性发展提供路径

针对生源文化水平不一、学习能力差异大等问题，"三线驱动"培养多层次人才："一线"现代学徒制培养，签订四方协议，实施校企交替跟岗课程、企业顶岗实习，培养岗位高技能人才；"二线"课堂走班制培养，通过模拟项目和企业真实项目课程，注重专业技能与产品研发的递进学习，培养复合型技术技能人才；"三线"工作室导师制培养，挑选专业基础扎实的特长生，通过大师引领塑造工匠精神、技能大赛培养精湛技艺、项目研发挖掘创新能力，多渠道培养女装技术技能拔尖人才（图 2）。

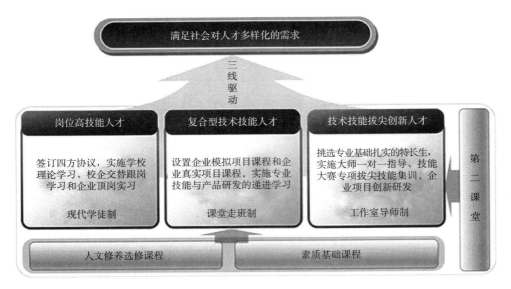

图1 服装设计与工艺专业"三线驱动"个性化人才培养模式示意图

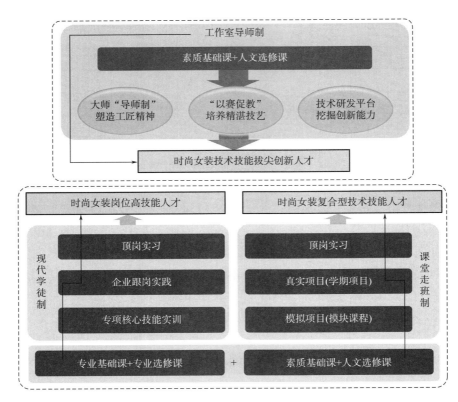

图2 "三线驱动"个性化人才培养方案示意图

2.2 构建弹性学分制课程体系，为学生个性发展提供保障

针对培养的学生规格单一这一问题，在课程体系设计上加大选修课比例、第二课堂的思政教育、劳动教育、美育教育和工匠精神等的融入让学分获得途径多样化，并制定学分认定与折合办法。通过弹性学分制的课程体系改革，调动学生学习积极性，充分激发学生的创新创意能力，培养多类型、多层次、多规格人才（图3）。

2.3 创新教育教学组织形式，为学生个性发展提供空间

认可和尊重学生的独特性和差异性，改革教学组织形式。一是实施分组教学，教师科学地把学生

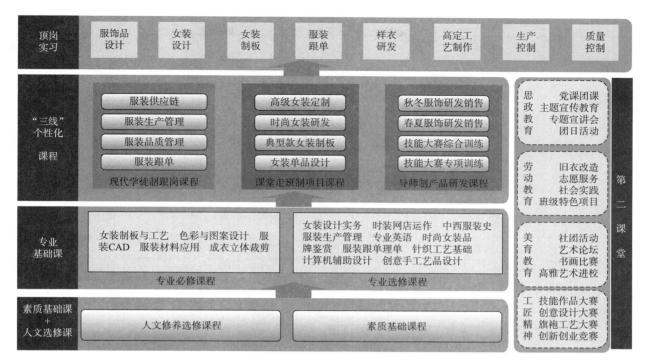

图3 服装设计与工艺专业"三线"个性化课程体系

分成水平相近、优势互补的若干小组，教师分组指导、按需指导，学生团队合作、依能学习。二是采用翻转课堂，线上学生可以自定义学习进度、深度和广度，线下通过师生互动、小组讨论等获得个性化指导，最大限度地满足不同学生的学习需求，促进杰出人才培养机制的形成。

3 成果的创新点

3.1 模式创新：实施"尊重个体、发挥特长、分层施教"人才培养模式改革

培养目标的多样性充分尊重学生个体，培养过程的多方向选择最大限度发挥学生的特长，教学策略的分层施教充分考虑学生的学习能力，"三线驱动"个性化人才培养模式满足了社会对人才多样化的需求。

3.2 课程创新：重构"基础夯实、专技阶进、研学交融"的专业课程体系

搭建专业基础及选修课程，培养服装设计基础技能；设置服装核心模块化课程，培养岗位专业技能；开设产品研发项目，培养可持续发展的职业能力。将第二课堂的思政、劳动、美育教育和工匠精神融入课程体系，塑造学生精益求精的职业素养。

3.3 管理创新：制订"自主选择、成果转换、学分互认"的学分认证制度

设置选修内容不少于总学分的50%，满足学生个性化需求；改革学分制管理办法，学生在校期间参加竞赛、考证等项目，可置换教学计划中的课程和学分。学习成果的认定、积累和转换，为技术技能人才持续成长拓宽通道（表1）。

表1 第二课堂学分认证表

模块	项目类别	认定要求	分值	审核部门
A. 思政教育	1. 主题宣传教育	活动记录、活动感悟	0.5分/次	学工部（团委）二级学院
	2. 专题宣讲会	专题内容认知报告	1分	二级学院
	3. 党课团课	党校团课结业证书	2分	组织部
	4. 最美杭职学子	证书	2分	学工部（团委）

模块	项目类别		认定要求	分值	审核部门
B. 劳动教育	1. 社会实践		申报书	2分	学工部（团委）
	2. 志愿服务		活动登记记录	0.5分/次	学工部（团委）
	3. 班级特色项目		活动记录、项目作品	1分	学工部（团委）
	4. 旧衣改造		服装改造成品	0.5分/次	学工部（团委）
C. 美育教育	1. 社团活动		出勤率达到75%	2分	学工部（团委）
	2. 艺术论坛		节目单、照片 获奖文件、证书	0.5分/次	学工部（团委） 二级学院
	3. 高雅艺术进校		活动记录、活动感悟	0.5分/次	学工部（团委） 二级学院
	4. 书画比赛		获奖文件、证书、奖牌	4分	主办部门
D. 工匠精神	1. 专业类竞赛获奖	国家级奖项	获奖文件、证书、奖牌	5分	专业建设指导处
		省级奖项	获奖文件、证书、奖牌	3分	专业建设指导处
		校级奖项	获奖文件、证书、奖牌	1分	专业建设指导处
	2. 创新创业类竞赛获奖	国家级奖项	获奖文件、证书、奖牌	5分	主办部门
		省级奖项	获奖文件、证书、奖牌	3分	主办部门
		校级奖项	获奖文件、证书、奖牌	1分	主办部门
		参与	申报表、比赛记录	0.5分	主办部门

4　成果的推广应用情况

本课题经过四年半的理论深化、实践探索、成果推广与应用，取得了可喜的成绩。

4.1　"个性化"人才在各自领域表现优异

4.1.1　学生综合职业技能强

近5年学生参加职业院校学生技能大赛，获国家级奖项11项，其中，金奖7项，全国纺织服装专业学生职业技能标兵3项，张霞和王佳凤同学以高超的专业技能分别被绍兴技师学院和萧山第三职业高中录取为专业教师，并在2019年的教师服装专业技能大赛中分别获绍兴地区和杭州地区第一名。

4.1.2　毕业生就业质量高

个性化人才培养模式改革以来，本专业招生录取分数线逐年提高，现已列全省高职第一；学生毕业一年后自主创业率为10.41%（全省为4.49%），学生毕业三年后自主创业率为20.48%（全省为7.44%）。每年的毕业生总是被企业提前预订，就业率始终保持在98%以上，企业对毕业生满意度达95%以上，毕业生成了服装企业的招聘首选，基本实现体面就业。

4.2　"双师型"教师队伍建设成效显著

4.2.1　教师技术创新能力强，发展快

老师们通过带领学生参加技能大赛、承接企业项目进行产品研发，与企业导师一起开展现代学徒制培养等各项工作，教师的专业知识技能及产品研发都有了快速的提升，教师近几年来成果丰富，获得多项荣誉，培育了全国技术能手1名、全国优秀教师1名、全国优秀制版师1名，省"万人计划"教学名师1名，省高校优秀教师2名、市"131"人才项目4人。

4.2.2　高水平双师队伍实力雄厚，成果多

教师根据研究方向组队开展各项教学、科研工作，团队教师优势互补，共同进步。2019年被教育

部授予"全国骨干专业""全国生产性实训基地"和"全国双师培养基地"三项国字号成果；2019 年，本专业成功入选中国特色、世界水平的"国家高水平建设专业群"。

4.3 "三线驱动"个性化人才培养模式示范全国

4.3.1 国内同行和社会各界认可度高

作为龙头专业，服装设计与工艺专业群入选"国家高水平建设专业群"，2016 年团队荣获"全国纺织服装教育先进单位"，2015 年、2016 年专业成功承办了全国职业院校服装技能大赛。2018 年校企共建纺织服装工程创新中心，在人才培养定位"精"准、产学研平台筑"高"、技术革新与创新引领能力拔"尖"方面再次发力。

4.3.2 具有很好的示范与推广价值

成果负责人多次担任全国骨干教师培训专家和全国学生技能大赛的裁判，社会影响广泛，在全国骨干教师培训会、中国纺织服装职业教育发展论坛等全国性重要会议中介绍和推广该人才培养模式改革，在职业院校中具有较大影响力，全国已有 800 余所高职院校、省市单位共 7000 余人次来我校、我专业考察交流学习，有力地推动了当地人才培养模式改革。

现代纺织专业群"模块集成"式课程体系的构建与教学实施

江苏工程职业技术学院

完成人及简况

姓名	性别	所在单位	党政职务	专业技术职称
耿琴玉	女	江苏工程职业技术学院	教研室主任	教授
吉利梅	女	江苏工程职业技术学院	国际交流处副主任	副教授
尹桂波	男	江苏工程职业技术学院	教务处长	教授
仲岑然	女	江苏工程职业技术学院	组织部长	教授
刘桂阳	男	江苏工程职业技术学院	支部书记	副教授
黄旭	女	江苏工程职业技术学院	无	副教授
季莉	女	江苏工程职业技术学院	无	副教授

1 成果简介及主要解决的教学问题

1.1 成果简介

本成果基于江苏工程职业技术学院（简称江苏工院）2015 ~ 2018 年江苏省品牌专业现代纺织技术专业建设项目、2018 年江苏省高水平高职院校建设项目（专业群建设）。对标纺织行业新业态、新定位，在对纺织行业企业深入调研的基础上，按照"串联生产链、并联价值链"的组群逻辑，串联材料工程技术、现代纺织技术、染整技术三个专业，并联纺织品检验与贸易、工业机器人两个专业，组建"现代纺织专业群"；基于"纺织 +、智能 +、服务 +"思路，构建了满足纺织产业高端发展对技术技能人才培养要求的"模块集成"式课程体系，探索了"导师制和走班制"课程实施的最优路径。本成果为现代纺织技术专业群进入国家双高建设计划做出了巨大贡献，在企业培训和全国同类专业建设中起到了引领作用。

1.2 成果主要解决的教学问题

1.2.1 解决技术技能型人才的复合化培养问题

原来各专业人才培养的目标定位仅仅局限于纺织品与生产流通环节的某个节点，毕业生技术技能过于专门化。

1.2.2 解决传统专业老化、新兴专业无行业支撑的问题

原各专业仅是围绕本专业岗位要求设置课程，传统技术类专业无法适应智能制造和现代服务的发展，而工业机器人技术新兴专业缺乏行业背景支撑。

1.2.3 解决创新创业教育脱离专业教学的问题

原来创新创业教育教学由素质部学工处实施，与专业脱节，无法形成综合性专业项目。

1.2.4 解决教学资源共享问题

原来专业的教学资源都是单独建设，有些是重复建设。

2 成果解决教学问题的方法

2.1 通过构建现代纺织专业群，解决传统专业老化、新兴专业无行业支撑的问题

以服务高端纺织为目标，以"串联生产链、并联价值链"为组群逻辑组建现代纺织专业群，即"串联"材料工程技术、现代纺织技术、染整技术三个与生产链对接专业，"并联"纺织品检验与贸易、工业机器人技术两个价值链专业，两个并联专业为三个串联专业赋能，同时，三个串联专业又为两个并联专业的行业技术支撑。

2.2 基于"纺织 +、智能 +、服务 +"思维，采用"模块集成"方式，整体优化专业群课程体系，解决原单个专业纺织高职人才技术技能单一、老化的问题

用现代检验贸易服务和智能制造赋能纺织生产技术，同时又将纺织技术嵌入到现代服务和智能制造，实现专业课程的交叉融合。设置的课程模块有：公共文化必修模块、公共文化选修模块、专业群共享课模块（必修）、专业方向核心课模块（必修）、专业方向限选模块、专业课任选模块、专业创新创业训练模块。采用"模块集成"方式，按照"底层共享、中层分立、高层互选"原则集成专业群课程体系。

2.3 实施"双线融合、双制驱动"培养模式，解决创新创业教育与专业课程学习分裂的问题

依托"纺织教学工厂"，以创新项目为载体，将"课程学习"和"创新实践"两条主线有机融合，实施创新训练"导师制"和课程学习"走班制"人才培养模式。学生根据项目实施需要，在导师的指导下，跨专业甚至跨学院选修课程，通过线上或线下"走班"完成选修课学习并获得学分。

2.4 通过打造线上线下、虚拟现实的新型学习空间和群内共享，解决专业群教学资源不足的问题

升级现代纺织技术专业国家级教学资源库，加入染整、材料、机器人技术专业线上教学资源；与行业领军企业合作，打造智能虚拟纺织工厂，建设"群共享 + 专门化"的实训中心（基地）。

3 成果的创新点

3.1 理念创新

首创提出了"串并联"组群理念。采用"串联"纺织生产链"并联"检测服务和智能制造价值链，将传统纺织生产链专业与新兴纺织价值专业组合成专业群，形成各专业之间的优势互补，相得益彰。

3.2 模式创新

创新并实施了"双线融合、双制驱动"的人才培养途径。通过实施专业导师制和走班制，实现知识学习与技能实践双线融合，创新性地实施课程与项目走班、线上与线下走班，全过程培养学生的创新创业能力。

3.3 实践创新

基于"纺织 +、智能 +、服务 +"专业课程融合理念，采用"模块集成"方式，构建了"底层共享、中层分立、高层互选"的现代纺织专业群课程体系。

4 成果的推广应用情况

4.1 校内应用

在江苏省高水平职业院校建设重点专业群建设中的应用。

4.1.1 以"串联生产链、并联价值链"为组群逻辑组建专业群，对接高端纺织新业态

根据我国纺织产业布局，构建纺织绿色生产专业群，即"串联"材料工程技术、现代纺织技术、染整技术三个与生产链对接的专业，"并联"纺织品检验与贸易、工业机器人技术两个价值链专业，构建纺织绿色生产专业群（图1）。

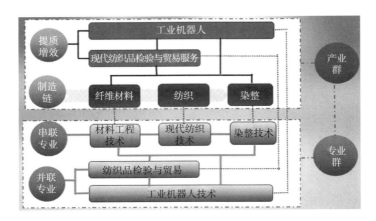

图 1   纺织绿色生产专业群构建

4.1.2   以"模块集成"方式，按照"底层共享、中层分裂、高层互选"原则构建专业群课程体系（图 2）

立足纺织品生产各环节，将现代检测与贸易、纺织智能化生产课程和内容融入三个传统的生产链专业，推动了传统专业的升级；将纺织生产环节的典型产品、典型设备和典型工艺融入纺织品检验与贸易和工业机器人技术专业中，提高并联专业的"特色"，形成了专业群课程体系的叠加效应、聚合效应与倍增效应。

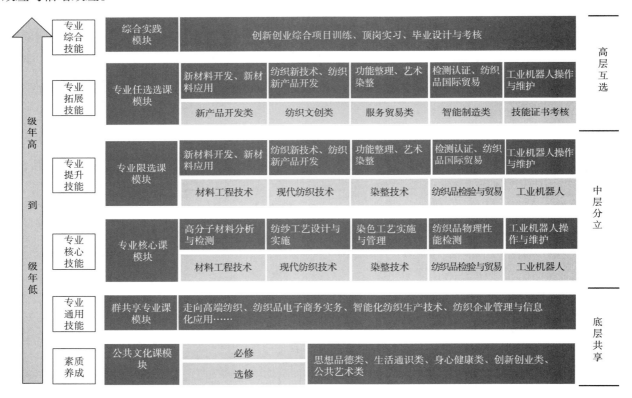

图 2   "模块集成"式专业群课程体系

4.1.3   按照"双线融合、双制驱动"模式实施课程教学

以创新项目为载体，将"课程学习"和"创新实践"两条主线有机融合，实施创新训练"导师制"和课程学习"走班制"人才培养模式，推动学生的学与用、知识与能力的合一（图 3）。

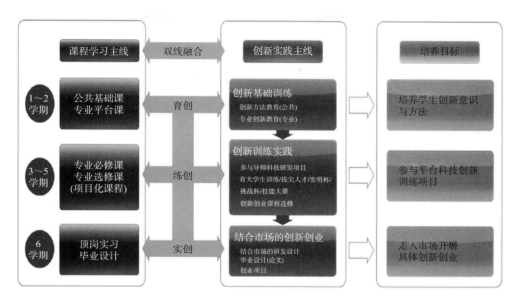

图 3 双线融合、双制驱动"人才培养模式

4.1.4 2016年，以江苏省先进纺织工程中心为平台，成立了六个纺织技术中心，每个中心下设若干个项目团队，专家教授领衔（图4）

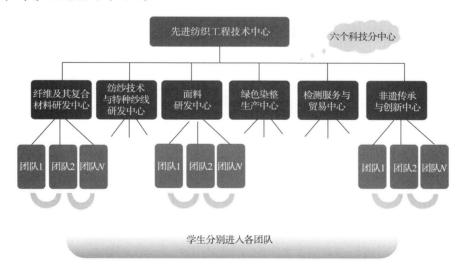

图 4 六个科技分中心

从2015级人才的培养方案开始，与专业理实一体课程并列，在3～5学期设置了专业创新训练系列课程，实现课程学习与创新实践的融合。创新训练推行"导师制"，专业导师团队与学生通过双选，从第三学期就在导师指导下开始专业创新训练，按照"育创——练创——实创"三段递进实施。在项目实施过程中，学生根据项目实施需要，在导师的指导下，学生跨专业甚至跨学院选修课程，通过线上或线下"走班"完成选修课学习并获得学分。走班制课程实施如图5所示。

4.1.5 着力打造现代纺织专业群教学资源库

拓展现代纺织技术专业国家级教学资源库建设内涵，加入染整、材料、机器人技术专业线上教学资源，与行业领军企业合作打造智能虚拟纺织工厂，为专业群各专业线上线下教学提供资源保障。图6所示为专业群教学资源库交互界面。

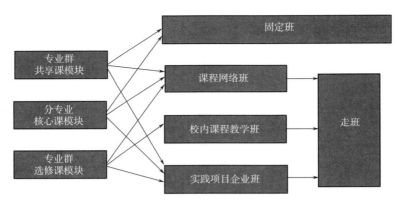

图5　走班制组织图

图6　专业群教学资源库

4.1.6　应用成效

毕业生服务高端纺织的能力得到进一步提高。将本成果应用于教学后，学生的技术技能水平得到了提高和推展，表现在学生在各类全国性技能大赛中屡屡摘金夺银、省大创项目在同类院校名列前茅，在全国纺织染整类学生职业技能大赛中收获了近三分之一的金奖，8名学生获得中国纺织最高奖——"纺织之光"奖。企业对毕业生的满意度大幅提高，学生就业质量明显提高。近年来师生授权发明专利近百项，位列全国高职院校第五；有学生参与的专业论文近20篇。

进一步了奠定了纺织类专业建设和改革在全国范围内的领先地位。在2019年国家双高建设项目申报时，现代纺织技术专业群作为双高专业建设群进行了申报，其组群逻辑和课程构建方法就是应用了本成果。专业群构建根据产业发展进行了适当调整，将生产链延伸到了服装，纺织品检验与贸易融入各专业，并联了跨境电商，更加合理地组建了现代纺织技术专业群。2019年我校现代纺织技术专业群录选国家"双高"建设专业群建设项目（B类）。

以现代纺织技术为龙头专业构建的纺织服装专业群，连续两届获得国家教学成果奖，在全国高职纺织教育中一直发挥示范引领作用：牵头建设了现代纺织技术专业国家教学资源库，牵头制定了《现代纺织技术专业教学标准》等 4 个国家专业标准，牵头成立了中国纺织服装职教集团，拥有国家精品资源共享课程 4 门。2018 年以来教师获中国纺织工业联合会教学成果一等奖 3 项，江苏省教学成果奖二等奖 2 项。

4.2　企业推广

本成果在对企业学历班教育和企业技能培训中同样也得到了很好推广。如在江苏大生集团成教班和南通大达纺织有限公司的学历教育中，部分课程建设和教学就是引用了本成果。还将成果推广到了张家港金陵纺织有限公司、盛虹集团、恒力集团、南通市纤维检验所等企业的员工技能提升和职业技能证书的培训项目中。

4.3　全国推广

依据本成果，牵头制定了全国高职院校现代纺织技术专业教学标准，由教育部颁布在全国高职院校推行，专业课程设置思想、课程名称、内容整合和教学方法被其他兄弟院校所借鉴。同时，参与了学校援疆项目，帮建了新疆轻工职业技术学院的现代纺织技术专业，为该院培训师资和学生各 2 批次；先后为新疆维吾尔自治区职业学校培训纺织师资 4 批次。

基于产教融合的"实践人"培养探索与实践

杭州职业技术学院

完成人及简况

姓名	性别	所在单位	党政职务	专业技术职称
郑永进	男	杭州职业技术学院	党政办副主任	教授
章瓯雁	女	杭州职业技术学院	达利女装学院第一党支部书记	教授
黄海燕	女	杭州职业技术学院	无	副教授
郑小飞	男	杭州职业技术学院	达利女装学院党总支副书记	副教授
徐剑	男	杭州职业技术学院	继续教育学院副院长	讲师

1 成果简介及主要解决的教学问题

1.1 成果简介

在人才培养供给侧和产业需求侧"两张皮"现象依然明显的大背景下，杭州职业技术学院服装设计与工艺专业自 2016 年以来，基于产教融合，依托校企共同体，以现代学徒制为抓手，通过构建基于实践共同体的"实践场"、构建基于工匠精神的"实践文化"、构建基于合作共赢的"实践机制"，"统合"经济社会的发展和人的圆满发展，培养"融于社会实践、逐步掌握岗位技术技能并形成实践习惯"的社会实践者，即"实践人"（图 1）。

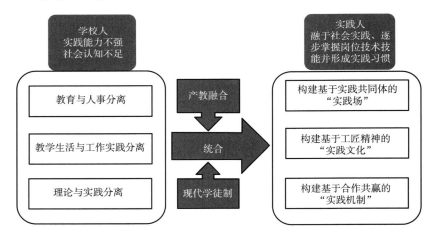

图 1 "实践人"培养示意图

1.2 成果主要解决的教育问题

服装设计与工艺专业人才培养还不适应当前经济社会发展的需要，其主要存在三大问题：一是教育与人事的分离，缺乏实践场域；二是教学生活与工作实践的分离，缺乏实践文化；三是理论与实践的分离，缺乏实践机制。

本成果着力推进职教体系与人事体系和经济体系的统合，即教育与人事、产业的统合、学校与企业的统合、学习与工作的统合、理论与实践的统合，旨在实现教育资源的统合以及理论与实践的统合，培养满足社会需要的"实践人"。通过"实践人"的培养，服装设计与工艺专业群入选全国"双高"专业群；团队教师入选包括"全国优秀教师""全国技术能手"；团队学生获全国技能大赛一、二等奖 4 项。

2 成果解决教学问题的方法

本成果主要和达利（中国）有限公司深度合作，依托校企共同体，根据布迪厄社会实践理论从场域、惯习和资本建构"实践人"的培育形态。

2.1 通过构建基于实践共同体的实践场，解决教育与人事分离问题

通过校企深度合作提供相对稳固的理论教学和实践实习场所，融合校企双方的优质资源，提供优质的育人环境和设备；通过提供真实的生产任务让学习与日常生活和实践紧密相连，深入推进"校中厂"和"厂中校"建设，让学生（学徒）切实在真实的生产过程中生产生活，从新人逐渐转变为师傅。

2.2 通过构建基于工匠精神的实践文化，解决教学生活与工作实践分离问题

将工匠精神融入现代学徒制试点的课程教学，学校教师与企业师傅共同开发蕴含工匠精神的教育资源，激发学生工匠精神实践文化；学校教师和企业师傅共同对学生开展个性化精细培养，让学生在现实工作情境中，依照规范的职业标准磨炼生产技艺，涵养职业品行。

2.3 通过构建基于合作共赢的实践机制，解决理论与实践分离问题

其一，基于职业能力倾向测试，构建学徒遴选机制，遴选适合的人学习适合的技能技艺，这样既保证了学生的利益，也保证了行业企业的利益；其二，完善运行机制，增强企业（师傅）在人才培养过程中的话语权，促进企业需求融入学生培养各环节，提高学生培养质量；其三，强化动力机制。通过提高技术成果转化能力和社会服务能力，切实提高对合作企业的贡献力；同时通过提高企业师傅的社会地位，从而实现企业师傅的文化资本增值。

3 成果的创新点

3.1 首次创新提出"实践人"概念

本研究成果从高职学生学习行为、动机等现状分析的常规性外显研究上升到泛在学习素养养成层面的内隐研究，剖析了学习行为变化与学习素养养成之间的内在关联机理。研究提出，现代学徒制的本体是学徒制，而学徒制的本质是实践。研究认为，现代学徒制的实施，其价值指向是人才培养模式改革，其宗旨在于实现"学校人"向"实践人"的转变。本研究成果从理论与实证两个层面展开，有助于拓展对现代学徒制人才培养模式研究的视域。

3.2 基于产教融合视域对"实践人"培养路径进行探索实践

产教融合、校企合作是职业教育办学的基本模式，是培养高素质劳动者和技术技能人才的内在要求，也是办好职业教育的关键所在。本研究成果形成对"实践人"培养路径的现实认识，从而为现代学徒制试点院校的制度设计提供依据；为深化产教融合和多元主体协同育人提供路径支持；同时也为高职院校培养高质量的复合型人才提供思考与分析的框架。

4 成果的推广应用情况

产教融合是推进人力资源供给侧结构性改革的一项重大制度设计。通过产教融合，深化校企共同体建设，实现实践空间的统合、实践观念的转变和实践工具的优化，探索"实践人"的培养，取得了理念上的创新和实践上的重大突破，国内同行认可度高，具有很好的示范与推广价值。

4.1 "实践人"理论创新成果明显：国内顶级期刊发表学术论文

成果的系列学术论文分别发表于国内核心期刊，一是论文《现代学徒制试点实施路径审思》发表于国内顶级期刊（CSSCI）《教育研究》，同时被中国人民大学报刊复印资料全文转载；二是论文《国家示范（骨干）高职院校校企合作现状调查——来自全国 1400 余家合作企业的调查》发表于一级期刊（CSSCI）《中国高教研究》，同时被中国人民大学报刊复印资料全文转载，并获杭州市社科联人文社科优秀成果二等奖；三是论文《美国社区学院何以保持学生数的稳步增长》发表于中文核心期刊《中国职业技术教育》。以上理论成果在国内职教领域具有一定的影响力。

4.2 学生"实践人"培养成效明显：全国技能大赛获奖

学生综合职业技能高。近 5 年学生参加职业院校学生技能大赛，获国家级奖项 10 项，其中，金奖 7 项，全国纺织服装专业学生职业技能标兵 3 项，张霞和王佳凤同学以高超的专业技能分别被绍兴技师学院和萧山第三职业高中录取为专业教师，并在 2019 年的教师服装专业技能大赛中分别获绍兴地区和杭州地区第一名。毕业生就业质量高。个性化人才培养模式改革以来，本专业招生录取分数线逐年提高，现已列全省高职第一；学生毕业一年后自主创业率为 10.41%（全省为 4.49%），学生毕业三年后自主创业率为 20.48%（全省为 7.44%）。每年的毕业生总是被企业提前预订，就业率始终保持在 98% 以上，企业对毕业生满意度达 90%，毕业生成了服装企业的招聘首选，基本实现体面就业。

4.3 教师"实践人"培养成效明显：全国优秀教师、全国技术能手

教师技术创新能力强，发展快。老师们通过带领学生参加技能大赛、承接企业项目进行产品研发、与企业导师一起开展现代学徒制培养等各项工作，教师的专业知识技能及产品研发都有了快速的提升，教师近几年来成果丰富，获得多项荣誉，培育了全国技术能手 1 名、全国优秀教师 1 名、全国优秀制版师 1 名，省"万人计划"教学名师 1 名，省高校优秀教师 2 名。

纺织服装技术技能人才培养标准体系构建与实施

中国纺织服装教育学会
江苏工程职业技术学院
杭州职业技术学院

完成人及简况

姓名	性别	所在单位	党政职务	专业技术职称
白静	女	中国纺织服装教育学会	常务副秘书长	工程师
尹桂波	男	江苏工程职业技术学院	教务处处长	教授
徐高峰	男	杭州职业技术学院	达利女装学院院长	副教授
倪阳生	男	中国纺织服装教育学会	常务副会长	高级经济师
劳斌	男	中国纺织服装教育学会	无	助理经济师

1 成果简介及主要解决的教学问题

纺织工业是我国传统支柱产业、重要民生产业和创造国际化新优势的产业。2014 年纺织工业增加值占全国工业的 5.6%，出口总额占全国的 12.8%；纤维加工总量占全球的 55%，纤维制品出口额占全球的 36% 左右；纺织工业直接就业人口超过 2000 万人；全国设有纺织相关专业的高职院校 290 所，中职院校 900 所，高职院校纺织类专业在校生 53674 人，中职院校纺织类在校生 245521 人。规模如此庞大的纺织服装技术技能人才需求和供给在国家层面面临一个重大命题：为谁培养、怎么培养和培养怎样的纺织服装技术技能人才。

1.1 成果简介

2014 年，中国纺织服装教育学会联合多所中高职院校，依托全国纺织服装职业教育教学指导委员会，以教育部纺织服装职业教育专业目录修订为契机，以"服务国家、契合产业、以生为本、规范办学"为理念指引，主动对标国家战略，紧跟纺织大国向纺织强国升级发展，构建纺织服装技术技能人才培养标准体系，旨在培养大批践行社会主义核心价值观、具有纺织工匠潜质的技术技能人才。期间，共发布 2 个纺织服装行业人才需求与专业设置指导报告，研发 1 个高职轻工纺织大类专业教学标准开发规程，修（制）订中职、高职院校纺织服装类专业目录及相应专业简介，修（制）订 9 个中职、8 个高职纺织服装类专业教学标准和 6 个专业的 17 个主要就业岗位（群）的顶岗实习标准，建设 1 个企业生产实际教学案例库和 3 个专业教学资源库，初步建立了具有中国特色、面向全程的纺织服装技术技能人才培养标准体系。

1.2 主要解决的教学问题

（1）回答了纺织服装职业教育立德树人问题。

（2）解决了专业设置随意性大的问题。

（3）解决了国家职业教学标准空白的问题。

（4）解决了标准制定与反馈修订脱节的问题。

2 成果解决教学问题的方法

2.1 提高"为党育人、为国育才"的政治站位，解决在国家标准落实立德树人问题

标准开发始终以习近平新时代中国特色社会主义思想为指引，坚持为党育人、为国育才的立场，全程融入社会主义核心价值观，强化学生家国情怀、工匠精神的培育，并将其作为纺织服装技术技能人才"置顶"培养目标，实现德技并修，培养社会主义合格建设者和接班人。

2.2 修订专业目录与专业设置指导报告，解决专业设置随意与定位模糊问题

立足行业和教育协调发展的视角，开展了纺织服装行业、企业、就业市场调研，深入分析经济社会发展新变化和产业转型升级对技术技能人才的新需求，结合纺织类职业院校办学实际，对专业目录进行删减、合并、更名和新增，形成了完善的"对接产业链设置专业（群）"机制；发布《纺织服装行业人才需求与专业设置指导报告》，对全国职业院校纺织服装相关专业的规模层次、布局结构、培养目标和内涵建设等方面改革提出指导意见和建议，解决院校专业设置任意和定位模糊的问题。

2.3 开发面向培养全程的七大标准体系，解决在国家层面教学标准缺失问题

紧贴行业新业态和岗位规范，研制纺织服装国家专业教学标准，指导院校办学；对接真实生产过程，研制顶岗实习标准，促进顶岗实习规范化管理；在国家专业教学标准指引下，指导院校开发课程实施与评价标准，构建内部教学质量控制体系；开发纺织服装实训教学标准和技能竞赛标准，搭建技能提升平台；构建现代学徒制教学标准，促进校企联合培养；研制衔接专业教学标准，畅通纺织服装职教"立交桥"。

2.4 建立技能大赛修正标准指引性制度，解决标准制定与实施反馈脱节问题

根据专业设置，有目的的设计竞赛项目，在国赛方案、规程和技术标准的指导下，形成了"政、行、校"深度融合的竞赛标准体系，并以此为支撑，开展由中国纺织服装教育学会主办、专指委承办的面向专业的技能大赛。截至目前已举办中高职服装设计与工艺国赛、中职服装表演国赛及高职面料设计、纺织检测、染色打样等全国行业大赛。通过参赛学生成绩，检验各院校标准执行情况，同时对标准相关要求进行反馈，为标准的常态纠偏和持续改进提供支撑。

3 成果的创新点

3.1 标准创新：构建了中国特色、面向全程的纺织服装国家职业教育标准体系

对接产业链，修订纺织服装职业教育专业目录，面向纺织服装技术技能人才的培养过程，研制了《高职高专纺织服装类专业规范和专业教学基本要求》《高职轻工纺织大类专业教学标准开发规程》《纺织服装职业教育专业教学标准》以及《纺织服装职业教育顶岗实习标准》，构建了具有中国特色的纺织服装现代职业教育教学标准体系，规范了全国纺织服装职业教育办学，补上职业教育标准缺失的短板。

3.2 理念创新：提出了服务国家、切合产业、以生为本、规范办学的开发理念

在国家教学标准制定中，提出要服务国家战略，紧跟纺织大国向纺织强国升级发展，全程融入社会主义核心价值观，强化学生家国情怀、工匠精神的培育，并将其作为纺织服装技术技能人才"置顶"培养目标，高标准落实立德树人，构建纺织服装技术技能人才培养标准体系，规范学校办学，旨在培养大批具有家国情怀和纺织工匠潜质的技术技能人才。

3.3 实践创新：探索了标准开发、大赛反馈、常态纠偏、阶段改进的更新机制

伴随产业技术发展、职业教育理念更新、职业教育技术进步、学生个性需求变化，国家专业教学标准要保持其指引性，必须动态更新，但更新最好的参考就是人才培养质量。据此，学会根据专业设置，有目的的设计竞赛项目，在国赛方案、规程和技术标准的指导下，形成了竞赛标准体系，举办全国性

或行业技能大赛，以参赛成绩检验各院校标准执行情况，同时对标准相关要求进行反馈，为标准的常态纠偏和持续改进提供支撑。

4　成果的推广应用情况

4.1　中职院校推广应用

截至目前，全国 900 所开设纺织服装专业的中职院校均按照中等职业学校纺织服装类专业目录及专业简介开设专业，规范了全国中职院校办学。同时，中职院校均按照 9 个中职纺织服装类专业教学标准制定课程标准、实习标准、现代学徒制标准等。标准的贯彻执行提高了中职院校人才培养质量，全国职业院校技能大赛中职组服装设计与工艺赛项已连续举办了 13 届，中职组服装表演赛项已举办 4 届，中高职参赛院校近 1200 校次，参赛学生 2500 余人，从考试过程和结果看，学生较好掌握了专业教学标准和课程教学大纲等要求的有关知识和技能，学生操作严谨规范，很好地反映了实训教学内容。

4.2　高职院校推广应用

全国 290 所高等职业学校均按照国家纺织服装类专业目录及相应专业简介开设相关专业，按照 8 个高职纺织服装类专业教学标准和 6 个纺织服装专业的 17 个主要就业岗位（群）的顶岗实习标准，制定了学院专业标准、顶岗实习标准，利用 3 个国家教学资源库辅助学生在线学习。标准的贯彻执行同样提高了高职院校人才培养质量，高职组服装设计与工艺赛项已连续举办 7 届，参赛院校近 460 所，参赛学生 1000 余人，学生能够合理运用技术、方法和资源等完成工作任务，关键核心技术操作能力扎实；以"纺织之光"教改立项为依托的标准的落地实施，推动了江苏工程职业技术学院、山东科技职业学院、杭州职业技术学院、成都纺织高等专科学校 4 所院校入选中国特色高水平高职院校和专业建设计划。

4.3　国外同行院校推广

学会牵头构建的具有中国特色、面向全程的纺织服装职业教育标准体系引发国外同行关注，倪阳生会长在国际纺织服装职业教育论坛上以《纺织服装教育支撑行业健康发展》为题介绍了中国纺织服装职业标准研发情况，江苏工程职业技术学院院长陆锦军在世界纺织服装教育大会、中国—东盟职业教育周上以《纺织服装职业教育的中国担当》，系统阐述了中国纺织服装职业标准的实践和成效，他指出通过开展标准研发和实践，先后有 2 个专业纳入江苏省高水平高职院校，吸引荷兰、意大利、波特迪瓦、刚果、老挝等 11 个国家的 200 余名留学生，为世界纺织服装职业教育共享了中国标准、中国方案。

对接产业升级，校企协同育人的服装设计与工艺专业人才培养模式创新与实践

陕西工业职业技术学院

完成人及简况

姓名	性别	所在单位	党政职务	专业技术职称
康强	男	陕西工业职业技术学院	党委副书记	教授
贾格维	女	陕西工业职业技术学院	二级学院院长	教授
袁丰华	女	陕西工业职业技术学院	服装工艺教研室主任	副教授
杨华	女	陕西工业职业技术学院	服装设计教研室主任	副教授
王晶	女	陕西工业职业技术学院	无	讲师
钟敏维	女	陕西工业职业技术学院	无	讲师
钱建忠	男	陕西工业职业技术学院	无	讲师
杨玫	女	陕西工业职业技术学院	无	副教授
王文中	男	陕西工业职业技术学院	无	副教授

1　成果简介及主要解决的教学问题

1.1　成果简介

针对服装设计与工艺专业人才培养供给侧不能满足现代服装产业转型升级需求的问题，自 2008 年 5 月起，在中央财政支持建设等 5 个国家级项目、4 个省部级教改项目支持下，坚持问题导向，校企协同实施专业人才培养模式创新，2010 年 1 月形成初步成果，2012 年获中国纺织工业联合会教学成果二等奖，创新实施专业人才培养动态改革，形成成果具体如下：

（1）创新专业人才培养动态改革机制，形成了校企协同"五融合"人才培养模式，建设成果取得 2019 年陕西省教学成果二等奖。

（2）构建"动态模块调整"课程体系。校企协同开发专业教学标准，成为陕西服装行业教学标准；共建多维立体化教学资源，联合主持国家级教学资源库 1 项，完成国家资源库子项目 1 项，开发部委级规划教材、优秀教材 3 部。

（3）建成大师引领的省级非遗传承人工作室、省级职教师资培训基地等，培育了拥有省级"十大工匠"、优秀设计师、企业首席工程师的双师教学团队。

（4）校企共建"产学并进、育训一体"实训基地，成为中国服装人才培养基地及服装专业国家级实训基地。

1.2　主要解决的教学问题

（1）解决了人才培养目标与现代服装产业人才需求契合度不紧的问题。

（2）解决了课程体系与产业新技术融合度不高的问题。

（3）解决了专业建设育训结合度不高，服务企业贡献不强的问题。

2　成果解决教学问题的方法

（1）对接现代服装产业升级需求，开发核心岗位职业能力标准。

从 2012 年以来，先后与陕西、浙江、深圳等地服装行业协会以及雅戈尔、际华 3502、江苏阳光、陕西杜克普智能工厂等 50 余家服装企业专业技术人员开展交流，明晰行业需求状况，形成专业调研报告，解析岗位职业能力需求，制定岗位能力标准，创新人才培养模式，优化人才培养方案，为实施专业建设、提高人才培养质量提供了依据。

（2）聚焦服装专业核心岗位职业能力，创新了"产业需求与人才规格融合、新兴岗位与课程体系融合、技术标准与教学内容融合、大师工匠与教学团队融合、智能生产与实境基地融合"的"五融合"人才培养模式，校企合作制订对接现代服装产业的人才培养方案、课程及培训标准，有效解决了人才培养与现代服装产业升级需求契合度不紧的问题。

（3）对接现代服装产业人才需求，组织校企专家分析典型工作任务及对应的职业能力，创建了"基础能力 + 特色岗位能力 + 智能定制能力"的模块化课程体系，建成多维立体化共享教学资源，实施双导师制、线上线下混合式等教学改革，解决了课程体系与产业新技术融合度不高的问题。

（4）创建"非遗传承人工作室""中俄丝路青年设计师工作坊"和"小雅芳斋文化体验馆"等，拓展了服装专业实训基地"产学并进，育训一体"功能，搭建了对接产业发展的实践平台，解决了专业建设育训结合度不高，服务企业贡献不强的问题。

3　成果的创新点

3.1　建立专业人才培养动态调整机制

对接产业升级需求，基于岗位能力标准，以岗位职业能力培养为主线，实施服装设计与工艺专业"五融合"人才培养模式改革，重构"动态模块调整"的课程体系，不断优化人才培养方案、课程标准和培训标准，达到人才培养与产业需求的实时对接。

3.2　融企业技术标准于教学内容

建成多维立体教学资源，实施线上线下混合式教学。引入企业技术标准 8 套和工艺文件 32 份，开发标准化实训项目 14 项，编写实训指导书、技术标准等 40 项，其中 2 项标准被认定为陕西省服装行业标准。联合主持国家级教学资源库 1 项，完成国家资源库子项目 1 项，主编出版教材 10 部，其中 3 部为部委级规划教材、优秀教材。

3.3　校企共建"产学并进、育训一体"实训基地

大师引领，开展技术创新，获得国家实用新型专利 4 项，外观专利 12 项，并实现成果转化；为服装企业研发设计方案 61 项，近三年服装培训 5.2 万人日数。学生在"互联网 +"创新创业大赛及国际大赛中获奖 9 项。

4　成果的推广应用情况

该成果自 2013 年 5 月进入推广应用阶段，对成果的实践应用，促进了服装专业办学实力稳步提升，人才培养质量、专业建设水平明显提高，社会培训、国际国内大赛及国际交流合作成绩显著。

4.1　校内推广成效

4.1.1　人才培养质量明显提高

对接产业高端，与 30 余家行业领军企业建立合作关系，签订学徒制订单班 15 个，就业岗位与学生数比例达到 8：1，一次性就业率连续五年在 98.8% 以上；近五年有 32 位学生就职于定制工作室及智能化高端核心技术岗位；学生的综合素质和创新创业能力不断提高，在国际、国内技能大赛获奖 36 项，

等级及数量名列全省同业第一；获得省"互联网+"创新创业大赛奖项4项。

4.1.2　专业综合实力稳步提升

该成果的实施过程中，完成了教育部"现代学徒制试点专业""民族特色服装专业示范点"项目，二级学院成为教育部"混合所有制试点学院"、教育厅"创新创业改革试点学院"；创建了省级非遗传承人"计清大师工作室"；建成国家资源库课程1门，出版教材10余本，形成教学成果获中国纺织工业联合会一等奖1项、二等奖2项；为企业开展技术服务项目21项，服装实训基地被中国纺织工业联合会联合授予"中国纺织服装人才培养基地"。

4.2　校外推广成效

4.2.1　社会培训稳步推进，形成了品牌示范效应

该成果在社会培训中应用，为陕西益秦集团等8家公司进行服装新技术培训15项，达到培训员工52000人数，开发培训课程16门，实践制作服装作品8000余件。培训案例入选陕西省职业教育质量年报，是学院申报教育部"社会服务贡献50强"的有力支撑，形成良好的品牌效应。制定的《陕西省服装培训教学标准》被认定为陕西省纺织服装行业标准。

4.2.2　服务一带一路，国际大赛与交流合作成果显著

服装专业学生获国际服装大赛特等奖2项，一等奖、二等奖及优秀奖各1项；与俄罗斯、澳大利亚等知名服装院校建立交流项目，俄罗斯6名学生、2名教师来校交流，其中1名学生完成短期学习，申请三年制大专学历教育；我院21名学生和8名教师赴俄罗斯等国交流；与俄罗斯符拉迪沃斯托克经济与服务大学建立"中俄丝路青年设计师工作坊"，教师作品在太平洋国际时装周参展22套。

4.2.3　专业实力不断显现，主流媒体持续关注

服装专业育人质量、国际影响力及社会服务能力不断提升，得到社会媒体广泛关注，被中国纺织报、服装时报、腾讯网、中国大学生在线、中国服装网等12家网络媒体报道30次。

4.2.4　兄弟院校交流应用

该成果在武汉职业技术学院、盐城工业职业技术学院服装专业建设中得到推广，省内凤翔、灞桥、蒲城职教中心服装专业借鉴五融合人才培养模式，在人才培养上取得良好成绩。

混合式教学模式下高职纺织服装类专业学生学习行为的研究与实践

山东科技职业学院

完成人及简况

姓名	性别	所在单位	党政职务	专业技术职称
董敬贵	男	山东科技职业学院	国际交流与合作部主任、纺织专业主任	教授
栗少萍	女	山东科技职业学院	质量管理科长	副教授
董传民	男	山东科技职业学院	科研与质量控制中心主任、校学术委员会副主任委员	副教授
王颖颖	女	山东科技职业学院	科长	讲师
徐晓雁	女	山东科技职业学院	纺织服装系主任	副教授

1　成果简介及主要解决的教学问题

1.1　成果简介

本成果以山东省职业教育教学改革研究立项课题《混合式教学模式下高职学生学习行为的研究》（课题编号：2015124）为研究基础，以学院纺织服装专业群学生混合式教学模式的实施为研究重点，分析了混合式教学模式下影响学生学习行为的因素，提出了改善学生学习行为的相关思路和措施；研究证明了混合式教学模式的教学服务成为改变学生学习行为的动力，得出了混合式教学模式实施使学生学习主动性、自主学习能力明显提升的结论；完善了学院网络软硬件环境，为学生的多元智能发展提供了强效活动平台；形成了相关教学文件和案例，有多个案例在全国推广。

通过两年研究和两年实践，该专业群取得了丰硕成果：获批国家优质高等职业院校"双高计划"A类高水平专业群建设项目；国家级职业教育服装设计专业教学资源库和教育部首批现代学徒制试点院校试点专业项目通过验收；教师获全国职业院校信息化教学大赛一等奖1项，三等奖1项；获国家级教学成果奖二等奖1项；主持修订国家专业教学标准1个，参与修订5个；获批"十三五"山东省高等学校工程技术研发中心——时尚与智能服装工程技术研发中心；学生获全国职业院校技能大赛一等奖3项，二等奖2项，三等奖3项；一名学生被授予"全国纺织服装职业院校学生职业技能标兵"称号等。

1.2　解决的教学问题

（1）通过研究分析学生特点，创新教学模式，解决高职生学习主动性、积极性不足的问题。

（2）通过完善并实施混合式教学模式，转变高职生的不良学习行为，使学生形成良好的学习行为习惯。

（3）形成混合式教学模式课程评价体系，将高职生学习行为纳入课程评价体系中，解决学生学习行为评估难的问题。

2　成果解决教学问题的方法

（1）创新实施"线上学习＋翻转课堂"混合式教学模式，调动了学生自主学习的积极性，有利于学生良好学习行为的养成。通过本项目的研究，学院混合式教学模式的所有课程教学效果明显提高，学生的良好学习行为逐步养成；学生充分利用网络资源，可随时随地通过移动设备终端学习，自主学习能力明显提高。在以项目任务为载体的翻转课堂中保证了师生之间的深度互动学习，师生角色发生了实质性变化，激发了学生对学习的自觉性和责任感。

（2）构建混合式教学模式下的学生学习评价体系，提高了对学生评价的精准度和有效性。学生评价的体系包括在线学习和面对面学习两种形式。教师依据不同课程特点，设计考核评价指标体系，主要包括学生在线学习率、作业情况、测试成绩、讨论参与度等指标；面对面学习以职场化考核评价指标体系为依据，主要测试学生的参与度、实战成果、教学任务完成情况等，实施实战考核、项目考核、知识考核、素养评价等多形式考核。

（3）混合式教学模式注重学生创新意识、创新能力的培养，学生创新成果丰硕。学院教学模式的不断创新，使得人才培养质量不断提升，学生自主意识、创新意识明显增强，每年学生的发明专利、创新项目名列全省同类院校前列，学院成为山东省高职院校中唯一一所"山东省知识产权优势单位"。

（4）以混合式教学模式的实施为抓手，提升了教师信息化素养。学院构建了"线上线下一体化"教师发展模式，组建了校内信息化培养培训团队，开展了多形式的校本培训：包含"职场化＋信息化"改革理念、信息化课程开发策略与评价体系设计、相关软件使用方法和教学平台操作等，并邀请了清华大学、山东大学等信息化专家来校进行培训与研讨，引导教师学习与专业相关的网络课程，经过对教师的培养培训，教师专业能力与信息化素养得到有效提升，保障了"职场化＋信息化"教学模式的顺利实施。

3　成果的创新点

（1）创新"线上学习＋翻转课堂"混合式教学模式，促使高职生养成良好学习行为。

本项目通过对"线上学习＋翻转课堂"混合式教学模式不断完善，使教学模式更加适合高职生的学习特点，能充分调动学生学习的积极性，增强学生的学习兴趣，从而使学生能逐步养成良好的学习行为。

（2）形成了一个基于大数据分析的混合式教学模式下高职生学习行为的评价标准。

充分发挥网络教学平台大数据分析的功能，对学生在线学习的行为进行数据分析，如学生上线学习的时间、作业完成情况、测试情况、参与讨论与答疑情况等，并对这些数据进行统计分析处理，根据评价标准，形成对学生学习行为评价。

（3）创新"线上学习＋翻转课堂"混合式教学模式课程的考核评价办法，建成基于"学习行为和学习过程"的学生成绩评价模式

强化学习过程性评价，将学生线上学习与翻转课堂的学习行为和过程作为过程性评价的重要依据，淡化期末终结性评价，从而调动了学生学习的主动性和积极性。

4　成果的推广应用情况

学生作为社会上活跃的群体，已成为接触网络最广泛的一族。网络给高职生的生活和学习带来了一定的冲击与变化。互联网资源已经成为高职学生进行学习利用不可或缺的部分。高职院校对网络在教学中的应用越来越重视，很多学校都建成了网络教学平台，混合式教学模式在部分高职院校中开始试点。这些都为本项目在高职院校中的推广创造了条件，由于本项目研究针对混合式教学模式对高职学生学习行为的影响，几乎所有具备网络硬软条件的高职院校都能实施"线上学习＋翻转课堂"混合式教学模式，因此本项目在全国高职院校中有较好的应用价值。

4.1　扩大实施混合式教学模式的规模，提高了学习效果和人才培养质量

通过本项目的研究，使山东科技职业学院实施"线上学习 + 翻转课堂"混合式教学模式的所有课程教学效果有明显提高，学生的良好学习行为逐步养成。这种混合式教学模式，充分利用网络教学平台优势，赋予学生更多的主动权，提高学生学习的灵活性和自主意识。学生利用教学视频和其他网上学习资源，根据自身情况来安排和控制自己的学习，使用移动设备终端，实现了随时随地学习，符合高职生的学习习惯，参与学生养成了良好的学习行为，通过对 2017 年、2018 年、2019 年三年的线上学习数据对比，纺织服装专业群学生三年每学期人均线上课程访问次数为 191、203、238 次，人均浏览材料次数为平均每课程 21.3、23、30.4 次，人均提交自测作业次数 10.3、10.8、12.7 次，学生线上互动次数为 6634、7162、10118 次，观看视频资料数 34354、37844、59094 个，从以上数据看，课题实施以来，纺织服装专业群学生自主学习能力将明显提高。通过翻转课堂学习，使师生角色发生了实质性变化，并在以项目任务为载体的翻转课堂中切实保证了师生之间的深度互动，激发了学生对学习的自觉性和责任感，专业技能得到训练、协作交流能力得到提高，培养了团队精神等，人才培养质量明显提升，纺织服装专业群学生在各类技能大赛中获得奖项，2015 年以来获得国赛、省赛一等奖 7 项，每年就业率均达到 100%，就业满意率为 90%，企业等用人单位满意率为 95%。

4.2　教师的信息化教学水平和专业能力得到明显提高

混合式教学模式的实施，对教师的信息化教学水平和专业能力提出更高的要求，教师在实施过程中不断学习提高，学院组织了各种形式的教师培训活动，并组织教师利用爱课程平台学习相关混合式教学、信息技术应用等课程，教师的信息化教学水平、教学设计能力和专业能力有很大提高。近几年，纺织服装专业群主持 1 个国家级专业教学资源库，主持 4 门其他国家级专业教学资源库子项目，教师在信息化教学各类比赛中成绩突出。

4.3　为经济社会发展培养了大量高素质技术技能型人才，推动了山东省纺织服装行业的发展

混合式教学模式的实施，大大提高了人才培养质量，为纺织服装企业培养了大量高素质技术技能型人才，有力推动全省的经济发展。通过实施适应高职生学习的混合式教学模式，混合式教学的线上教学资源将更加丰富，课件、视频将更加精彩，翻转课堂活动设计也会更加有趣味性，使在改善学生学习行为，调动学生主动学习的积极性，大大提高了人才培养质量，为我省经济社会培养数以千计的技术技能人才。

4.4　实施"分模块、多元化"学生考核评价，更加有效调动学生学习的主动性和积极性，成效突出

4.4.1　重新构建学生考核评价体系

主要包括在线学习和面对面学习两部分：在线学习，教师根据课程特点，依托教学平台自主设计考核评价指标体系，主要包括学生在线学习率、在线作业情况、在线测试成绩、在线讨论参与度等指标。面对面教学主要测试学生的参与度、学生实战项目的成果、教学任务的完成情况等。

4.4.2　考核形式多样化

学院以学生的创新思维、创业能力、职业综合能力、学习能力和可持续发展能力培养为导向，以"能力 + 知识 + 素质"为考核核心，不断改进学生考试模式，构建了职业化考核评价指标体系，实施在线考核、实战考核、项目考核、知识考核、素养评价等多种考核评价形式，凸显对知识应用能力的考核，确保教学质量。

4.4.3　根据课程特点实施分类考试

对于不同课程，在不同阶段采取不同形式的考试方法，培养学生的各方面能力，全面考查学生掌握知识的广度、深度和技能掌握的熟练程度。对实践性、操作性较强的课程应尽量采用实做考核，用工作现场考核代替传统的考场考核，用学生的实际工作成果代替传统的试卷。

由于课程测评的导向，"逼迫"学生适应混合式教学模式的教学要求，主动完成线上学习任务和

参与课堂教学活动。当学生习惯了这种模式，发现这种模式对个人的学习成长有好处，自己真正学到了知识、锻炼了能力，得到了喜悦与满足，端正了学习态度、养成了良好的学习习惯，认识到混合式教学模式的优点后，就会喜欢这种教学模式。

4.5 混合式教学对学生学习行为带来改变

4.5.1 学生自己掌控学习

传统课程教学中，教师提供的资源和活动往往限定了知识传授与学生探究的边界，学习者学什么和怎么学都是预先计划好的。而线上线下的混合式教学，可以发挥 MOOC 平台的优势，赋予学生更多的主动权，提高学生学习的灵活性和自主意识。学生利用教学视频和其他网上学习资源，根据自身情况来安排和控制自己的学习。通过使用移动设备终端，实现了随时随地学习。

4.5.2 小组学习为主，互动性增加

翻转课堂最大的好处就是全面提升了课堂的互动，学习主动性增强：课堂上，大多数同学能够更积极参与分组讨论学习，共同完成课堂项目任务，积极走上讲台汇报展示他们的学习成果。线上，同学们已经习惯于有问题及时发问，见到有同学提问时，自己主动尝试回答，在增强高职学生学习主动性的同时，培养了团队合作、解决问题、协作沟通的职业核心能力。由于教师的角色已经从内容的呈现者转变为学习的教练，老师有时间与学生交谈，参与到学习小组。良好的交互性可以使教与学顺利地进行，教师可以根据反馈信息灵活调整教学策略，学生也可适时调整学习策略。网络教学平台提供的社区论坛的功能为有效交互提供便捷。教师提供的资源仅仅是知识探究的出发点，学生在社区内的交流探讨带来不同认知的碰撞，从而赋予学生新的知识。我们的教学视频也注重交互性设计，在视频中插入问题，当视频播放到该节点时便弹出问题让学生有思考，学生回答并验证答案之后，才能接着往下学习，视频播放器这种独特的设置将视频和课堂练习进行了无缝融合。学习者面对的不是独立划分的视频学习资源和练习题目，而是沿一条循序渐进的教学路径，目的明确地步步深入学习。

4.6 利用网络教学平台的数据分析功能及时把握学生学习行为的研究

大部分网络教学平台都有数据分析功能，教师或教学管理者可通过网络教学平台的数据分析功能，分析学生线上学习的平均时间、学生完成作业、测试的情况，统计分析学生的测试成绩，把握学生知识与技能的掌握情况，可以统计学生参与讨论的情况、发帖情况，分析学生的参与互动积极性。通过平台数据的分析，教师可以把握每位同学的学习行为，并可以对学生的线上学习进行评价。

4.7 项目推广对职业教育人才培养做出巨大贡献，整体提高我国职业院校的人才培养质量

本课题研究成果在国内推广，将极大提高学生学习的积极性，端正学生的学习态度，学生自主学习能力大大提高，学生线上学习与课堂学习效果将明显提高；同时，还可推动职业院校混合式教学模式实施条件的建设，助推职业院校教师队伍信息化水平的提高和信息化教学实践条件的提升，整体提高我国职业院校的人才培养质量，为我国经济社会提供大量的高素质技能型人才，因此本项目有较大推广应用价值。

基于产教深度融合的"三随动一主体"纺织类专业课程体系改革与实践

苏州经贸职业技术学院
盛虹集团股份有限公司

完成人及简况

姓名	性别	所在单位	党政职务	专业技术职称
周燕	女	苏州经贸职业技术学院	无	教授
张俊	男	苏州经贸职业技术学院	专任负责人	教授
许磊	男	苏州经贸职业技术学院	无	副教授
吴惠英	女	苏州经贸职业技术学院	无	副教授
姚平	男	苏州经贸职业技术学院	无	讲师

1 成果简介及主要解决的教学问题

1.1 成果简介

本成果依托江苏省产教融合型企业——盛虹集团股份有限公司等平台，深度校企合作，以学生为主体，实现教师"有什么"随动学生"要什么"、教师"教什么"随动学生"会什么"、教师"评什么"随动学生"成什么"的三个转变。以领军企业—典型产教融合平台—典型岗位—典型课程—典型项目—典型案例—典型教材—典型教案为主线构建生产与教学的实施路径，进行课程体系改革，形成了"三随动一主体"的产教融合人才培养模式，达到培养纺织类专业高品位高技能人才的目标。经过多年的实践检验，获得了诸多教学成果，具体如下：

1.1.1 实践了"三随动一主体"的产教融合人才培养模式

利用产教融合平台，对标领军企业学生的首岗技能，解决了学生"要什么"的问题。校企深度融合的受益面不仅仅是企业和教师，更为重要的是学生这一主体，通过产教融合平台资源，对标领军企业的首岗技能，知道学生需要学习的知识，而老师"有什么"随动学生"要什么"，从企业的真实案例出发，进行课程体系改革。

1.1.2 丰富了在真实生产过程中进行三教改革的内涵建设

坚持现代职业教育发展导向，在真实生产过程中进行"三教"改革，解决学生"会什么"的问题。长期以来，学生在专业课程的教学内容与学生就业所需岗位技能知识脱节，本研究成果以领军企业真实生产任务为引领，改革创新纺织类专业核心课程体系，分解每门课程学生应会的能力知识点，形成了教与学和生成有机结合的质量评价新方式，老师"教什么"随动学生"会什么"，全面推进教师、教材、教法的"三教"改革。

1.1.3 升华了校企合作共育共培机制

基于深度校企合作共育共培机制，引入注重全过程考核的情境认知多元学生评价体系，解决了学生"成什么"的问题。多年来，我国高职教育以学校和老师为本位，学业评价主要围绕"考试＋技能＋证书"的模式开展，没有真正纳入企业对学生的评价。这种评价模式无法真正评价学生的知识、能力和素质，评价结果也无法对学生起到激励的作用，无法使学生成为企业真正需要的高品位技能人才，本成果从学生学业评价的主体、方法、内容等方面进行改革，探索建立科学的学生学业评价体系。

1.2 主要解决的教学问题

（1）解决了教学过程与企业生产联系不紧密，学生技能与企业需求有差距的问题。

（2）解决了专业与产业、方案与企业、课程与岗位设置有差距，不能满足企业首岗要求的问题。

（3）解决了教学评价与职业化评价脱节，教学内容不能随动企业升级的问题。

2 成果解决教学问题的方法

2.1 依托产教融合平台，转变观念，以学生"要什么"为目标进行课程体系改革

利用江苏省产教融合型企业——盛虹集团股份有限公司、苏州市数码印花纺织品工程技术研究中心、江苏省优秀科技创新团队、苏州市高职高中专"高端纺织智造产学研融合基地"等多个产教融合创新平台，充分发挥企业的主动性，以学生的首岗技能确立学生要什么，老师随动学生，将老师自己原有的知识体系打破，根据人才培养方案设计随动企业，课程随动岗位的原则设立典型课程，对纺织类专业课程体系进行改革，提升人才培养的适应性，实现老师"有什么"随动学生"要什么"（图1）。

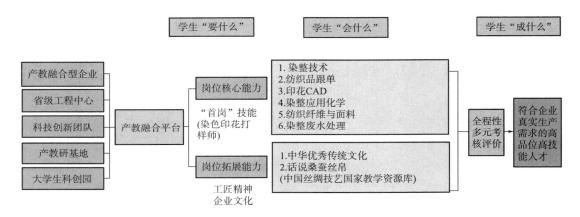

图1　课程体系随动领军企业首岗技能（以染整技术专业为例）

2.2 以"三随动"为原则，以学生"会什么"为目标，践行"三教"改革

遵循"专业随动产业、方案随动企业、课程随动岗位"的原则进行"教师、教材、教法"的改革。教师熟悉了解合作企业（盛虹集团）的生产过程，提高专业实践能力。全面掌握开展理实一体化的教育教学能力，实现理论教学与实践教学目标的贯通对接。打造学院高水平结构化教师教学创新团队，形成技艺精湛、专兼结合的高素质"双师型"教师队伍；聚焦领军企业的真实生产任务，将新技术、新工艺、新流程、新规范、企业文化、生产要素、工匠精神等融入教材，校企合作开发专业核心课程的自编教材；依托智慧企业的典型岗位，积极探索教学方法改革创新，使学生明白工作岗位需要的N个知识能力点，培养学生适应毕业"首岗"要求的能力和素养。老师依托产教融合、校企合作生产性实训基地等平台教会学生企业首岗所需要的各个知识点，实现老师"教什么"随动学生"会什么"（图2）。

2.3 构建多元考核评价体系

以学生为主体，以学生获得感为评价导向，以学生"成什么"为评价目标构建一个促进学生知识、能力和素养全面发展的全程化情境认知多元考核评价体系。

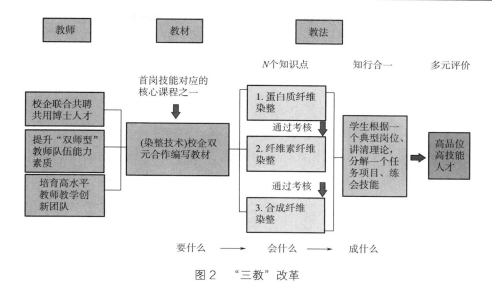

图2 "三教"改革

通过实施学生考核评价主体多元化、评价方法多样化和评价内容职业化，激活学生内在学习动力，激发学生创新创业活力。核心课程考核要以企业真实生产过程或典型工作任务来设置学习情境，使学生在提出问题、解决问题的过程中获取丰富的知识和实践经验，从而发展自己的职业能力。学生评价主体应多元化，需要授课教师、团队成员、企业导师、企业或社团组织、班主任或辅导员、学生本人等多方全面参与。同时，评价方法也应多样化，采取以全程性考核评价为主的评价方式，结合机考或笔试、平时课程教学完成情况、现场实践能力考核、校内外企业实训基地体验教学以及最终课程成果等多种方法进行多元化综合评价。此外，对学生考核评价的内容须职业化，应根据专业人才培养的职业知识、能力和素养目标以及企业核心岗位对人才的能力需求来确定，制定评价内容时学校要与合作企业深入沟通和交流，充分掌握企业和行业标准以及核心岗位能力要求，以便科学地对学生职业发展的能力进行综合评价。

3 成果的创新点

3.1 基于产教深度融合，以学生为主体，老师"有什么"随动学生"要什么"，实现课程体系改革

以江苏省产教融合型企业——盛虹集团股份有限公司、苏州市数码印花纺织品工程技术研究中心、江苏省优秀科技创新团队等多个产教融合创新平台为支撑，明确了学生"要什么"——领军企业的首岗技能知识，把学生作为企业员工来培养，进行专业课程设置，实现人才培养由教师为中心向学生为中心转变，从原先的老师"有什么"教学生，"要什么"转变为老师"有什么"随动学生"要什么"。

3.2 坚持立德树人、以学生为主体原则，依托企业的真实生产过程创新"三教"改革，老师"教什么"随动学生"会什么"，实现"三融合"

依据领军企业首岗"要什么"，确立学生应该"会什么"，通过课程体系改革决定老师随动给学生"教什么"。全面推进"三教"改革，在教师、教材、教法上创新。教师熟悉了解合作企业的生产过程，提高专业实践能力；聚焦领军企业的真实生产任务，校企合作开发专业核心课程的自编教材；采用知行合一教学方法，引导学生能否举一反三，具备适应"首岗"的能力素养，形成学生和企业的"要"和课程体系改革后学生的"会"高度的契合与统一，最终实现职业精神与教育精神的融合、专业技能与道德素养的融合、日常行为养成与工匠精神的融合。

3.3 围绕学生成长、成人、成才，以学生为主体，构建全程化情境认知多元考核学生评价体系，老师"评什么"随动学生"成什么"，实现三全育人，人人出彩

通过实施学生考核评价主体多元化、评价方法多样化、评价内容职业化以及评价时间全程化，激

发学生内在学习动力和创新创业活力，实现老师"评什么"向学生"成什么"的紧密随动，做到育人和育才相统一，着力为学生们搭建"人人出彩"的舞台，培养适应经济社会发展需要的新时代人才。

4 成果的推广应用情况

4.1 全面提升了纺织类人才培养质量

5年来培养了1000余名创新创业型技术技能人才，学生主持省大学生实践创新项目11项，发表论文8篇，2人次获得省高校优秀毕业论文一等奖，荣获2018年中国第四届"互联网+"大学生创新创业大赛国赛铜奖，江苏省第七届大学生创新创业大赛一等奖，2019"创青春"大学生创业大赛——"挑战杯"大学生创业计划竞赛校级二等奖，学生就业率连年保持100%，供需比为1:5，多名学生先后创业开办了公司、实体或网店等。

4.2 教学科研团队能力进一步提高

现有纺织品检验与贸易省级教学团队1个，新建有省级科技创新团队2个，团队中有教授7人（五年来新晋升教授2人）、副教授8人、全国优秀教师1人、省市级教学名师1人、省333人才2人、省青蓝工程中青年学术带头人2人、省级青年骨干教师10人；具有博士学位4人，硕士学位14人，90%的专业教师具有"双师"素质；中国丝绸技艺民族文化传承与创新国家教学资源库获得立项，现代纺织技术专业获得省级品牌专业，商检技术荣获苏州市优秀新专业，在各类学术期刊上公开发表学术论文近116篇，其中被SCI、EI或CPCI-S收录18篇，中文核心期刊49篇。

4.3 提升了社会服务能力和影响力

累计服务企业120余家，到账经费200万元，为企业培训员工1000余人，开发新产品150个，紧密合作企业盛虹集团有限公司成功申报为江苏省首批产教融合型企业，建立苏州高职高专院校产学研合作示范基地"高端纺织智造产学研融合基地"，积极服务地方经济建设，提升社会服务能力和影响力。

基于"非遗技艺+工匠精神"的家纺设计专业课程群建设与实践

江苏工程职业技术学院教务处

南通市工艺美术行业协会

浙江瓦栏文化创意有限公司

完成人及简况

姓名	性别	所在单位	党政职务	专业技术职称
姜冬莲	女	江苏工程职业技术学院	家纺设计专业党支部书记	教授、研究员级高级工艺美术师
张盼	男	江苏工程职业技术学院	无	讲师、工程师
余兰	女	江苏工程职业技术学院	家纺设计专业党支部宣传委员	讲师
王明星	男	江苏工程职业技术学院	无	副教授
钱雪梅	女	江苏工程职业技术学院	无	副教授
管蓓莉	女	江苏工程职业技术学院	家纺设计专业党支部副书记	讲师
张蕾	女	江苏工程职业技术学院	无	研究员级高级工艺美术师
顾宇蓉	女	江苏工程职业技术学院	无	讲师

1 成果简介及主要解决的教学问题

1.1 成果简介

自 2012 年 3 月以来,依托江苏省特色专业和江苏省品牌专业,联合南通市工艺美术协会、浙江瓦栏文化创意有限公司,系统探究了基于"非遗技艺+工匠精神"的家纺设计专业课程群建设与实践。将沈寿仿真绣、玉昆丝毯、培中彩锦绣、宝林扎染、元新蓝印花布引进课程教学中,形成了刺绣、印染、织造、文创四个方向,刺绣方向对应手工刺绣、刺绣制版、款式工艺;印染方向对应染织图案设计、手工印染、印花设计与分色;织造方向对应纹织设计、提花艺术设计、手工织造;文创方向对应主题设计、纤维艺术、文创产品开发。通过"实践体验、技艺浅尝、拜师入室、深造锤炼、传承再造"的五步路径,实现了从"新手—熟手—能手—高手"的提升;通过将非遗项目、制作技艺、工匠精神引入到家纺设计专业课程群,培养了有匠德、守匠情、践匠行的高素质家纺设计人才。

经过 8 年的培育与实践,搭建了"传承、共享、融合、创新"线上线下教学资源与实践平台,培养了学生追求卓越的精神、执念细节的态度、坚持不懈的毅力,形成了"非遗传承,资源共享,课程精进,能力提升"的良好局面。经过实践,建设有 12 个校企工作室组成的家纺设计创意园,产生专利 60 多项,实现经济产值 6000 多万元,师生获奖达 120 多项。

1.2 成果解决的教学问题

(1)以"非遗大师+专业教师"为团队,解决了师资结构单一、内涵不足的问题。

(2)以"非遗项目+典型工作任务"为引领,解决了非遗项目与课程内容衔接不畅的问题。

（3）以"线上课程＋线下大师工作室"为平台，解决了教学资源与行业需求不匹配的问题。

（4）以"课程学分＋奖励积分"为评价，解决了课程评价与学生个性化发展不一致的问题。

（5）以"工匠精神＋立德树人"为特色，解决了课程教学优势不明显的问题。

2 成果解决教学问题的方法

2.1 以"非遗大师＋专业教师"为团队，解决了师资结构单一，内涵不足的问题

请非遗大师进课堂，先后出台了《江苏工院能工巧匠聘用管理办法》《学分制改革方案》《工作室运行管理办法》等，以年薪制、项目化、协议工资等形式，形成了 5 个非遗大师工作室，领衔师生参与非遗传习团队，沿袭现代学徒制，培养工匠精神。

2.2 以"非遗项目＋典型工作任务"为引领，解决了非遗项目与课程内容衔接不畅的问题

将非遗项目与典型工作任务深度融合，把家纺设计职业能力训练与具体的非遗项目结合起来，让学生在真实项目实践中担任设计师的角色，将所学的基本理论与专业技能融会贯通于非遗项目实践中，培养学生注重文化的设计，提高非遗技艺与设计技巧的融合，拓展非遗创造与设计思维，解决非遗项目与课程内容的脱节。

2.3 以"线上课程＋线下大师工作室"为平台，解决了教学资源与行业需求不匹配的问题

建设成了"百工录"中国工艺美术非遗传承与创新资源库《蓝印花布印染资源库》《南京云锦木机妆花手工织造技艺》和江苏省在线开放课程——刺绣设计与工艺、家纺陈列设计、印花设计与分色，培养一批校内精品小规模在线课程，顺应时代发展，进行信息化教学，结合线下大师工作室进行项目实践，为课程提供资源支撑。

2.4 以"课程学分＋奖励积分"为评价，解决了课程评价与学生个性化发展不一致的问题

依据线上学习平台的学习情况与线上交易平台上传交易数据，认定学生的奖励学分，将学生在校期间参加国际合作工作坊、工作室研学、创意园项目、科技与发明创造等学习成果融入课程学分奖励管理中，面向社会开放评价，丰富课程评价方式。

2.5 以"工匠精神＋立德树人"为特色，解决了课程教学优势不明显的问题

以专业课程实施为载体，以工匠精神案例植入课堂教学为根本，充分挖掘非遗文化蕴含在专业知识中的技艺元素和德育元素，实现专业课与思政文化教育的有机结合，将德育渗透、贯穿整个课程教学中，体现课程特色与亮点。

3 成果的创新点

3.1 教学理念的创新：形成了基于"非遗技艺＋工匠精神"的课程新范式

通过将非遗项目、制作技艺、工匠精神引入家纺设计专业课程群，以课程群为载体，以立德树人为根本，提炼专业课程中蕴含的文化内涵，将其转化成具体、生动的教学载体，形成具有鲜明特色的专业课程群，充分体现了教改的引领作用。

3.2 方法手段的创新：将线上线下双平台引入家纺设计课程实施

对接智能教育时代，借助数字非遗课程、博物馆等 AI、VR 技术，增强了学生的学习兴趣，利用"互联网＋"与线上线下进行信息化教学，依托线上交易平台和线下大师工作室进行实践教学，将课程对接非遗与企业项目，项目对接地方产业需求，使线上线下教学资源最大化为地方产业与经济建设服务，实现"作业—作品—产品—商品"的转换。

3.3 评价方式的创新：将开放、多元、个性化的方式引入课程评价

非遗技能大师、传承人、工艺美术行业企业专家多方参与，将非遗技艺、工匠精神、市场反馈多维度的评价体系引入课程，通过线上学习和线下实践进行过程性考核，将工作坊、创意园项目、发明

创造、成果采用、销售积分融入课程评价管理中。

4　成果的推广应用情况

本成果覆盖家纺设计专业 11 门课程，经过 8 年实施，直接受益学生 8010 人。

4.1　活态传承保护已见成效

八年来，形成了非遗保护活态传承的良好氛围，教学团队吸纳了非遗专业特长的教师 12 人。其次，校企共建 5 个非遗大师工作室，10 多个非遗相关社团和兴趣小组，开展了非遗传人数字化采集和口述记录，真正做到将非遗技艺与工匠精神渗透至不同专业课程中，助推人才成长，受益学生近万人。

4.2　技术技能积累效果显著

通过"一师一室一方向、一师多徒专技能"的实施，学生艺术实践能力得到显著提升，获得教育部第五届大学生艺术展演艺术实践指导项目二等奖，包揽全国高职院校面料设计技能大赛金、银、铜奖，海宁杯、张謇杯、震泽杯家纺设计大赛获奖 60 余人次，学校获得"2017 ~ 2020 年度江苏省大学生创新创业示范基地"称号。

4.3　社会服务能力逐年增强

依托非遗技能大师工作室，创建将项目研发、技术创新与市场服务于一体的平台，师生共同完成了社会服务项目 280 多项，产生专利 60 多项，实现经济产值 6000 多万，带动了 10 多家衍生企业，设计推广"可拆卸刺绣墙布"和"蓝印花布家居配套产品"成为市场新宠。

4.4　示范辐射作用更加明显

联合南通市工艺美术行业协会和浙江瓦栏文化创意有限公司共同建设了国家精品课程《家纺艺术设计》1 门、国家教学资源库《百工录——南通蓝印花布印染技艺》《百工录——南京云锦木机妆花技艺》2 门、江苏省在线开放课程——刺绣工艺与设计、印花设计与分色、商业展示陈列 3 门课程。通过线上数字课程，课程选课人数累计 6 万人，为兄弟院校、行业企业提供教学培训资源，起到了颇具影响的辐射作用。

4.5　社会影响认可度深入广泛

8 年来，本专业入选江苏省 B 类品牌专业，牵头建设了 2 个非遗国家教学资源库，争取社会力量共建了文博馆，蓝印花布博物馆、沈寿刺绣艺术馆、扎染艺术馆、手工丝毯艺术馆，拥有非遗藏品近千件，价值超千万元。学校多次承办全国纺织服装设计大赛、国际纺织服装职业教育联盟高峰论坛、"一带一路"国际防染艺术联展、国际防染艺术交流工作坊、时尚设计师交流会、全国家用纺织品设计专业教学指导委员会会议等。各大媒体如江海晚报、南通电视台都做了专题报道，国内外专家对我院基于"非遗技艺 + 工匠精神"的家纺设计专业课程群建设与实践给予了充分肯定。

第二部分

二等奖

基于"校企合作工作室"的高职服装与服饰设计专业项目化教学模式

广东女子职业技术学院
深圳市反向服装有限公司

完成人及简况

姓名	性别	所在单位	党政职务	专业技术职称
谢盛嘉	男	广东女子职业技术学院	二级学院院长	副教授
和健	男	广东女子职业技术学院	服装设计专业教研室主任	服装设计师
王伟城	男	广东女子职业技术学院	无	实验师、软件设计师
廖小丽	女	广东女子职业技术学院	无	讲师
高捡平	男	深圳市反向服装有限公司	无	服装设计师

1　成果简介及主要解决的教学问题

1.1　成果简介

贯彻国家深化"产教融合、校企合作"的政策，实现对服装产业高端人才的培养，依托2010年中央财政支持服装设计专业实训基地项目，构建对接服装岗位群的"校企合作工作室"，以企业真实项目为实践教学载体，形成基于"校企合作工作室"的高职服装与服饰设计专业项目化教学模式，推进企业项目与课程教学结合，满足学习者个性化发展需求，强化学生"德技并修"的综合职业能力，提升学生的就业实力。成果于2015年被推荐成为广东教育教学成果奖（高等教育）培育项目。

成果以"校企合作工作室"为实施单元，企业提供"观摩项目—训练项目—真实项目"协助学校开展项目化教学；校企项目化双师团队有效保障"岗位标准化＋教学规范化"；学生通过"必修课程—选修课程—综合课程"方式进入工作室参与企业项目，实现"学生—学徒—准员工"的角色转换，完成"技能、素养、知识"综合职业能力的递进培养，完成学生的全程培养。学校以"研发技术服务、合格学生输送、产品市场转化"助力企业发展，校企共创"课程共建、团队共组、项目共管、人才共育、成果共享"双赢合作局面（图1）。

经过5年实践和完善，该成果在人才培养、师资队伍建设、学生竞赛和社会服务等方面取得显著成效，2016年服装与服饰设计专业成为广东省首批重点专业，共有5届服装与服饰设计专业共623名学生在"校企合作工作室"项目化教学模式下完成学业，连续4年毕业生初次就业率均为100%，2018年应届毕业生平均薪酬3558元（高于当年全省平均月薪3362元）。

1.2　解决的问题

解决了校企合作项目针对性不强，学生综合运用能力不足，能力培养与职业素养不同步，课程标准与岗位标准不吻合的问题。

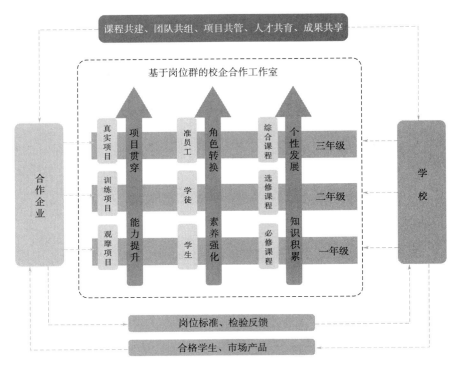

图1 基于岗位群的校企合作工作室

2 成果解决教学问题的方法

2.1 "校企合作工作室"对接岗位群，精准引进项目

以"1室1岗1企"原则实现"校企合作工作室"对接服装岗位群，围绕岗位引进合作项目，企业真实项目通过"校企合作工作室"转化为项目化课程，内容涵盖岗位的"素养、能力、知识"培养定位，学生通过参与不同工作室的项目化课程学习，完成服装岗位群不同岗位的职业能力培养，校企形成"标准—规范—人才—产品"正反馈机制。

2.2 校企共组项目化双师团队，开展合作教学

"校企合作工作室"通过"分阶段、分项目"动态组合项目化双师团队，校内教师遵循教学规律组织教学，企业导师依照企业岗位标准开展指导，以"岗位标准＋教学规范"为原则共同完成项目化教学。校企双师团队通过"全员、全过程、全方位"合作教学，提升学生的职业综合能力。

2.3 校企共建项目化课程，技能与素养并修

"校企合作工作室"根据岗位的"能力、技能、素养"递进培养关系，重构分段项目化课程，实现基于职业岗位群的"点、线、面"职业能力统一培养，在校内完成"学生—学徒—准员工"的角色转换。

2.4 构建成果导向的评价机制，对接职业岗位要求

项目化课程教学全程要求学生对应职业岗位标准完成企业真实任务，项目实施过程必须严格遵守企业岗位管理制度，以市场转化为考核指标检验教学成果，形成"课堂、标准、市场"成果导向的评价机制。

3 成果的创新点

3.1 有效解决校企合作项目引进难题

"校企合作工作室"项目化教学模式建立精准对接服装岗位群的"校企合作工作室"，发挥"校

企合作工作室"的主观能动性，有针对性围绕职业岗位导入合作企业真实项目，校企双师团队通过"岗位标准＋教学规范"提升学生综合职业能力，解决合作过程中学生能力不足，师资匹配等影响校企合作项目引进的关键问题，以"合格人才，市场产品"筑巢引凤，激发企业共同参与专业建设的热情，开创了校企合作与学校工作室深度合作促进专业发展的新模式。

3.2 有效解决工作室课程教学与职业岗位动态衔接

"校企合作工作室"按照"更新教育理念→紧跟行业动态→加强校企合作→提高教学质量"的过程进行循环迭代，通过工作室项目化课程持续不断的改进每个环节中出现的问题，根据岗位标准动态调整课程教学内容，依托企业真实项目进行全程贯穿，实施"专业项目为主线、职业素质为主导、培养过程系统化"的人才培养，促进了服装职业教育从基础教学迈向服装高端人才综合能力培养。

3.3 有效解决基于岗位群服装专业人才培养的需要

本专业通过"校企合作工作室"重构基于真实项目的课程，实施符合职业教育理念的项目化教学模式，弘扬精益求精的工匠精神和创新创业精神，使学生在三年的学习期间能够"分阶段、分层次"完成"岗位群全面认知，专业岗位强化训练，职业岗位精准培养"的系统教育，具备能够在服装岗位群的职业迁移能力，适应就业岗位的综合职业能力，有效提升就业水平。

4 成果的推广应用情况

基于"校企合作工作室"项目化教学模式在广东女子职业技术学院、广东省财经职业技术学校、广东省普宁职业技术学校、深圳市反向时装有限公司等 20 多家院校企业间进行了长达 5 年的实践。

4.1 成果应用效果

专业参与全国高职纺织服装专业"服装与服饰设计"专业教学标准制订，完成广东省教育厅《终身教育背景下的中高职衔接服装设计专业一体化教学标准与课程标准研究与实践》的研制，据麦可思调查报告显示，2013 届毕业生三年后月收入比 2012 届高 30%，比服装设计行业平均值高 17%。

完善了 1 个中央财政支持实训基地，1 个国家级技能大师工作室，1 个省级技能大师工作室，3 个省级实训基地，优质软硬件资源有效保障实践教学的开展。团队拥有 1 名省专业领军教师、1 名省高层次技能型兼职教师、服装行业十佳设计师 2 人、广东省技术能手 2 人，校企共建 2 门省级精品资源共享课程、17 门校内专业网络课程，公开出版 8 本教材。

成立省级校企协同创新中心服务企业，校企合作完成企业项目 36 项，开发产品 100 款项，获取 10 多项实用型专利技术。

4.2 成果推广效果

在校内发挥示范引领作用，带动电子商务、数字媒体应用技术等 4 个专业开展依托工作室平台的实践教学模式改革，有 2000 多学生因此受益，毕业生的初次就业率、专业对口率均大幅提升。

汪洋等国家领导人莅临视察，成果在校外推广示范，到校参观学习的包括来自乌干达等国内外教育机构中高职院校达 50 多所，接受来自全国同类院校教师交流达 500 多人，羊城晚报、广东电视台、澳亚卫视、腾讯视频等媒体对专业成果均有介绍。

构建技能大赛"三位一体"信息化集训体系推动技术技能人才精准锻造的探索与实践

江苏工程职业技术学院

完成人及简况

姓名	性别	所在单位	党政职务	专业技术职称
隋全侠	女	江苏工程职业技术学院	无	副教授
尹桂波	男	江苏工程职业技术学院	教务处处长	教授
马昀	男	江苏工程职业技术学院	纺织服装学院院长	副教授
洪杰	男	江苏工程职业技术学院	纺织服装学院副院长	副教授
杨晓红	女	江苏工程职业技术学院	无	教授
邢颖	女	江苏工程职业技术学院	无	副教授
仲岑然	女	江苏工程职业技术学院	组织部部长	教授
陈桂香	女	江苏工程职业技术学院	无	讲师
瞿建新	男	江苏工程职业技术学院	无	副教授
黄涛	男	江苏工程职业技术学院	无	助理研究员

1 成果简介及主要解决的教学问题

1.1 成果简介

本成果依托国家示范性高职院校重点专业建设项目、现代纺织技术专业国家教学资源库项目，面向互联网 + 背景下的新时代工匠技艺与工匠精神培育，借鉴"精准教育"理念，结合现代信息技术，以全国性行业技能大赛为抓手，创新性提出了"精准锻造"理念。其核心是借助全方位信息化资源存储、管理与使用平台，将技能大赛评价标准有机融入课程标准，精准提高训练时效，培养学生精湛技能，提高具有工匠技艺和工匠精神的技术技能人才培养效率。

本成果提出了构建"一课、一库、一平台"三位一体信息化集训体系。"一课"是指与技能大赛对接的在线专业课，通过线上线下混合式教学，前置理论知识，强化实操训练；"一库"是指历年纺织服装大赛获奖作品数据库、工艺数据库，学生迅速挖掘创新元素，捕捉精准工艺；"一平台"是指模拟训练平台，辅助软件"先模拟再实操"，解决了技能训练时效低的问题（图 1）。

1.2 成果主要解决的教学问题

本成果解决了技能训练不精湛、工匠精神培育难的问题。赛前一年：依托该体系，训练学生精湛技能，孕育工匠精神；赛前半年：采取逐轮淘汰赛制，确定最终参赛人员；备赛：教练团、评审团对参赛作品进行周期性评审和打磨；赛前一个月，每天一次全真模拟，追求精益求精。赛后：为"库"增添素材，成果转化。

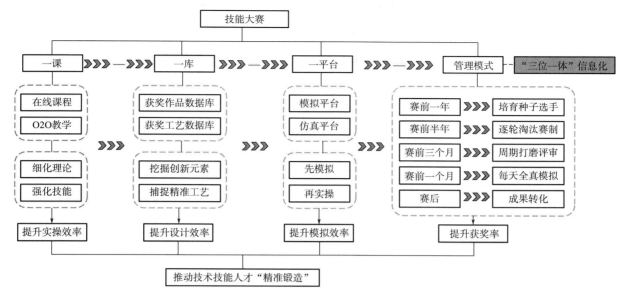

图1 "一课、一库、一平台"三位一体信息化集训体系

2 成果解决教学问题的方法

2.1 通过技能大赛与在线专业课对接，解决理论传授与实操训练不系统问题

针对与技能大赛对接的在线专业核心课，实施线上线下混合式教学，理论知识主要放在线上；线下则通过递进式的项目或任务，系统强化实操技能，锻炼学生扎实的基本功，同时，技能大赛所涉及的理论知识也进行了系统的学习。

2.2 依托历年获奖作品数据库，解决创新实践问题与工艺不精准问题

将历年纺织技能大赛的获奖作品建成一个数据库，只要在搜索栏输入如"表里换层组织、羊毛、红色、女西装"等关键词，系统就会弹出利用此创新手法或具备此工艺特征的获奖作品，学生利用此库可以迅速挖掘创新元素，捕捉精准工艺。

2.3 采用辅助软件进行模拟，解决工艺训练耗时耗力问题

每一个赛项均具有相应的辅助软件，可实现设计作品先模拟再试织、工艺处方先模拟再实操、服装设计先模拟再制作，节省了样品制作、工艺训练过程中的很多时间和人力、物力消耗，提高了训练时效。

2.4 实施技能大赛全过程精细化管理，解决技能训练不精湛、工匠精神培育难的问题

赛前一年的课程对接、导师制管理强化学生理论知识习得与实操技能；赛前半年的校赛、国赛逐轮选拔，筛选种子选手；备赛的一对一指导、周期性评审、全真模拟对作品进行层层打磨；赛后丰富作品库、成果转化。由此，锻炼了学生精湛的技能，培育了其精益求精的工匠精神。技能大赛绝不是专门培养几个拔尖学生，而是通过大赛带动所有学生的技能提升。

3 成果的创新点

3.1 培养理念创新：精准锻造技术技能人才

在"双创""中国制造2025"催生的纺织新业态的背景下，以纺织技能大赛为着力点，通过信息技术帮助学生精准定位问题、唤醒自然属性、培养精湛技能、强化发展愿望；通过自身努力，增强学生自信，实现可持续进步。

3.2 集训体系创新："三位一体"信息化集训体系

一课：与技能大赛对接的在线专业课前置理论知识，系统强化技能训练；一库：历年技能大赛获奖作品数据库助力学生挖掘创新元素、捕捉精准工艺；一平台：辅助软件先模拟再实操，提高技能训练时效。

3.3 管理模式创新："全周期、全方位"精细化管理模式

赛前一年：通过"一课一库一平台"体系，加强技能操练，孕育工匠精神。赛前半年：采取逐轮淘汰赛制，筛选技能扎实、心理素质强的学生，确定最终参赛人员。备赛：教练团对作品进行层层打磨，评审团进行周期性评审；赛前一个月，每天一次全真模拟，追求精益求精。赛后为"库"增添素材，成果转化。

4 成果的推广应用情况

4.1 校内实践

近五年纺织面料设计、纺织面料检测、染色打样、服装设计与工艺四个全国性行业技能大赛共获一等奖50多人次，25名同学获得中纺联合会"纺织之光"奖，发表论文14篇，学生参与教师团队授权专利12项，获得创新创业大奖16项，就业率连年保持100%，供需比1：6。教学团队入选江苏省优秀教学团队，3人获全国"纺织之光"教师奖，2人获全国信息化教学大赛一等奖，2人获得省级教学能力大赛一等奖。成果推广到纺织、染整、服装、艺术设计四大专业群，受益学生达5000余人。

4.2 校外推广

作为中国纺织服装职教集团理事长单位、国家教学资源库牵头单位、专业教指委副主任、主任委员单位，积极将成果向同类院校推广，省内外50多所高职院校来校交流取经。山东轻工、盐城工业等职业院校学习借鉴本成果，助推了技能大赛一等奖的获奖率，帮助苏州丝绸中专实现了纺织面料设计、面料检测技能大赛获得技能标兵的突破，整体提升了比赛的竞争激烈性，促使技能大赛迈上一个新的高度。成为全国高职纺织专业骨干教师国培基地、新疆纺织师资培训基地，先后举办"纺织新技术""纺织服装专业教师信息化教学能力培训"等15期国培、省培项目，培训骨干教师800余名。先后牵头制定了纺织面料设计师、纺织工艺师、纺织品检测师、染色打样师、服装制板师5个职业资格标准，规范了高职纺织人才培养。

4.3 服务产业

成果转化：学生参与教师科研团队授权专利12项，发表相关论文14篇，专利转让累计到账8万元。技术骨干：学生锻炼了扎实的专业基本功，本专业就业率达75%，经过层层选拔历练过的学生在企业里均是技术骨干，被企业委以重任。累积为企业培训员工3000余人，制定企业标准16项。两个案例入选中国高校产学研合作人才培养十大推荐案例和优秀案例，获得"服务地方经济贡献奖"，入选"2015年全国高等职业院校服务贡献50强"。

4.4 社会影响

牵头制定了全国《高职轻工纺织大类专业教学标准开发规程》《现代纺织技术专业教学标准》等四个标准，专业入选江苏省A类品牌专业，牵头建设了国家教学资源库，2019年我校入选"双高计划"项目建设单位，现代纺织技术专业群是全国唯一进入"双高"的纺织类专业群。提升学校知名度：在全国纺织院校技能大赛中，我校的获奖常处于领先地位，获得众多兄弟院校的称赞和效仿。技能大赛获奖经验在全国纺织技能大赛闭幕式中做了典型经验交流，学校获得"全国纺织行业技能人才培养突出贡献奖""中国纺织服装人才培养基地"称号。

校企远程无缝衔接下纺织服装专业虚拟仿真实训云平台的建设与实践

盐城工业职业技术学院
江苏悦达棉纺有限公司

完成人及简况

姓名	性别	所在单位	党政职务	专业技术职称
赵磊	男	盐城工业职业技术学院	无	副教授
钱飞	男	盐城工业职业技术学院	无	副教授
姜为青	男	盐城工业职业技术学院	纺服学院院长	教授
周红涛	男	盐城工业职业技术学院	无	讲师
黄素平	女	盐城工业职业技术学院	无	副教授
张圣忠	男	盐城工业职业技术学院	现代纺织技术专业、企业带头人	研究员级高级工程师、教授
刘华	男	盐城工业职业技术学院	教务处处长	教授
陆晓波	女	盐城工业职业技术学院	无	副教授
戴俊	男	江苏悦达棉纺有限公司	总经理	研究员级高级工程师

1 成果简介及主要解决的教学问题

1.1 成果简介

在国家"一带一路"战略实施大背景下,沿线国家纺织行业逐渐兴起,加快纺织服装业的全球化布局、创造国际竞争新优势已成为我国纺织服装企业转型升级的发展趋势,导致纺织专业人才有着迫切的需求,这就需要发挥我国纺织高职教育优势,加强纺织服装类专业人才培养,有利于中国纺织业"走出去",更好地整合全球资源,因此,我校纺织服装类专业培养方案中提出了构建产业升级转移背景下的校企协调创新技术、技能型人才的培养模式,指出必须落实纺织服装专业虚拟仿真实训云平台建设,使专业实训云平台内的设备与企业先进的智能化设备相一致,并通过信息化技术可在线获得企业生产的实际案例,供学生结合企业对人才的真实需求进行专业技能的学习,保证学校与企业的培养达到无缝衔接。

以现代纺织技术专业——省高校品牌专业(我校唯一)为依托,围绕省产教深度融合实训平台项目,结合思想创新和模式创新,依托国家级纺织服装实训基地,运用仿真虚拟技术,整合校企双方资源多形式探索共建云实训平台:智能云检测中心,实践一体化教学;以厂中校的形式与悦达家纺合作建设智慧实训车间,实践工学交替;依托绿色智慧纺织产品研发打样中心,开展技术研发实训,提供纺织服装师生及社会人员的教育培训、技术研发、技术服务等多个技能实训模块,进一步为纺织服装专业技术技能型人才的培养创造良好的条件。

1.1.1 与江苏悦达纺织集团、盐城市纤维检验所共建专业实训云平台检测中心

通过网络在线采集企业的检测、工艺数据、产品结构等资料,将其应用于《纺织材料检测》《纺

纱工艺设计与质量控制》《机织工艺设计与质量控制》《机织物设计》等课程实践教学中，供师生共同对采集的最新数据进行诊断和分析，帮助企业解决实际生产中的产品质量问题。

1.1.2 与江苏悦达棉纺有限公司合作共建智慧型云平台生产实训车间

搭建校企远程系统建设实景教学中心，解决人才培养脱节企业生产需求的问题，在原有国家级纺织服装实训基地的基础上，智能化改造纺纱、机织等生产实训设备，增添虚拟仪器平台、机器视觉系统等设备，融合在线搜集产品资料，模拟企业的真实环境与任务，实现厂中校中的教学现场与企业生产现场同步，方便学生虚拟仿真实训开发对应的新产品。

1.1.3 与江苏悦达棉纺有限公司合作共建棉纺、织造车间 MES 实训中心

实现对纺纱、织造车间的生产情况实时了解和对质量情况进行实时分析，建设纺织实景教学中心，引入企业现场生产中出现的质量问题，帮助分析和解决产品质量问题，提出合理化建议，不断提高企业的信息化、智能化管理水平，帮助企业打造数字工厂，实现精益生产。

1.1.4 与江苏悦达纺织集团、盐城纤维检验所建成专业核心技能课程

这是一套完整可供学生自主学习技能、形成良好"技能的菜单"式课程实施机制，借助"现代学徒制"模式与在线开放课程进行"翻转课堂"式相结合的方法依靠云实训平台进行技能实训教学，为提高地方的纺织产业结构层次与水平，培养技术技能型高端国际化的人才，服务区域地方经济，做出重要贡献（图 1）。

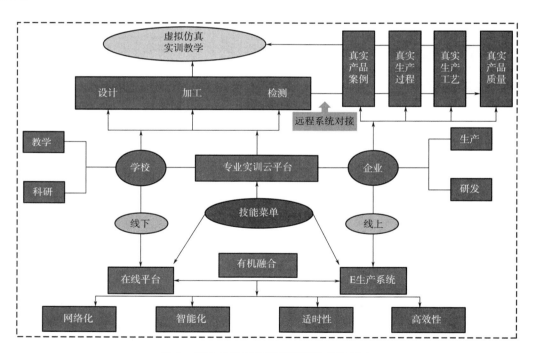

图 1 校企共建专业技能实训教学云平台

1.2 成果主要解决的教学问题

现阶段纺织服装职业院校实训平台条件滞后于纺织服装企业发展步伐，工学结合岗位没有真正结合企业的需求，实验实训条件、机电一体化程度和信息化经营与管理水平明显落后，传统的实训平台条件不能满足学校创新技术、技能型人才的培养。因此，对接纺织服装产业的职业标准和岗位规范，跟踪现代纺织服装产业发展前沿，产教融合、校企共建专业虚拟仿真实训云平台已成为培养国际化纺织服装人才的紧迫课题，同时也是破解纺织服装产业转型升级和技术发展缺人难题的关键。现阶段纺织服装职业院校实训平台存在的问题总结如下：

（1）纺织实训设备简单、落后，特别是设备的信息化、智能化程度不够，且没有投入大量人力、物力及财力及时更新，导致工艺变更实训时耗时、耗力，无法快速实现新型纺织产品交叉组合创新设计，因此不利于培养学生的自主创新开发新产品能力。

（2）纺织类专业课程的技能要求未能根据企业需求来制定，在技能实践环节中，技能提升与企业真实的生产过程脱节，无法达到纺织产品加工工艺过程所需的要求，技能实训内容更新较慢，技能实践内容的实用性、可操作性和创新性不足，引进企业技能实训、工艺设计项目明显滞后。

（3)校企深度融合不突出，企业参与高校平台建设积极性不高，其主要原因在于对企业来说无收益，企业所需的人才不但远远达不到，且为企业新产品开发、经济效益上做出的贡献也小。

因此充分利用学院现有国家特有工种职业技能鉴定站、国家级纺织实训基地和江苏省生态纺织工程研发中心的优异条件，依托江苏省产教融合实训平台立项建设项目，建立校企远程无缝衔接下纺织服装专业虚拟仿真实训云平台，实现平台内设备的网络化、自动化、智能化，为学生专业技能的学习提供虚拟仿真的实训环境，同时也能给企业创造一定的收益。

2　成果解决教学问题的方法

2.1　通力整合校企资源，多模式共建实训云平台

基于校企人员互兼互聘，形成数量充足、结构合理、相对稳定的专兼职云实训平台指导教师团队，建立"双向引进、双向互聘、双向培训、双向服务"的校企合作运行机制，实训云平台与企业协作建设，引入现代企业的理念，营造企业化的职业氛围，企业直接参与本专业云实训平台的建设规划、实训项目开发、实训设施选型、实训教材建设等。由学校、江苏悦达棉纺有限公司、盐城纤维检验所、江苏中恒集团有限公司四方共同投入建设经费，形成混合所有制管理模式，建成虚拟仿真检测、虚拟仿真设计、虚拟仿真加工三级纺织服装专业虚拟仿真云实训平台，具体内容如表1所示。

表1　专业虚拟仿真实训云平台

平台名称	功能	地点
虚拟仿真检测	发布企业检测信息，在线采集质量检测部门、企业纺织服装产品检测案例、方法与数据，利用平台内先进的检测设备进行纺织服装检测虚拟仿真实训操作，供不同学习对象完成检测技能学习	纺织检测中心
虚拟仿真设计	为师生提供企业（面料开发企业）最新纺织服装产品素材信息，供学生进行织物仿真设计与创新，反哺作为中小企业市场新产品研发设计的参考资料，搭建高校与中小企业产品设计沟通交流平台	纺织设计中心
虚拟仿真加工	与悦达棉纺纱线、织物生产车间实现远程链接，在线采集产品生产数据，供实景教学，将真实产品的加工工艺与操作引入实训课堂进行虚拟仿真教学，实现企业现场与教学现场同步、无缝对接	纺织实训中心

2.2　融合智能制造与在线远程系统，打造成智慧型实训云平台

在我校现有的国家级纺织服装实训中心、江苏省生态纺织研发中心的基础上，智能化改造传统纺纱、机织等生产实训设备，对设备进行机械和电气设计的安装、增加工艺设计参数人机对话界面及功能，如图2所示，实现工艺参数的人机自动输入选择，增添 NI 虚拟仪器平台、机器视觉系统等设备，开发织机 HMI 模拟仿真软件，实现厂中校中的教学现场与企业生产现场同步，从而实现虚拟仿真实训，为学生专业课程技能菜单的学习创造良好的实训条件；与悦达纺织合作共建棉纺、织造车间 MES 实训中心，如图3所示，与学校形成无线网络远程衔接，实现学校对企业纺纱、织造车间的生产情况、质量情况实时了解和分析，建设纺织实景教学中心，使学生置身于虚拟的企业生产环境中，帮助企业分析和解决产品质量问题，提出合理化建议，提升企业智能化生产 E 系统的建设与使用，增强企业的信息化、

智能化管理水平，助推企业打造数字工厂，实现精益生产。

图2　设备智能化改造

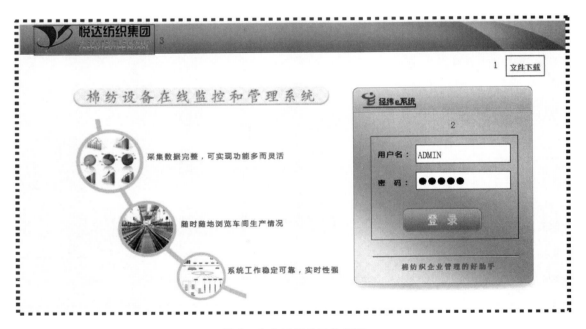

图3　企业 E 系统工作界面

2.3　对接企业真实生产案例，全面实施课程虚拟仿真教学

基于专业实训云平台的网络化、智能化，及时搜集企业加工纺织新产品的真实案例（图4），引入纺织材料检测、纺纱工艺设计与质量控制、机织工艺设计与质量控制等专业实训核心课程中作为课程教学载体，借助远程系统实时查看企业纺织产品的生产工艺过程，参考纺织企业新产品加工的工艺参数，用于仿真实训模拟的产品开发，完全达到企业纺织工艺过程再现的要求。以《纺纱工艺设计与质量控制》课程实训教学为例，采用"线上搜集企业产品生产案例——课程虚拟仿真实训教学"的结构模式，使技能学习及提升与企业真实生产过程不产生脱节，充分实现多种新型纺织新产品的虚拟仿真加工及其交叉组合产品的创新设计，进一步深化了虚拟仿真实训云平台实训建设的教学使用内涵。

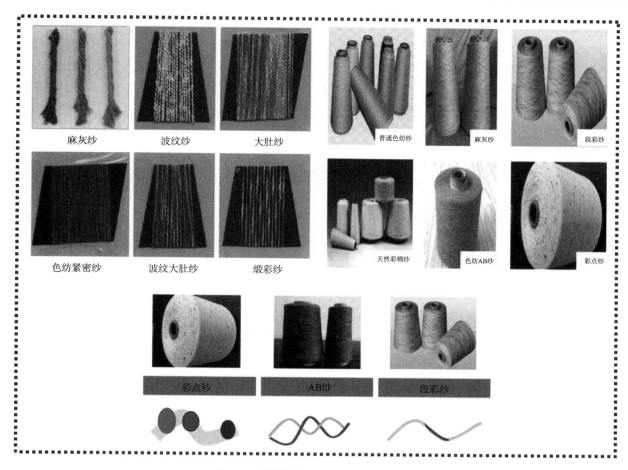

图 4　在线搜集典型的纺织新产品案例

2.4　对接企业技术难点攻关，助推企业在线产品开发

基于纺织服装专业实训云平台的在线数据共享功能，校内科研能力强的专业教师通过远程链接在线随时查看企业产品开发过程，及时发现问题并凝练关键技术难题，我校纺织类专业教师可在线查看江苏悦达棉纺有限公司产品生产工艺过程，帮助企业分析在线品种在生产过程中出现的质量问题，从而与企业技术人员协助分析和解决产品质量问题，提出切实可行的合理化建议，进一步推进企业的信息化、智能化管理水平，使江苏悦达棉纺有限公司打造成数字工厂，达到精益生产，提升产品质量及市场档次，并以关键技术需求为支撑，依托专业实训云平台的虚拟仿真功能，协助企业完成多项省级新产品的鉴定，进一步深化了专业实训云平台实训建设的科研使用内涵。

3　成果的创新点

3.1　以企业视角与学校视角并重，引导专业实训云平台建设

中国的纺织行业发展突飞猛进，产业结构的组成不断变化，纺织设备逐渐精细化、数字化，因此如今的纺织企业对技术工人的要求越来越严格，对熟练掌握高精尖纺织行业设备的操作技能、具备技术改造和创新能力的高端技能人才的需求量逐渐变多，而课程技能菜单的顺利实施需要将纺织服装智能制造与企业最新技术资料有机融合，建立适合新形势下的虚拟仿真专业实训云平台，使培养出的毕业生充分满足企业的需求，这就需要充分调动了企业开展"产教融合、校企合作"模式的主观能动性才能建好。但眼前各种"校企合作"一头热，企业主观能动性差，企业仅把自己作为帮助学校解决教学的相关难题，而不能当成是自己履行高职教育的义务，高职院校专业实训平台的建设也存在这样的

问题，导致高职院校即使有良好的实训条件也不能满足企业不断变化的需求，从某种意义上说这种校企合作是被动的、不成功的。本实训云平台在建设初期就改变现有的模式观念，加入企业视角充分开展校企合作的产教融合新模式，加入"行业标准"和"企业标准"，兼顾行业企业员工技能标准，充分发挥企业的引导作用，进行传统纺织设备的改造及新型设备的添置，对接企业真实需求，调动企业的职业助推及参与积极性，实现学生在校的职业化发展，使职业目标、职业规划合理（图5）。

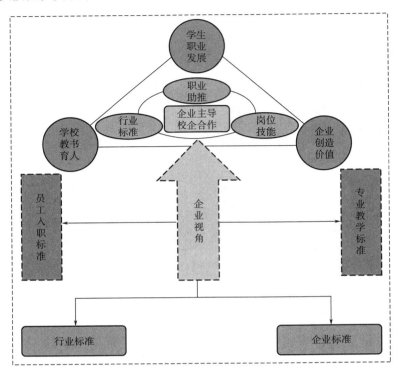

图5 新"产教融合、校企合作"改革思路

3.2 以"三化一强一高"为特色，构建虚拟仿真实训云平台

对现有的清梳联、并条、粗纱、细纱等纺纱设备进行软、硬件改造（控制系统自动化），增加工艺设计参数人机对话界面及功能，改造完成后能实现工艺参数的人机自动输入选择，无须进行机械更换，则充分体现实训云平台的自动化；增添数字平台、校企共建MES实训中心，则充分体现实训云平台的智能化；通过网络终端技术与江苏悦达棉纺有限公司等企业搭建校企远程连接系统，可在线采集企业产品加工工艺设计，则体现网络化；实训云平台可提供给学生产品加工案例按照企业加工工艺参数在实训云平台车间进行快速的虚拟仿真实训；专业实训云平台不但提供给教师最新的生产案例，还能提供在线的质量数据及工艺参数以便及时发现解决企业产品技术工艺难点及质量问题，则体现时效性强；此外，实训云平台拉近了校内实训教学与企业生产之间的距离，不但为学校学生专业课程"技能菜单"的学习提供了优质的、全方位的实训条件，还能以此为依托为悦达棉纺有限公司等企业进行新产品的快速打样及其新产品、新项目的申报，提供了便捷的条件，则体现校企两方利用率高的特点。

4 成果的推广应用情况

依托江苏省产教融合实训平台建设项目，以学校视角和企业视角并重为特点，以校企共建、共用、共享为宗旨建成我校唯一的纺织服装专业实训平云台，并进行了两年多的应用实践，对专业课程建设、学生技能提升、学生创新能力、教师科研水平、企业产品开发、企业难题攻关上均有突出的应用成效。

（1）校企远程无缝衔接下纺织服装专业虚拟仿真实训云平台，推进了纺织材料检测、新型纺纱产品与开发、新型机织产品开发等专业核心课程的建设，保证了课程的教学内容、实训内容与企业需求完全衔接，构建出校企协同创新专业课程技能菜单，为课程虚拟仿真实训—教学做一体化提供完善的设施条件，中国教育报对此进行了专题报道；同时学生专业技能的学习能直接对接企业的工作岗位，达到了企业在职员工的水平。学生在全国纺织面料检测技能、全国纺织面料设计技能等大赛参赛，获得的成绩在全国纺织类高职院校处于前列。

（2）校企远程无缝衔接下纺织服装专业虚拟仿真实训云平台的建设，推进了纺织类专业学生在新型纺织产品上的创新与研发能力，学习成果丰富。结合在线企业素材，学生依托多功能智能化改造后纺纱设备进行自我开发各种新型纱线；依托新采购的智能织物小样设备开发各种新型面料。纺织类专业学生在近几届的毕业生中有近60%以上的学生毕业设计（论文）选题都与新型纱线、面料开发有关且充分利用了本虚拟仿真实训云平台，利用率可达95%以上，毕业后学生在新型纺织产品上的创新开发能力得到大中型纺织企业的认可。

（3）纺织服装专业虚拟仿真实训云平台内的建设与运用明显提升了我校专业教师在新型纺织产品开发上的教科研水平。教师在项目申报、论文发表、专利申请上、课程建设研究等方面均获得可喜的成果：近两年获得五门省级在线开放课程、一门国家级在线开放课程；获得1次全国信息化教学设计二等奖、两次省信息化教学设计一等奖；近两年授权近10项发明专利、40项实用新型专利；在《棉纺织技术》、《上海纺织科技》等专业核心期刊上发表论文近25篇；近两年教师联合纺织类相关企业申报江苏省产学研合作项目近十一项（2019年达到8项，在省内同类排第一），校企合作横向课题近20项；多次获得市厅级科技类以上奖项多项。

（4）纺织服装专业虚拟实训云平台内的建设与运用推动了企业在解决生产技术难题、新产品开发上的攻克速度。专业教师可在线搜集并及时帮助解决关键技术难点，如近一年帮助江苏悦达纺织集团解决了近20个重点技术工艺难点及质量瓶颈问题。协助云平台参建合作企业—江苏悦达棉纺有限公司、江苏东华纺织集团等企业完成近二十只"棉／粘胶／腈纶吸光发热功能弹性面料""多功能涤纶涡流纺面料"等新型纱线、面料等省级新产品、新开发的鉴定工作。

对接企业新产品研发的高职院校创新人才培养模式的创新与实践

杭州职业技术学院
漯河职业技术学院

完成人及简况

姓名	性别	所在单位	党政职务	专业技术职称
白志刚	男	杭州职业技术学院	无	教授
徐高峰	男	杭州职业技术学院	达利女装学院院长	管理五级专技五级
王变奇	男	漯河职业技术学院	副院长	副教授
杨晓华	女	漯河职业技术学院	正科	副教授
王延君	女	杭州职业技术学院	第四支部委员	讲师
程素英	女	杭州职业技术学院	支部书记	讲师
梁凯	男	杭州职业技术学院	无	讲师
韦笑笑	女	杭州职业技术学院	无	讲师
徐颖	女	杭州职业技术学院	无	副教授
朱焦烨南	女	杭州职业技术学院	无	讲师

1 成果简介及主要解决的教学问题

1.1 成果简介

为改变高职院校人才培养目标滞后于岗位需求，导致学生不能胜任岗位要求，创新能力不强等现象，杭州职业技术学院纺织服装专业在"职业教育引领产业发展"理念指引下，学校、企业协同创新，把企业新产品研发室建在校内，将人才培养定位在企业产品研发的前端，用产品研发引领产业发展，用产品研发培养创新型人才，探索构建了纺织服装专业对接企业新产品研发的高职院校创新人才培养模式。经过近 10 年的实践，人才培养质量明显提高，专业技术社会服务能力显著提升，成果全国示范引领作用持续增强。

1.2 主要解决的教学问题

（1）用新产品研发项目构建创新型课程体系，解决了人才培养滞后，职业教育与岗位能力需求脱节的问题。目前许多院校人才培养目标是"适应企业岗位需求"，而事实上企业的岗位能力是动态的，产业永远在进步，如果只是"适应"是永远无法真正地适应产业发展要求的，学校培养的学生职业能力永远会滞后于企业要求，只有培养引领产业发展的人，才能使学生适应产业。

（2）组建优质师生研发团队，主导企业产品方向，开发产品投入市场，解决了企业科研能力不足的问题。

企业的本质是追逐经济利益，在与高校的合作过程中，一方面是为了人力资源的补充，更重要的是希望学校师生的科研能力服务企业，高校优质的科研团队对于企业产品方向的引领与新产品研发，促进校企双方的黏性和合作的深度。

（3）动态化人才培养的课程体系和保障机制，解决了校企合作的形式化和可持续性问题。由于高校从产品策划阶段就介入企业产品研发，引领产业发展，并形成了人才培养的引领性动态化人才培养的课程体系和保障机制，在实践中培养学生的前瞻性和创新意识，解决了企业的人才供给和产品研发动能，从根本上解决了校企合作的可持续问题。

2　成果解决教学问题的方法

2.1　构建"企业主导、新产品研发引导"的创新性人才培养模式

（1）学校和企业合作，在杭职院校内建成纺织服装技术创新中心，中心下设 10 个产品研发室，近十年累计 800 多人参与企业产品研发。

以纺织服装新产品研发为引领，整合服装设计与工艺、针织技术与针织服装、纺织装饰艺术设计专业的特色优势，以培养"复合型创意设计人才"为目标，"现代学徒制"和"基础＋专业模块＋新产品研发＋顶岗"双线驱动，构建以企业研发产品引领的课程体系，设置"专业共享基础课程""专业分立模块课程""新产品研发"和"顶岗实习"四个多元化进阶课程模块，为区域经济的发展输送高素质技术技能人才。

（2）学校和行业企业合作，共同研究制定产品研发室建设方案，按照企业年度新产品开发计划确定研发项目，构建引领产业发展的创新性人才的培养方案和课程体系。

（3）整合学校优秀教师资源、针对学生不同职业规划和性格特点，制定个性化人才培养方案，与合作企业共同组建研发团队，集约化管理，构筑"一个中心、多点布局"的产品研发大平台，有效避免校企合作中的形式主义"两张皮"现象（图 1）。

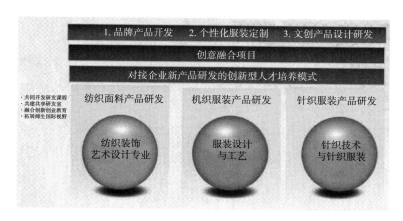

图 1　创意融合项目

2.2　构建"企业购买服务、校企协同共建"的共管策略

（1）企业向产品研发室每年投入 400 万元经费，与杭职院共建共管；学校组建以专业教师为主体、企业师傅参与的研发团队，大大降低了企业产品开发成本。

（2）企业与杭职院共建领导小组，负责统筹新产品研发室的建设与管理运行。

（3）强化校企合作，引入企业真实产品研发任务开展真题实作，以服务收入换取企业新技术支持，建立起"输血"与"造血"功能互为补充、构建教学、科研、社会服务一体化的人才培养机制，有效解决人才培养能力滞后，创新能力不强等问题。

2.3 构建"服务多元化、管理一体化"的共享策略

（1）作为资源整合的"混合体"，产品研发中心既紧密对接区域产业发展，又紧密对接学校专业建设，同时学校和企业两个管理体系并存，将公共要素整合在一起，采用两个体系在统一的管理构架下的运行策略，共享程度高。

（2）强化产品研发室的开放共享功能，明确面向区域职业院校、应用型本科、行业企业开放，努力满足各建设主体的利益诉求。

（3）开发新产品研发中心多渠道服务平台，实现了前期策划、中期研发、后期服务的新产品研发共享机制，有效提高新产品研发室的利用率，以所服务的达利（中国）有限公司为例，研发成果占公司新产品研发的 28.3%，研发产品投入市场比例的程度远高于国内高职院校研发机构。

3 成果的创新点

3.1 创新提出了对接企业新产品研发的高职院校创新人才培养的"双元模式"

所谓"双元模式"，即企业主导，投入项目、资金，学校主体，投入研发场地和研发团队，构建对接企业新产品研发的人才培养课程体系，进行创新性人才培养，通过新产品研发引领，满足技术技能人才、职业技能培训和新技术推广需要，创新提出职业院校、行业企业共享的"双元主体、双元共享、双元治理、双元服务"的"杭职模式"（图2）。

图 2　对接企业新产品研发的人才培养模式示意图

（1）"双元主体"：在"企业投资支撑主体、学校提供场地及人力支撑主体"的产品研发室共建模式下，校企共同构建了对接企业新产品研发的人才培养课程体系，用新产品研发带动创新性人才培养，有效解决了学校培养的学生职业能力永远滞后于企业岗位要求的现象。

（2）"双元共享"：在"企业统筹规划、学校管理运作、教师研发引领"的新产品研发中心的管理模式下，构建了合作企业共享产品研发成果、高职院校共享人才培养成果的共享模式，推进了产品研发中心的良性运转。

（3）"双元管理"：在校企共建共管新产品研发室的前提下，对课程体系进行动态管理，将下一年度企业新产品研发内容，及时转化为课程内容，指导学生参与企业产品开发，有效解决了人才培养方案陈旧老化的问题。

（4）"双元服务"：构建了满足"创新型技术技能人才培养和新技术（新工艺、新岗位）推广"等需要的产品研发室社会化模式，有效解决了企业技术研发能力薄弱的难题。

3.2 成功构建了以新产品研发引导人才培养模式运行的"三大机制"

（1）"企业为主"的投入机制。新产品研发室由合作企业分年度投入项目资金，学校投入少量日常运作经费。

（2）"成本分担"的运作机制。学校为新产品研发室提供场地、设备和管理服务，合作企业自带项目和耗材。

（3）"校企合作"的保障机制。企业引入最新项目、技术和工艺，确保新产品研发内容的先进性。

学校动态修订人才培养方案，确保人才培养质量。

3.3 探索形成了契合职业教育发展需要的"创新型人才培养平台"

（1）形成了"一个中心、多点布局"的区域新产品研发大平台。整合了校企资源优势，引领产业发展的创新型技术人才更加高效，资源集聚更加集约，教学时空构建更加合理，实训设备更新更加符合实训教学需求。

（2）形成了多方合作共赢的新型社会关系。伴随新产品研发室建设的功能拓展，校企联动不断加深，围绕教学、研发等，逐步构建起双方合作共赢的新型社会关系。

4 成果的推广应用情况

4.1 对接企业新产品研发的人才培养模式成效显著

（1）企业参与积极性高，服务能力显著提升。企业累计投入新产品研发经费400余万元，产品研发室累计为企业研发服装款式产品1000余款，针织样片2000余款，面料纹样2000余款，合计5000余款。平均占到企业研发项目投入市场的26%，产值达3000多万。出版教材16本，参与2017年主持编写教育部针织技术与针织服装专业教学标准；开发了"纺织服装类产品研发课程"18门，开发了16部系列产品研发项目教材，其中4部立项浙江省重点建设教材，400余个教学视频的建设，1500人/年接受了新产品研发课程的培训。

（2）资源节约量巨大，新产品研发室利用率高。累计为30余家单位开展新产品开发技术服务，减少重复建设，节约硬件投入近1500万元。新产品研发室设备平均使用率超90%，其中先进制造等中心设备使用率超150%。

（3）参与国家重要研发项目，助力杭州纺织服装产业在全国的领先地位。参与了G20峰会国家领导人服装面料款式设计、学生与艺术大师陈家泠合作的研发产品被国家博物馆永久收藏，是全国唯一高职学生作品入选。新产品研发室的研发成果促进了杭州纺织服装产业在的新技术应用与推广，提升了杭州纺织服装产品的国际影响力。

4.2 基于基地的技术技能人才培养质量提升明显

（1）毕业生就业质量高。新产品研发室成立以来，纺织服装专业招生录取分数线逐年提高，已列全省前四；每年毕业生初次就业率超98%，专业对口率达85.5%，远高于全省平均水平；毕业生留杭率超60%，列在杭高校第一；毕业生就业起薪达4100元/月，基本实现体面就业。

（2）学生创新创业能力强。2012～2018年全国职业院校技能大赛中连续7年获得金奖11项，其中4名学生获全国技能标兵称号，8名学生获技师职业资格。学生毕业三年后自主创业率为20.48%（全省为7.44%），据省教育评估院数据显示，我校2014届纺织服装专业毕业生毕业三年后自主创业率为13.33%，居全省前列。

（3）用人单位满意度高。2014年新华社以《杭州职业技术学院：八个岗位争抢一个毕业生》为题报道我校学生体面就业的现状，被中央人民政府官网全文转载。达利集团设计总监刘琼说："亲身目睹了达利女装学院的成长过程，目前达利女装学院的研发作品90%可以直接投入生产"。2017年省教育评估院数据显示，我校纺织服装专业毕业生用人单位满意度达90%。

4.3 对接企业新产品研发的人才培养模式示范全国

（1）国内同行和社会各界认可度高。杭职院纺织服装专业人才培养模式多次在全国校企合作大会上作为经验交流研讨并推广；省市领导多次肯定批示，在全省乃至全国推广；国内30余家主流媒体进行了宣传报道。

（2）具有很好的示范与推广价值。"杭职模式"的双元创新效应，示范辐射到贵州、湖北、河南、新疆等多个地区，漯河职业技术学院、贵州黔东南职业技术学院等多个地市还直接借鉴该模式开展人才培养。全国有800余所院校、单位7000余人次前来考察学习，有力地推动了当地教学观念转变、教学模式改革等。

基于"匠艺相生"理念的纺织服装类专业"匠艺"课堂教学改革创新与实践

浙江纺织服装职业技术学院

完成人及简况

姓名	性别	所在单位	党政职务	专业技术职称
杨威	女	浙江纺织服装职业技术学院	副校长	教授
朱远胜	男	浙江纺织服装职业技术学院	纺织学院院长	教授
董杰	男	浙江纺织服装职业技术学院	教务处副处长	讲师
陈海珍	女	浙江纺织服装职业技术学院	时装学院副院长	教授
于虹	女	浙江纺织服装职业技术学院	中英时尚设计学院副院长	副教授
王成	男	浙江纺织服装职业技术学院	教务处处长	教授
王薇薇	女	浙江纺织服装职业技术学院	时装学院副院长	副教授

1　成果简介及主要解决的教学问题

1.1　成果简介

"匠艺"课堂是浙江纺织服装职业技术学院基于"匠艺相生"理念，紧抓课堂教学主阵地，立足纺织服装类专业特点，以校企合作、国际合作为支撑，通过教师一丝不苟、精益求精的"匠心"，集高超精湛的专业能力与教学艺术为"匠艺"，培养具有"敬业、精益、专注、创新"匠人精神与新技术、新工艺于一身的高素质技术技能人才的课堂教学改革创新与实践。

本成果始于2006年初，学校率先在纺织服装类专业中开展了基于工学结合的对应岗位技能的课程体系搭建和项目化课程改造，进而推出了引进企业标准和国际标准的教学内容与信息化教学资源建设、"快速设计项目"等国际化教学方法手段改革、以"评展鉴赛"为代表的开放性学业考核评价模式改革、过程与结果兼顾的"333"教学质量保障体系等一系列教学改革举措。

本成果根植于"三教"改革，是对产教融合和开放办学的深度实践，不但实现了课程教学与岗位技能的无缝对接，还增强了职业技能和职业素养的一体化培养。

通过10余年的探索与实践，学生培养质量显著提升，近五年学生在各类专业竞赛中获奖1300多项，其中国家级获奖700余项，就业率连续3年保持在98%以上。毕业一年后创业率明显高于全省平均水平。

本成果不但从纺织服装类专业推广运用到全校所有的专业，还辐射到了50余所同类院校。受到中央电视台等30余家媒体报道。2019年，我校被省教育厅认定为课堂教学创新校。

1.2　主要解决的教学问题

（1）解决了教学内容与企业生产实际同步难的问题。

（2）解决了职业素养培养与专业教学融合难的问题。

（3）解决了课堂教学评价与质量标准掌控难的问题。

2 成果解决教学问题的方法

2.1 对标企业生产，构建课堂教学多维协作模式

2.1.1 以能力培养为主线，实施企业项目课程化教学改造

引入企业真实项目和高水平师傅进课堂，校企合作进行课程整体设计和单元设计，开发基于"做中学"理念的"任务型"项目化课程，推行面向企业真实生产环境的任务式教学模式，把纺织服装产业先进元素及时纳入教学内容，并共建资源库和在线课程，合力开发活页式、立体化、手册式等新形态教材。

2.1.2 对应岗位工作关联，构建跨专业课程协作教学模式

推行快速设计项目（基于完整岗位链的，在限定时间内完成的项目化教学活动），以企业项目工作岗位链为线索，打通专业群课程设置，开展相关专业课堂合作教学，推动专业之间、课程之间协同联动，形成校企、相关专业与课程之间的多维课堂教学协作模式（图1）。

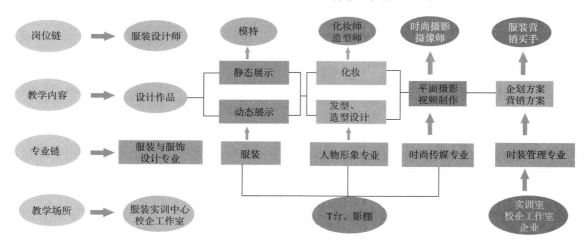

图 1　服装设计等五个专业（方向）学生在 9 个小时协同完成的快速设计项目示意图

2.2 聚焦工匠精神，构建全课程协同育人格局

立足纺织服装类专业课程特色，结合行业特点，以践行社会主义核心价值观和根植红帮文化"精于技艺"工匠精神为切入点，出台《课程思政实施指导意见》，在基于"做中学"的任务型课堂教学中，融合职业素养养成教育，实现在专业教学中对学生职业精神、素养和专业能力的全面培养。

2.3 聚力教学质量，创建课堂教学质量保障体系

2.3.1 实施"评展鉴赛"，创新开放多样课程考核评价方式

结合纺织服装类专业特色，创新推出展评、赛评、鉴评、辩评等九种学业考核方式，实现了课程考核由传统模式向校企多元多样评价转变。

2.3.2 推行"333"质控模式，多维协同保障课堂教学质量

基于纺织服装类专业课程特色，实施"333"教学质量控制模式，通过"3 种作业本"（速写本、笔记本、工艺本）记录课堂教学过程；"3 种作业展"（静态展、动态展、微视展）展示课程教学成果；"3 种考评形式"（教师团队共评、校外专家参评、第三方质量认证）检验课程教学成果，构建多维协同的课堂教学全过程质量保障机制（图2）。

2.3.3 构建指标体系，明确"匠艺"课堂教学建设质量标准

依据课堂质量要素，构建由课程思政、信息化教学、评价考核等十项指标构成的"匠艺"课堂建设指标体系，通过研课磨课，结合教学评价，开展课堂教学诊改，保证课堂教学建设质量标准化。

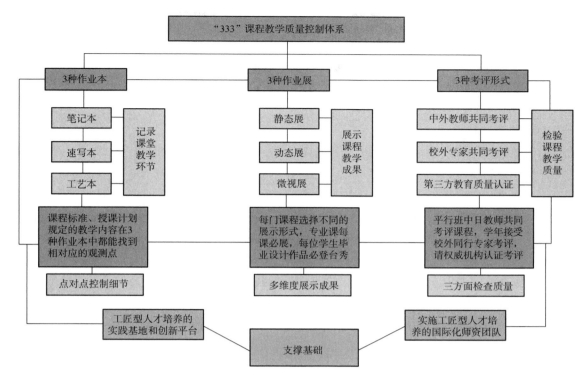

图2　"333"课程教学质量控制体系

3　成果的创新点

3.1　创立了以"匠艺相生"为核心的课堂教学理念

"匠艺相生"理念源于学校传承的红帮文化，表达了以"匠心"为代表的职业素养和以"匠艺"为代表的技术技能之间互相依存、相辅相成、高度融合的紧密关系。基于"匠艺相生"理念的"匠艺课堂"，立足于三教改革，是对课程教学中知识技能与职业素养的深度融合、对教师专业技术与教学艺术的有机结合、对学生专业技能和职业素养的综合培养进行的深度探索。通过从课程体系、教学方式、学业评价、教学激励、条件保障等全要素推进课堂教学改革，探索出了课堂教学改革新路。

3.2　创新对应岗位链的多维课堂教学协作范式

校企合作开展跨专业课堂协作教学，形成了与企业生产相吻合的真实情境，既有利于"实题实做"的校企合作课堂教学项目实施的真实性和完整性，又有利于学生熟悉岗位工作环境，培养合作沟通协作能力。

3.3　创设有效解决教学质量控制难题的机制

基于"纺织服装+"类专业的人才培养需求特点和课程特色，把开放型的"评、展、鉴、赛"学业考核评价模式和过程与结果并重的"333"质控体系有效结合，实现了对课堂教学全过程的质量把控，有效破解了课堂教学中质量控制难题，同时，也促进了教学方法手段的改革创新和国际标准、企业标准与教学内容的对接。

4　成果的推广应用情况

4.1　引导带动全校，建成省级课堂创新示范校

4.1.1　"匠艺"课堂，教学改革结出累累硕果

学校主持国家职业教育纺织品设计专业教学资源库建设；现有国家级精品资源共享课程4门、国

家级在线开放课程入围 2 门，省级精品在线开放课程 12 门，市慕课 15 门，校创新示范课 79 门；认定混合式教学示范课程 29 门，服装陈列课程混合式教学法获省高校首批翻转课堂优秀案例一等奖；出版国家级规划教材 16 本，开发新形态教材 20 种，校企合作开发 166 部。

"任务型"项目化课程遍及所有专业，"评展鉴赛"课程覆盖率达 77%，每学年里开展次数近 5000 次，受益学生近 17000 人次，年均 180 余件作品为企业采纳。

2019 年，我校被省教育厅认定为课堂教学创新校。

4.1.2 "匠艺"双馨，教师教学能力提升显著

校企合作时尚服饰双师型教师培养培训基地、潘超宇技能大师工作室等 3 个项目列入教育部创新发展行动计划。全国职业院校各类信息化教学大赛获奖 49 项，省级以上教学竞赛获奖近 100 余项；现有省教学团队 1 个、省教学名师 3 人、省教坛新秀 3 人，省"新世纪 151 工程" 3 人，省高校优秀教师 2 人，省高校专业带头人培养对象 20 人次。

4.1.3 "匠艺"良才，学生培养质量逐年提升

近五年学生在各类专业学科竞赛中获奖 1300 多项，其中国家级获奖 700 余项，省级获奖 500 余项。在创新创业比赛中，获得全国特等奖 1 项，一等奖 1 项，二等奖 1 项，省特等奖 4 项，一等奖 8 项，二等奖 7 项。

毕业生就业率连续四年超过全省高职及全省高校平均水平，连续 3 年保持在 98% 以上。毕业一年后创业率明显高于全省平均水平。

4.2 示范引领辐射，吸引同行院校纷至沓来

"333"课堂教学质控体系等改革项目屡获中国纺织工业联合会和浙江省教学成果；学校获 2018 中国国际大学生时装周人才培养成果奖；"one day project"快速设计项目获英国"教育卓越奖"二等奖。

学校受邀在中国纺织工业联合会纺织教育教学成果奖培训会、浙江省高职高专纺织服装类专指委等各类会议上作典型发言、介绍课堂教学改革经验，累计 20 余次。近年来，广东职业技术学院、山东轻工职业学院、常州纺织服装职业技术学院等 30 余家院校来我校学习课堂教学成果。

4.3 社会影响显著，学校特色办学广受关注

经过近十年课堂教学改革的积累，于 2016 年推出首届"纺服'融+'时尚周"，每届展出学生原创优秀设计作品 6000 余件，涵盖了时装、家纺等十余个专业领域，至今已经成功举办了 5 届，不但成为合作企业物色人才、选购作品的平台，还成为校企互动、交流合作的盛会，同时，也向社会传播了时尚文化，受到社会各界的广泛赞誉。

中央电视台、人民网、新华网、中国教育报、中国纺织报等 30 余家媒体对学校的课堂教学改革进行了深入的报道，累计报道达到百余次。

《2019 中国高等职业学院和中国高等专业学校评价》中，学校综合排名第 82 位，轻工纺织大类排名第一位。

"双平台、三融合、五递进"纺织专业"德技双优、工学结合"育人模式研究与实践

盐城工业职业技术学院

完成人及简况

姓名	性别	所在单位	党政职务	专业技术职称
刘华	男	盐城工业职业技术学院	质量控制办公室主任	教授
王文中	男	盐城工业职业技术学院	纪委办公室主任 执纪审查处处长	副教授
孙开进	男	盐城工业职业技术学院	工会主席	副教授
张立峰	男	盐城工业职业技术学院	党委保卫部副部长（主持）	副研究员、工程师
陈贵翠	女	盐城工业职业技术学院	现代纺织技术专业带头人	讲师、工程师
秦晓	女	盐城工业职业技术学院	纺织服装学院副院长	副教授、高级工程师
刘玲	女	盐城工业职业技术学院	无	副教授
黄素平	女	盐城工业职业技术学院	无	副教授

1 成果简介及主要解决的教学问题

现代纺织技术专业针对育人过程中存在校企合作不够深入、人才培养目标定位不够明确、课程体系不能满足德技并修等问题进行育人模式改革实践。

（1）构建政企校会园 "命运共同体"，健全协同育人机制。政府、企业、学校、学会、园区一体化，共建混合所有制悦达纺织学院如图1所示。

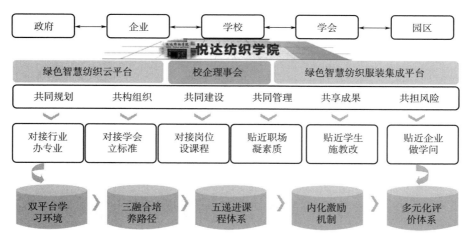

图1 混合所有制悦达纺织学院

（2）校企协同，搭建德技双优育人实践"双平台"。打造共享型云平台，实行企业化管理如图2所示。

（3）从模式层面研究"课证融合""德技融合""专创融合"共生共长培养模式如图3所示。

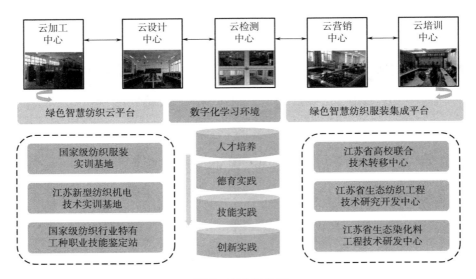

图2 平台架构图

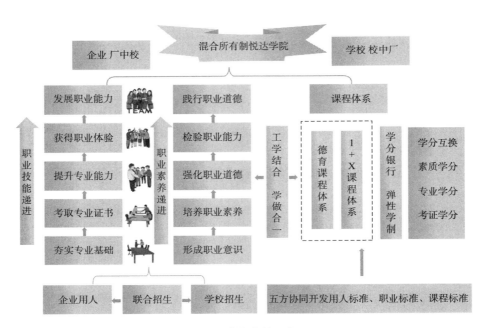

图3 人才培养施工蓝图

（4）德技双优，探索"五递进"人才培养路径。培养路径为：夯基础—考证书—强技能—熟岗位—入企业，实现德技融会贯通。培养路径如图4所示，课程体系如图5所示，德育体系思维导图如图6所示。

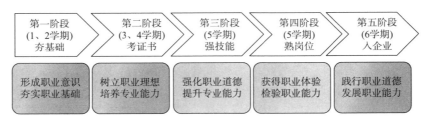

图4 人才培养路径

（5）繁荣育人培养载体，形成以生为本的激励机制。不断繁荣育人载体课堂教学和实习实训的言传身教，培养过程坚持以学生自信为根本，内化为一种积极向上的激励机制。

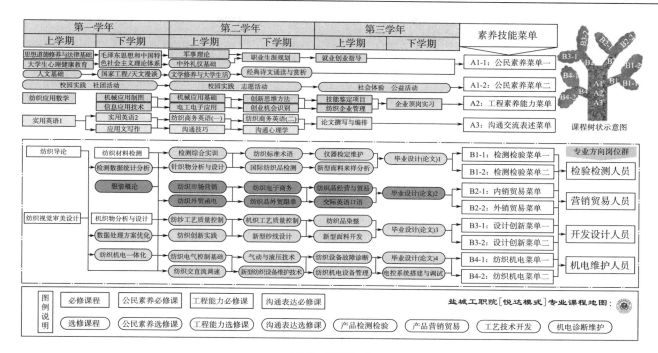

图5 课程体系

（6）探索多元监督路径，构建可持续发展的评价机制。评价内容涵盖组织管理、培养目标、课程教学，打通实施环节，畅通学生职业发展路径。

2 成果解决教学问题的方法

2.1 加强顶层规划，科学设计育人机制

全面整合政府、企业、学校、学会和园区等五方资源，依托双平台，校企共建混合所有制悦达纺织学院，形成"政、企、校、会、园"共同规划、共构组织、共同建设、共同管理、共享成果、共担风险的育人体制机制。

2.2 立足调研结果，分析职业技能和素养

在专业建设的过程中，职业能力分析借鉴了德国的 BAG 典型职业工作任务分析法，将在校学习过程与实际工作过程相结合。从调研数据可知，纺织专业毕业生职业所需要的职业资格证书主要是纺纱工、织布工、纺织面料设计师等，分析职业技能和素养，探索"课证融合""德技融合""专创融合"共生共长育人模式。

2.3 梳理课程设置，建构课程体系和标准

在课程建设上，注重专业课程之间的教学内容的融合、递进，推行理实一体化教学，充分实现"做中学、做中教、教学做合一"。动态设置课程适应纺织经济发展对人才培养目标变化的需要，将德育体系和技能体系同步推进，保证教学标准开发、课程开发的科学性，保证能够培养出企业真正需要的技能双优型人才。

3 成果的创新点

3.1 依托"双平台"，创新五方协同育人机制

以双平台建设为契机，发挥地方政府的主导作用，联动中国纺织服装教育学会，推进与江苏悦达纺织集团有限公司深度合作，校企共建混合所有制悦达纺织学院，形成政企校会园共同规划、共构组织、

图 6　德育体系

共同建设、共同管理、共享成果、共担风险的办学体制机制。

3.2　紧扣 1+X 证书制度，创新"三融合"人才培养体系

以 1+X 证书制度设计为指导，对 X 证书进行改造，融入课程开发与重构，探索"课证融合"共生共长培养体系；打造德育体系、形成鲜明的"德技融合"人才培养体系；将创新创业能力培养融入专业技能课程之中，构建"专创融合"人才培养体系，从实施过程强化德技双优、工学结合的"三融合"人才培养育人机制。

3.3　精准定位德技人才培养目标，创新"五递进"人才培养路径

人才培养路径细分为五段递进"夯基础—考证书—强技能—熟岗位—入企业"，各个阶段的职业

道德熏陶与专业技能培养逐步深入渗透强化。

4 成果的推广应用情况

经过实践探索，纺织专业"德技双优、工学结合"育人模式成效显著，杨贺同学获2018年"挑战杯——彩虹人生" 全国职业学校创新创效创业全国总决赛特等奖，唐诗雨同学获2019年江苏省大学生职业生涯规划大赛一等奖，学生申报专利数全省第一，学生就业有出路，创业有基础。企业对2018届毕业生工作满意度达到94%，培养了大批"出彩德育、精益技能"的专业人才，提高了学生就业竞争力和可持续发展。

在育人过程中，师资队伍经过不断的打磨、锻炼，实现了教师的职业能力成长。纺织专业拥有2个江苏省高校青蓝工程优秀教学团队，1个江苏省高校优秀科技创新团队；获得国家级在线开放课程1门，省级在线开放课程3门，省重点教材3项，省级以上人才项目46项，省级以上教科研项目79项，教科研成果丰硕。为人才培养、专业发展和地方经济建设提供强有力的师资力量和智力支持。

建成"双平台、三融合、五递进"纺织专业"德技双优、工学结合"育人模式，为现代纺织产业发展提供人才支撑和技术服务，为同类院校提供育人模式示范引领。形成德技人才培养的示范、实践型师资培养的示范、校企合作的示范、工学结合的示范和先进管理的示范，向全社会开放，力促建筑工程专业群、现代制造专业群和经贸专业群全面受益。专业群所在单位先后获得全国纺织教育先进单位、全国纺织行业人才培养示范单位等称号，现代纺织业高技能创新人才培养模式。

基于类型特征的高职院校"三教"改革研究与实践

山东科技职业学院

完成人及简况

姓名	性别	所在单位	党政职务	专业技术职称
董传民	男	山东科技职业学院	科研与质量控制中心（教师发展中心）主任	副教授
杨慧慧	女	山东科技职业学院	高职教育研究科科长	讲师
葛永勃	男	山东科技职业学院	教师发展中心 副主任	讲师
张宗宝	男	山东科技职业学院	系主任	副教授
孙金平	女	山东科技职业学院	无	副教授
孙清荣	女	山东科技职业学院	科研与质量控制中心副主任	副教授
魏涛	男	山东科技职业学院	科研与质量控制中心副主任	讲师
冯华	男	山东科技职业学院	信息中心副主任	实验师

1 成果简介及主要解决的教学问题

1.1 成果简介

教师、教材、教法改革是高职院校关于"教什么""如何教""谁来教"的三大教学要素，是提升育人质量、办出类型特征的切入点。

成果以四项省部级教学改革研究项目为基础，融合学院省优质校、国家"双高计划"、服装设计国家级专业教学资源库项目，按照"教材是基础、教法是路径、教师是根本"的定位，从系统性、互动性、职业性三维度进行整体设计，创新了校本教材开发模式、混合式教学模式、双师型教师队伍培养模式，破解了教学改革瓶颈问题。

通过8年研究实践，培养了大批工匠型人才。获省级教学成果特等奖1项、一等奖4项。成果具有重大理论创新，负责人在中国教育信息化创新发展论坛、全国高职高专校长联席会年会"三教改革"论坛等会议上，做典型交流30余次。

1.2 主要解决教学问题

（1）解决了"三教一体化"改革力度不够，教材、教法、教师三要素关系不清、逻辑不明，三者改革系统性、互动性不够的问题。

（2）教材方面，解决了高职院校传统教材内容滞后于技术发展、类型特征不明显、各门课程教材不成体系的问题。

（3）教法方面，解决了高职院校理论灌输多、实操实训少、学生主体地位不明显，在项目教学、情景教学、模块化教学应用不到位等问题。

（4）教师方面，解决了高职院校双师型教师匮乏、团队协作不够，不能适应教材与教法改革要求的问题。

2　成果解决教学问题的方法

2.1　基于职教类型特征，从系统性、互动性、职业性三维度，设计"三教一体"改革方案

分析教材、教法、教师三要素，提出三者系统性、互动性的逻辑关系及职业性的类型特点。基于"教材是基础、教法是路径、教师是根本"定位，提出"突显类型特征、创新三个模式、推进三教一体"改革思路，使三者互为要求、互为支撑。

2.2　建设校本教材与数字资源，创新"常态化、规模化、数字化"的校本教材开发模式

每年各专业进行行业企业人才需求调研，根据现代产业发展要求调整教学内容、开发校本活页教材，将企业真实项目、任务等作为案例引入教材，及时融入职业标准、行业规范、工匠精神和新技术、新工艺等，内容每年更新 15% 以上。开发数字化教学资源，建设现代职教课程，建成"云上山科"教与学平台，形成新型教学资源供给体系。

2.3　突显职教类型特征，创新实施"线上、线下，职场化"混合式教学模式

遵循学生认知规律，依托新型职场环境，以真实任务、项目为载体，开展职场化教学。"线上、线下、职场化"贯穿课前课中课后教学全过程，教师设计教学情境，个性化指导，学生自主、自助学习，完成任务训练。按职场要求、利用信息化手段实施多元化考核评价。

2.4　重塑教师发展理念、提升教师个体能力、推进团队建设，创新双师队伍培养模式

提出专业教师应具有教师、工程师和项目经理三重角色，承担教学任务、生产实践、技术服务三重职能。构建教师发展体系，提升教师教学能力、实践能力、科研能力、协作能力，构建教材与课程开发团队、施教团队、教研团队，促进教学创新团队建设，形成良师团队培养模式。

3　成果的创新点

3.1　系统设计"三教一体"改革方案

围绕教材、教法、教师改革三要素，基于系统观理论、产教融合理论、建构主义理论，从系统性、互动性、职业性三维度，推进教材开发模式、混合式教学模式、教师培养模式创新。

3.2　创新了"常态化、规模化、数字化"校本教材开发模式

建立常态调研与更新机制，将企业真实项目、产品等作为案例，规模化组织校本活页教材建设，配套数字化资源，变革教学内容，丰富了高职教材建设模式与呈现载体。

3.3　创新了"线上、线下，职场化"混合式教学模式

创新信息化与职场化融合理念，构建混合式学习环境，发挥教师主导、学生主体作用，以任务式、项目式等方式，使学生成为知识、能力主动建构者，变革了课堂形态，突显了类型特征。

3.4　创新了"角色重塑、路径规划、职场提升、评价改进"良师团队培养模式

服务于双主体培养、职场化育人、现代学徒制培养模式和教学模式改革要求，搭建教师发展平台，开发研修资源，开展分层、分类培训，创新高水平"双师型"教师培养模式。

4　成果的推广应用情况

4.1　三教改革成效显著，人才质量、教材与课程建设、教师成果丰硕

4.1.1　工匠培养质量高，工作胜任力显著提升

（1）学生适应就业能力强。连续八年招生第一志愿录取率 100%；"实践能力强、敬业精神强、创新意识强"成为毕业生标签，近七年平均就业率 99.06%，全省领先。

（2）学生创新发展能力强。学生获技能大赛获国赛一等奖 16 项，获第五届"互联网 +"中国大学生创新创业大赛铜奖 1 项。学院成为山东高职院校中唯一"山东省知识产权优势单位"，获山东省创

新创业典型经验高校。

（3）学生自主学习能力提升。学生对"线上、线下，职场化"混合式教学模式，满意率达 97.1%；学生在线自主学习成为常态，周末单日在线课程学习人次数最高达 44601 人次。

4.1.2　校本教材开发和课程建设成效显著

学院共开发校本教材 639 部，出版教材 119 部。在校本教材基础上，建设了 707 门"职场化 + 信息化"为特征的网络在线课程，建成了 2 门国家级、25 门省级精品资源共享课程；主持 2 个国家级、2 个省级职业教育专业教学资源库项目，主持国家级专业教学资源库子项目 20 余个。创新了"常态化、规模化、数字化"校本教材开发模式，形成了校本教材开发系列制度体系。

4.1.3　教师改革成效显著，模式与制度更加完善

学院双师型教师比例达到 86.5%，拥有教育部首批职业院校教师教学创新团队 1 个、山东省高校黄大年式教师团队 1 个，教师中有省及行业首席技师 6 人、省青年技能名师 2 人、山东省产业教授 9 人。教师获国家级教学成果奖 4 项，省级教学成果奖 20 项。获全国职业院校信息化教学大赛一等奖 1 项、三等奖 1 项；获山东省教师专业技能竞赛一等奖 3 项。教师发展体系健全，培养模式和研修模式，先后举办国培项目 13 个、省培项目 20 个，教师发展案例入选全国高职院校年度质量报告。

4.2　社会反响大

应中国职业技术教育学会、教育部信息管理中心等单位邀请，先后 30 余次在相关会议上进行成果交流。应邀连续 7 次在"清华教育信息化论坛"进行经验交流。

成果主持人在全国高职高专校长联席会议 2019 年年会"高赋能'三教'改革论坛"，做混合式教学模式专题报告。

成果主持人在第 45 届清华教育信息化论坛，以"信息技术助力职业院校'三教'改革"为题做学术报告。

基于本成果实践，由学校院长在中国纺织服装教育学会第七届会员代表大会上，以《深化教学研究　培育教学成果　推动"三教"改革》为题，介绍成果经验。

成果主持人在教育部信息管理中心第 15 届中国教育信息化创新与发展论坛上，做《基于混合式教学模式的现代职教课程开发与实施》专题报告。

4.3　成果在国内广泛推广

7 项案例入选教育部"十三五"职业教育信息化规划纲要战略研究项目。

《创新理念　重塑角色　打造高水平"双师"团队》入选教育部首批全国职业院校"双师型"教师队伍建设典型案例。

《实施混合教学模式　探索现代职教课程改革》《构建教师发展体系　创新教师培养模式》入选教育部全国首批职业院校数字化校园实验校典型案例。

《搭建"云上山科"管理平台　深化校企协同教学管理 服务学生成长成材》入选教育部全国职业院校教学管理 50 强案例。

成果在同类院校推广。成果团队应邀赴福建、安徽、湖北等 10 个省市 30 所院校做经验介绍；浙江经济职业技术学院、乌鲁木齐职业大学等省内外 80 余所职业院校到校学习；本成果在广西电力职业技术学院、福州职业学院等 51 所院校有效实施。

4.4　成果在国际产生一定影响

清华大学在澳大利亚"第三届技术促进教育变革国际会议（EITT2014）"，对学院"职场化 + 信息化"教学模式进行重点推介。

成果主持人在 2014 中国—新西兰现代职业教育发展论坛，做《现代职教课程模式下高职教师教学能力提升的探索与思考》学术报告。

成果主持人在 2015 年中韩高职院校发展方向学术研讨会上，做混合式教学模式与现代职教课程开发学术交流。

高职纺织类专业"一平台、四融入、双主体"的产教融合人才培养模式创新与实践

广东职业技术学院

完成人及简况

姓名	性别	所在单位	党政职务	专业技术职称
李竹君	女	广东职业技术学院	纺织系主任	教授
朱江波	男	广东职业技术学院	无	讲师
吴佳林	男	广东职业技术学院	无	讲师
蔡祥	男	广东职业技术学院	无	教授
陈水清	女	广东职业技术学院	副主任	副教授
杨璧玲	女	广东职业技术学院	系党支部书记	副教授

1 成果简介及主要解决的教学问题

1.1 成果简介

成果针对纺织产业转型升级中人才培养供给侧与现代纺织产业需求侧之间不完全适应、产教融合载体与途径缺乏、教师教学内容与产业发展脱节等问题，依托中央财政支持高等职业学校提升专业服务产业发展能力项目及两项省教学成果奖培育项目《基于校企深度合作的纺织高素质技术技能人才培养模式的创新与实践》《基于职教集团的校企合作协同创新机制研究与实践》和其他 5 项省级项目，在纺织专业群实施"一平台、四融入、双主体"产教融合人才培养改革，取得如下成果：

1.1.1 建成专业产学研用育人平台，服务产教融合人才培养模式改革

搭建产学研用育人平台，在资源、人员、技术、项目文化等相互融合，丰富协同育人载体和途径，服务产教融合人才培养模式改革。

1.1.2 "四融入、双主体"，产教深度融合开展人才培养

"四融入、双主体"：融入岗位需求，突出能力培养；融入多方资源，校企合作办学；融入行企标准，对接前沿技术；融入企业文化，培养工匠精神。产教深度融合，达成校企双主体共同培养人才。

1.1.3 建成多维立体化教学资源

建成线上线下多维立体化资源。主编出版 1 部国家级规划教材和 7 部部委级规划教材；建成 3 门国家资源库课程和 1 门省级精品在线开放课程、3 门省级精品资源共享课程；课改成果获省教学成果二等奖 1 项、中国纺织工业联合会教学成果奖二等奖 2 项、三等奖 3 项，建成省级职业标准题库，出版了技能鉴定培训教材 1 部。

1.1.4 建成全国纺织行业优秀教学团队

服务产教融合的双师型团队被评为全国纺织服装教育先进集体。其中，培养了 1 名全国纺织服装先进工作者，培养了 1 个省级教学团队、1 名珠江学者、1 名省级教学名师、2 名南粤优秀教师、5 名省高层次技能型兼职教师、1 名省优青教师、2 名省千百十人才培养对象。团队 14 人次获全国纺织服

装职业技能大赛优秀指导教师奖，团队成员获省信息化大赛一等奖 1 项、二等奖 4 项。发表教改论文 22 篇。

1.1.5 服务产业获多项国家发明专利并取得成果转化

基于名师引领的产学研基地，师生服务企业技术创新，获 16 项国家发明专利、25 项实用新型专利，并有成果转化。获中国纺织工业联合会科技成果奖二等奖 1 项。

1.2 主要解决的教学问题

（1）适应产业转型升级的产教融合育人载体缺乏的问题。

（2）解决培养职业能力的专业人才培养模式不够的问题。

（3）解决岗位职业能力培养的专业教学资源不足、课程体系尚需重构、教学内容尚需优化。

2 成果解决教学问题的方法

2.1 搭建功能多元的产学研用育人平台，解决了产教融合育人载体和途径缺乏问题

整合两个省级科研中心（广东省数字化纺织服装协同创新发展中心、广东省数字化纺织服装工程技术研究中心）及国家生产性实训中心（广东纺织服装公共实训中心）和多个省实训基地资源，搭建功能多元、产学研用相融合的育人平台。珠江学者、省教学名师等名师团队成员联合企业组建"名师工作室"，与越南百宏公司合作成立了"百宏应用学院"，共同研究产业发展中的技术难题。同时"名师工作室"引项目入课堂，指导学生创新创业团队，带学生参与企业的技术创新，孵化创新创业项目，教学相长，为中小企业解决一些生产技术难题。解决产教融合人才培养、教师技能水平提升载体缺乏问题。

2.2 实施"四融入、双主体"人才培养模式，解决教学内容滞后于行业技术发展问题

分析现代纺织企业的岗位（群）设置及工作要求和高端纺织产业发展对技术技能人才的要求，基于工作过程，凝练现代纺织技术专业群各专业人才培养目标和核心能力，提炼纺织产业链上的典型产品、典型设备、典型工艺，构建专业课程模块，将智能化、时尚化等纺织高端所需的新工艺、新规范、新标准融入专业教学标准和教学内容中。对接纺织产业转型升级的人才需求，实施了"四融入双主体"人才培养模式：融入岗位需求，校企共同培养学生职业能力；融入多方资源，校企合作办学；融入行企标准，对接前沿技术；融入企业文化，培养工匠精神。创建"大平台 + 职业专项 + 职业拓展 + 职业创新"课程体系，培养"会工艺，能设计，懂创新，通管理"可持续发展的纺织类专才。产教深度融合，达成校企双主体共同培养人才。

2.3 行企校联合开发职业能力培养教学资源

依托多个国家资源库建设项目，建成多维立体化教学资源和虚拟现实系统，开展混合式教学；推行"任务驱动、项目导向"教学模式，实施"项目化与信息化教学融合"。将竞赛项目融入项目教学，以赛促教、以赛促学。教师信息化能力不断提升，在多个教学能力大赛中取得优异成绩。

3 成果的创新点

3.1 校内应用，人才培养成效显著

面向校内纺织专业群实践，显著提高了人才培养质量。为社会输送 4300 名学生，求人倍率达到 4，岗位适应性、可持续发展能力明显增强，得到企业高度认可。麦可思数据显示，2018 届毕业生就业数据显著提升。专插本升学 32 名，累计 421 名学生获国家或励志奖学金。职业技能鉴定考核通过率达到 98% 以上。在全国纺织行业学生技能竞赛中，获团体奖 9 项、一等奖、二等奖 35 项，全国技术标兵 1 名。群内专业有建成国家级骨干专业 1 个、广东省一类品牌专业 1 个、省二类品牌专业 1 个、省重点专业 1 个，省高职教育实训基地 2 个。师生科技创新成果有发明，有推广，有转化，培养了胡柞华等 30 余名

创新创业型人才。

3.2 行业企业高度认可

组织开发了纺织面料成分检测等四个省级职业资格标准及试题库。受省政府委托参与新疆兵团草湖30万锭大型纺纱厂建设项目，实行技术援疆；为西藏灵芝纺织集团开办了纺织技术培训班，助推了新疆、西藏纺织产业发展。成员受聘担任企业技术顾问，助力两家公司成为广东省高新技术企业。与2家企业开展现代学徒制试点培养。培养的学生广泛分布在珠三角等发达地区，为广东纺织产业经济发展做出较大贡献。

3.3 省内外推广应用，标准被"一带一路"沿线国家采用

成果在2018世界纺织服装教育大会上分享，在广东省高职教育一类品牌专业建设中示范明显。与4所中职实施中高人才培养，培养中职专业负责人9名。制作的教学资源在全国15所纺织院校使用，受益学生4300多名，使用教师84名，编写的教材广受赞誉。多次承办全国专指委会议及全国学生技能大赛，接收兄弟院校来校参观学习500余人次，广东环境保护工程职业学院、广西纺织工业学校派出教师到校培训，开发的专业教学标准、课程标准被越南百宏公司、柬埔寨纺织服装学院采用，专业改革成果在全国和一带一路沿线职业院校中得到推广，起到了良好的示范、引领与辐射作用。

4 成果的推广应用情况

4.1 校内应用，人才培养成效显著

面向校内纺织专业群实践，显著提高了人才培养质量。已输送3750名学生，求人倍率达4，岗位适应性、可持续发展能力明显增强，得到企业高度认可。麦可思数据显示，2018届毕业生就业数据显著提升。专插本升学32名，累计421名学生获国家或励志奖学金。职业技能鉴定考核通过率达到98%以上。在全国纺织行业学生技能竞赛中，获团体一等奖1项、二等奖4项。群内专业建成省重点专业、省二类品牌建设专业各1个，省高职教育实训基地2个。师生科技创新成果有发明，有推广，有转化，培养了胡杵华等30余名创新创业型人才。

4.2 行业企业高度认可

组织开发了纺织面料成分检测等四个省级职业资格标准及试题库。受省政府委托参与新疆兵团草湖30万锭大型纺纱厂建设项目，实行技术援疆；为西藏灵芝纺织集团开办了纺织技术培训班，助推了新疆、西藏纺织产业发展。成员受聘担任企业技术顾问，助力两家公司成为广东省高新技术企业。与2家企业开展现代学徒制试点培养。

4.3 省内外推广应用

成果在2018世界纺织服装教育大会上分享，在省高职教育一类品牌专业建设示范明显。与2所中职实施中高人才培养，培养中职专业负责人8名。联合主持国家级资源库1项，完成国家教学资源库子项目3项。编写国家级规划教材2部，省部级规划教材8部。两次承办全国纺织专指委会议及学全国学生技能大赛，接收兄弟院校来校参观学习500余人次，广东环保职院、广西纺校派出教师到校培训，专业改革成果在全国职业院校中得到推广，起到了良好的示范、引领与辐射作用。

矢量推进、协同共生——纺织专业产教融合、协同育人的创新与实践

浙江纺织服装职业技术学院

完成人及简况

姓名	性别	所在单位	党政职务	专业技术职称
罗炳金	男	浙江纺织服装职业技术学院	专业带头人	教授
林玲	女	浙江纺织服装职业技术学院	无	讲师
吕秀君	男	浙江纺织服装职业技术学院	科研处处长	副研究员
陈敏	女	浙江纺织服装职业技术学院	无	副教授
朱远胜	男	浙江纺织服装职业技术学院	纺织学院院长	教授
吴悦鸣	女	浙江纺织服装职业技术学院	无	助教

1 成果简介及主要解决的教学问题

1.1 成果简介

从"产学联盟—育人与技术创新平台—产业学院—产教融合机制—纺织特色专业群—现代学徒制—三个课堂"的路径，矢量推进产教融合、协同育人。

自 2010 年，组建宁波市纺织产学研技术创新联盟（宁波市首批产教融合联盟），从制度上顶层设计产教融合发展路径，搭建育人与技术创新平台，聚焦"订单"人才培养和新型面料研发，推行"平台＋人才培养、平台＋技术创新"，拓宽校企协同维度。

在产学研技术创新联盟基础上，与宁波智尚国际产业园合作共建产业学院，创建"专业＋产业""教学＋研发""创业＋就业"一体化协作共同体，深化"校企共育"培养机制、"过程共管"监控机制、"互聘共用"管理机制、"多元参与"评价机制，推进校企协同深度。

映射纺织产业链，基于"纺织＋"，构建纺织工程与数字化、智能化技术融合的纺织特色专业群，在"订单"培养基础上，推行现代学徒制双主体育人模式，校企协同开发产教特性项目，开展真实生产环境下项目导向型、校企教师分工协作的模块化教学，打造校内线下课堂、国家专业教学资源库的网络课堂和企业实地课堂的"三个课堂"，实现推行产教融合全过程协同育人，推进国家、浙江省的纺织优势特色和品牌专业建设。

1.2 主要解决的教学问题

（1）缺乏有效的产教融合平台和机制，校企协同育人的维度和深度不够。

（2）人才培养体系与纺织新业态的匹配性不够，教学改革与行业发展脱节。

（3）人才培养过程中企业主体性缺乏，教学内容与企业项目兼容难。

2 成果解决教学问题的方法

2.1 打造育人和技术创新平台，全面拓宽校企协同维度

依托区域纺织产业，集聚优势，在 2010 年，由学校牵头，雅戈尔集团公司、博洋集团等 36 家纺织龙头企业作为合作企业，成立了宁波市纺织服装产学研技术创新联盟，从育人和技术创新两方面，顶层设计好产教融合发展路径，成立行业和企业参与的理事会，从联盟管理、基地建设、团队建设、教学项目开发等方面进行系统设计，打造人才培养和技术创新的产教融合平台（图 1），聚焦"订单"人才培养（如雅戈尔订单班、洁丽雅订单班等）和新型面料研发，推行"平台 + 人才培养、平台 + 技术创新"。

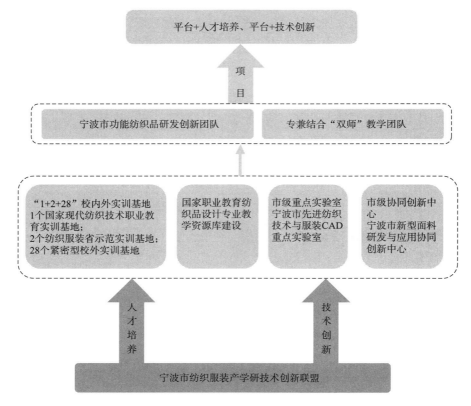

图 1 育人和技术创新的平台

2.2 政、行、企、校、研联动，共建产业学院，深化协同育人机制，推进校企协同深度

依托宁波市纺织服装产学研技术创新联盟，与宁波智尚国际服装产业园合作共建"宁波现代纺织服装产业学院"（产业学院被列入宁波"246"万千亿级产业集群建设规划），打造"专业 + 产业""教学 + 研发""创业 + 就业"一体化协作共同体。

在原"订单"培养的基础上，产业学院推行现代学徒制育人，深化协同育人机制，校企共建、共育、共管（图 2）。

2.3 映射纺织产业链，构建纺织特色专业群，实现人才培养"四个融合"

以新工科为理念，立足前沿，特色发展，基于"纺织 +"，构建纺织专业群，实现人才培养"四个融合"，促进专业与产业深度契合（图 3）。

2.4 校企协同开发产教特性项目，实施双主体育人的现代学徒制，打造"三个课堂"

校企协同开发能反映纺织行业企业新产品、新技术、新工艺、具有产教特性项目，将企业标准融入教学项目设计、实施和评价过程之中。

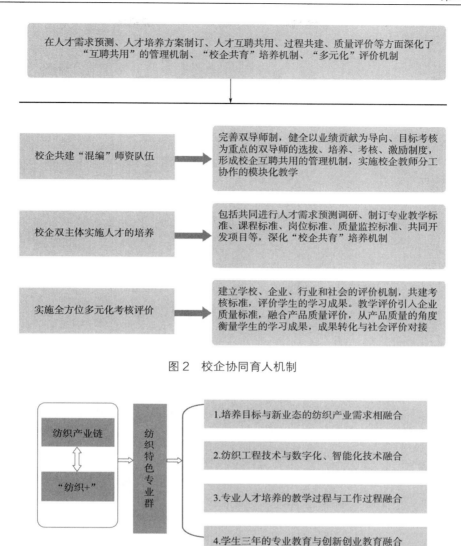

图 2 校企协同育人机制

图 3 构建纺织专业群，实现人才培养"四个融合"

真实生产环境下，项目为驱动，实施校企双主体育人的现代学徒制（完成 2 个省级、3 个校级现代学徒制试点项目的育人），打造线下课堂、国家专业教学资源库的网络线上课堂和企业实地课堂的"三个课堂"，进行项目导向性的校企教师分工协作的模块化教学，实现"三个课堂"实时连接、资源共享、相互促进。

3 成果的创新点

3.1 产教融合机制创新

以产学联盟为牵引，政行企校研联动，搭建校企协同创新平台，校企共建产业学院，创建"产、学、研、创"协作体，促使产教融合平台化、平台机制化、机制长效化，推进纺织教育链、人才链与产业链、创新链有机衔接（图 4）。

3.2 人才培养体系创新

立足前沿，彰显特色，构建开放、融合、协同的现代纺织服装教育生态系统，实现人才培养的"四个融合"：培养目标与新业态的纺织产业需求融合，纺织工程技术与数字化、智能化技术融合，教学过程与工作过程融合，专业教育与创新创业教育融合。

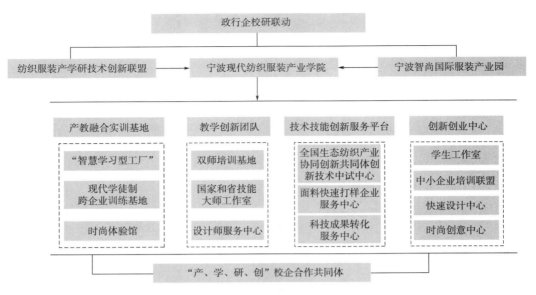

图 4 "产、学、研、创"校企协作共同体

3.3 人才培养路径创新

校企协同开发具有产教特性的项目，将企业生产标准融入教学项目设计、实施和评价过程之中，推行面向纺织企业真实生产环境、项目导向的现代学徒制培养模式，打造"线上线下结合、课内课外互补"的校内线下课堂、国家专业资源库网络课堂和产业学院内的企业实地课堂的"三个课堂"，实施校企教师分工协作的模块化教学。

4 成果的推广应用情况

4.1 校企合作的平台建设夯实丰厚

依托宁波市纺织服装产学研技术创新联盟，对接纺织企业的产品、工艺、生产场景和创新要素，校企共建国家职业教育纺织品设计专业教学资源库建设，建设产业契合度高、实践实习功能和机制完善的校内外实训基地、宁波市先进纺织技术和服装 CAD 重点实验室、宁波市新型面料研发与应用协同创新中心、宁波市功能纺织品研发创新团队。

在此基础上，创建宁波纺织服装产业学院，并根据设计数字化、生产智能化、管理网络化的标准，产业学院校企合作建设"智慧学习型工厂"，建立了中国科协"全国生态纺织产业协同创新共同体创新技术中试中心"和国家、省技能大师工作室，打造"产、学、研、创"校企协作共同体（宁波纺织服装产业学院已经列入宁波"246"万千亿级产业集群建设规划）

4.2 纺织专业招生和育人成效明显

4.2.1 纺织专业招生规模名列全国前列

依托产教联盟，聚焦订单培养和现代学徒制，提升纺织专业的吸引力，我校的纺织专业群招生成绩喜人，近 10 年每年平均招生近 700 人，办学四十年来，累计为纺织产业培养各类专业技术人才 2 万余人。

4.2.2 学生竞赛成绩突出

从 2011 年开始，学生参加各级类型比赛 800 多人次，共取得省部级及以上一等奖 80 人次、二等奖 120 人次（图 5）。

图 5 学生参加比赛的获奖证书

学生连续 7 年获全国纺织面料设计比赛团体一等奖、连续 5 届获浙江省创新创业挑战杯团体特等奖和一等奖，2016 年、2018 年分别获全国挑战杯比赛特等奖和一等奖（图 6）。

获得第四届浙江省"互联网 +"大学生创新创业大赛金奖，是宁波高职院校取得的唯一金奖，获近千万融资。

图 6　学生获浙江省创新创业挑战杯团体特等奖和一等奖

4.2.3　学生就业率和用人单位满意度高

毕业生就业率始终保持在 98% 以上，用人单位满意度始终保持在 87% 以上。

4.3　纺织专业对地方产业的融合度、贡献度极大提升

依托产教融合机制和校企协同创新平台，围绕新型面料开发和纺织技术研发等方面，推动教师和学生开展科技协同创新和技术服务，促进科技成果转化应用，拓展职业培训和技能鉴定服务，提升对纺织行业的融合度、贡献度。

2019 年，课题经费到账 1088 万元，其中纵向项目到账经费 270 万元，横向项目到账经费 818 万元，相比上年增长幅度分别为 13.83%、53.28% 和 4.92%；社会培训 22956 人，技能鉴定 3055 人，对比上年分别增长 136.17%、117.86% 和 7.49%；社会培训收入 862.7 万元，较上一年度增加 370.81 万元，增长率 75.38%（图 7）。

主持建设的国家职业教育纺织品设计专业教学资源库，迄今企业注册用户数 1 万余人，总访问量超过 3100000 次，提供线上培训服务 50000 多人次，300 多家企业使用资源库资源开展有关培训。

2018 ~ 2019 年，协助企业成功申报高新技术企业 8 家，协助企业申报发明专利 108 项、实用新型专利 143 项、作品著作权 46 项；帮助雅戈尔集团股份有限公司申请到国家抗静电安全防护面料生产基地的资质、帮助宁波广源纺织品有限公司申请到中国针织新型面料研发基地，帮助合作企业获批国家级纺织服装创意设计试点园区（平台）、浙江省经济和信息化厅第三批服务型制造示范企业项目；校企合作项目"宁波市纺织服装云服务平台"获 2018 年浙江省行业云应用示范平台。

4.4　纺织专业在全国具有较强的影响力、辐射力

学校为"全国纺织行业人才建设示范院校""全国纺织行业金牌示范鉴定单位"，教育部纺织服装行指委现代纺织技术专业指导委员会主任单位，负责制定全国纺织品设计专业教学标准，连续 11 年被评为"全国纺织职业技能鉴定先进单位"，连续 7 年发布《宁波纺织服装产业发展报告》；连续 7 年被评为宁波市优秀产学研技术创新联盟；连续承办"一带一路"、中西时尚文化论坛；协助阿克苏

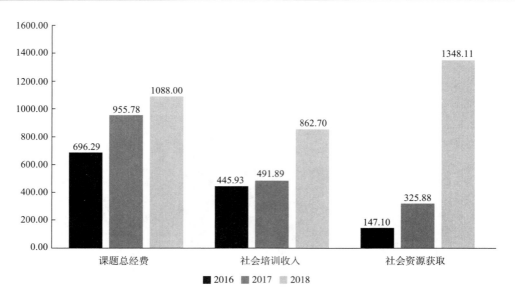

图 7　师生开展科技协同创新和技术服务科技成果转化效益

职业技术学院进行纺织专业建设，在校企合作、师资培养、实训基地建设、课程资源建设给予全方位的人力和智力指导。

4.5　具有可复制、推广应用价值，在社会上引起强烈反响

基于产教融合机制和校企协同的人才培养模式在全国、省内和宁波内进行深入交流和推广，受到同类院校和专家学者的高度评价，认为产教融合目标明确、路径清晰，针对性强，具有可复制、推广应用价值。先后接待 30 多家国内院校以及海外院校的参观交流，相关成果在《中国教育报》《浙江日报》《宁波日报》《宁波晚报》《东南商报》媒体报道。

在纺织专业的技能型人才培养、课程建设、教材建设等方面多次获宁波市教学奖、中国纺织工业联合会教学奖、浙江省教育成果奖、宁波市教育成果奖。

基于"工匠型"人才培养的纺织服装类专业现代学徒制模式的研究与实践

山东科技职业学院
鲁泰纺织股份有限公司

完成人及简况

姓名	性别	所在单位	党政职务	专业技术职称
王艳芳	女	山东科技职业学院	教学中心 教学改革科科长	副教授
丁文利	男	山东科技职业学院	党委副书记	教授
徐永红	女	山东科技职业学院	教学中心处长	副教授
杨慧慧	女	山东科技职业学院	研究人员	讲师
徐晓雁	女	山东科技职业学院	纺织服装系主任	副教授
李虹	女	山东科技职业学院	教师	讲师
于津华	女	山东科技职业学院	教学保障科科长	副教授
赵洪	女	鲁泰纺织股份有限公司	机关第二党支部书记	工程师

1 成果简介及主要解决的教学问题

1.1 成果简介

本成果以教育部首批现代学徒制试点单位建设项目为依托,通过现代学徒制模式的理论研究与实施,形成了系列研究成果和实战成果,为现代学徒制"工匠型"人才培养探索出一条可行之路。

1.2 主要解决的教学问题

1.2.1 创新性的开展理论研究,解决了现代学徒制模式在理论研究方面的不足

通过对现代学徒制模式的理论研究,创新提出新型师徒关系的构建策略,解决了现代学徒制背景下,师徒"带教"模式及师徒关系如何处理的问题。

1.2.2 创新实施现代学徒制特色的人才培养模式,解决了人才培养与岗位需求对接不够紧密的问题

以服装设计与工艺专业现代学徒制模式为引领,创新实施"校企融合,三段式能力提升"人才培养模式,构建起实施企业文化教育、基础技能与岗位认知、轮岗交替训练的实践教学体系,形成了学徒技能训练与理论学习融合衔接新模式,提升了岗位技能,实现了岗位成才。

1.2.3 校企深度融合,完善制度体系,解决了学徒培养过程中责任不清、制度不够完善的问题

学院与鲁泰纺织共同成立"鲁泰学院",校企共同制定人才培养、开发现代学徒制特色课程资源,形成了学徒岗位标准、出徒标准、师资遴选标准、成本分担等系列制度体系,并得以实施,确保了现代学徒制项目顺利实施。

2 成果解决教学问题的方法

2.1 创新机制，搭建平台，完善协同育人体制

图 1 组建现代学徒制特色鲁泰学院

学院遴选鲁泰纺织股份有限公司作为现代学徒制试点的合作企业。一是改企业为上市公司，拥有充足的教育教学资源；二是企业生产设备设施与技术工艺水平高，三是企业文化先进，乐于承担社会责任。组建"现代学徒制特色鲁泰学院"，整合资源，形成企业与学院联合开展现代学徒制的长效机制（图 1）。

2.2 制度先行，规范引路，完善人才培养制度和标准体系

出台《山东科技职业学院现代学徒制试点工作实施方案》《现代学徒制企业遴选标准》《现代学徒制师傅遴选标准》等系列管理制度，系部根据专业特点，建立起适合校、企、学生的一系列管理制度，逐步完善现代学徒制制度和标准体系，推进专兼结合、校企互聘的"双导师"师资队伍建设，建立健全现代学徒制的支持政策和配套措施，逐步形成了政府指导、行业参与、企业和职业院校双主体育人的现代学徒制人才培养新机制。

2.3 立德树人，岗位成才，创新实施现代学徒制特色人才培养模式

坚持立德树人、德技并修育人理念，优化知识传授、技能训练、创新实践、素质养成、价值积累"五位一体"人才培养体系，创新实施"产学研结合，职场化育人"现代学徒制特色人才培养模式，提升技术技能人才培养质量。

2.4 互聘共享，共同培养，打造高水平"双师型"师资队伍

校企构建了现代学徒制双导师培训师体系，形成校企互聘共用的管理机制。建立健全双导师选拔、培养、考核、激励制度，共同打造了一支适应学徒制要求的双师型专业教学团队。

2.5 试点领航，逐步推广，构建起国家、省、校三级体系

按照"试点前行、逐步推广"的原则，学院全面推进现代学徒制模式，建成现代学徒制特色学院 2 个，形成现代学徒制国家、省和学校三级试点体系。

2.6 把握内涵，强化管理，形成山科特色现代学徒制管理模式

实施现代学徒制教学管理常态化，利用教学例会、教研活动等，加强研究与实施管理；实施年报年检制度和校内自评验收工作，强化现代学徒制内涵建设、过程管理，逐步形成了山科特色的现代学徒制管理模式。

3 成果的创新点

3.1 创新性开展理论研究，为现代学徒制人才培养模式实施奠定了理论依据

通过对现代学徒制模式的理论研究，创新提出新型师徒关系的构建策略，为现代学徒制背景下，师徒"带教"模式及师徒关系如何处理提供了理论借鉴。

3.2 创新构建基于职业能力的学徒评价体系，促进师徒形成学习共同体

根据现代学徒制新型师徒关系对徒弟的要求，构建以职业能力为核心的评价体系，从培养就业能力和促进全面发展两个维度，构建基于层次分析法的徒弟评价体系，引导学生尊师重教，学习职业技能，培养职业素养，师徒形成互相促进、共同进步的学习共同体。

3.3 创新实践了新型师徒关系的构建，显著提升现代学徒制人才培养质量

以服装设计与工艺教育部现代学徒制试点专业为依托，创新实践新型师徒关系，通过制定企业师傅遴选标准、签署师徒协议、实施师傅带徒弟实战、建立健全出徒标准、制订运行机制等举措，培养学徒成长为企业满意的"工匠型"技术技能人才。

4　成果的推广应用情况

现代学徒制项目试点实施以来，学院开展相关理论研究，以服装设计与工艺现代学徒制项目实施为引领，探索研究与实施"工匠型"技术技能人才培养的途径，以服务发展、就业导向、岗位培养，深化产教融合、校企合作机制，按照试点工作方案扎实推进现代学徒制各项工作，开展校企协同育人、具有现代学徒制特色的人才培养模式创新实践等富有成效的探索与实践，制定了《山东科技职业学院现代学徒制试点项目管理办法（试行）》《山东科技职业学院现代学徒制试点项目建设资金使用管理办法》等系列制度，有序推进现代学徒制各项任务建设，逐步形成了具有山科特色的现代学徒制模式。

4.1 理论研究成果，为全面推进现代学徒制实施提供指导

现代学徒制项目研究中心，在现代学徒制理论研究、引导学徒制项目实施研究，加强对校企双方在校企协同育人机制建设、招生招工一体化、人才培养制度和标准、校企互聘共用师资团队建设和体现现代学徒制特点的管理制度等方面开展了深入研究，近几年共获得省级立项6项，论文8篇。其中《职业教育现代学徒制师徒关系研究与构建》课题获2017年度山东省职业教育教学改革研究立项重点资助项目；《西方现代学徒制研究及我国高职教育领域试点的理论探索与实践》课题获2016年"纺织之光"中国纺织工业联合会职业教育教学改革项目立项；发表论文《发挥企业主体教育功能，推进现代学徒制改革试点》和《职业院校现代学徒制背景下新型师徒关系的研究》课题，获2018年全国教育科学规划课题立项研究，目前已出版专著，为现代学徒制项目实施提供了借鉴和指导。

4.2 辐射带动其他兄弟院校进行现代学徒制项目的研究与实施

2017年，省现代学徒制会议上，学院就现代学徒制模式的研究与实施方面，做了典型发言，并与参会院校进行了经验交流。东营职业学院、山东交通职业学院等几十所院校到我院交流学习。2018年1月，全国现代学徒制工作专家指导委员会主任、广东建设职业技术学院院长赵鹏飞教授来我院调研学徒制项目实施，对我院现代学徒制实施的特色进行了充分肯定和赞赏。

以服装设计与工艺专业为引领的现代学徒制人才培养模式的研究与实施，在全院得以推广，并取得显著效果。学院计算机应用技术（联想IT服务管理）专业创新实施"2345"现代学徒制人才培养模式。通过深化"校企双元、项目载体"人才培养模式，引入企业真实项目到学院，企业工程师与学院教师、在校学生共同完成项目开发，进而转化为教学项目，实施项目化教学，强化综合实训教学环节，保证了教学理论与实践有机融合，合力打造"T型"发展型、复合型、创新型技术技能人才。"2345"现代学徒制人才培养模式被遴选为2016年校长联席会典型案例（中国高职高专教育网 全国高职高专校长联席会议）。

4.3 "工匠型"技术技能人才培养质量显著提高

通过实施现代学徒制，学徒到企业阶段性的轮岗学习，接近未来工作的需要，较早地接近新技术、新技能，推动了自身学生身份的快速转变，时时刻刻都能以双重身份（学生、"准工人"）来严格要求自己，使技术及技能尽快适应企业岗位的要求。学生证书通过率和核心技能明显提升。

4.3.1 现代学徒制试点，学徒成为企业满意的"匠人"

通过学徒制试点合作企业调研，企业对学徒的思想道德素质、职业道德、工作态度、动手操作能力、学习和创新能力、团队协作能力、人际沟通能力、组织管理能力、后期发展潜力的平均满意度达到98.25%。

4.3.2 学生的技术技能水平得到显著提升

试点专业学生获得省赛一等奖一项，二等奖一项，三等奖一项。在2017年全国职业院校技能大赛中，我院服装设计与工艺专业学徒制学生，获得2个国赛一等奖。

项目研究成果通过在山东信息职业学院、平阴县职教中心、东营职业学院等应用证明，该成果现代学徒制专业人才培养中具有重大的推广价值。

育训结合，精准对接，高职服装专业培训定制模式构建与实践

陕西工业职业技术学院

完成人及简况

姓名	性别	所在单位	党政职务	专业技术职称
袁丰华	女	陕西工业职业技术学院	教研室主任	副教授
钱建忠	男	陕西工业职业技术学院	继续教育与培训学院研究人员	讲师
贾格维	女	陕西工业职业技术学院	化工与纺织服装学院院长	教授
乌军锋	男	陕西工业职业技术学院	继续教育与培训学院院长	副教授
钟敏维	女	陕西工业职业技术学院	无	讲师
李仲伟	男	陕西工业职业技术学院	无	副教授
杨华	女	陕西工业职业技术学院	教研室主任	副教授
李力	男	陕西工业职业技术学院	培训科科长	四级警长
张雅娜	女	陕西工业职业技术学院	无	副教授
杨玫	女	陕西工业职业技术学院	无	副教授

1 成果简介及主要解决的教学问题

1.1 成果简介

社会培训是培养社会主义劳动者的必要形式、是高职院校服务社会经济发展、助力产业升级的重要职责。服装专业基于中央财政支持实训中心、教育部现在学徒制试点、省级重点专业等六大项目支持下，自2010年起开展社会培训21期，针对培训内容与岗位需求对接薄弱、课程设置缺乏产业引领、培训成效缺乏有效后续支持等问题，经过10年探索与实践，形成了育训结合，精准对接，持续效力的社会培训定制模式，提高了培训质量，树立了良好的培训品牌，亦极大地促进了专业建设与学历教育人才培养。成果具体如下：

（1）确立社会培训人才定位为"懂技术、能沟通、会管理、善经营"的技术型管理人才。举办社会培训人数达52000，为陕西服装企业培训生产技术干部650人。

（2）搭建了"双主体、四联动、五对接"的培训平台。培训案例成功入选2018年《陕西省高等职业教育质量年度报告》，为学院获得教育部"社会服务贡献50强"提供了有力支撑。

（3）创建了产业引领，需求为导向的"三模块、五项目、六递进"培训定制方案，建立了对应的课程体系。制定《陕西省服装企业职工技术与管理业务培训教学及竞赛标准》成为陕西省纺织服装行业标准。

（4）形成了完善的培训评价体系，探索出"受训—适岗—参赛—施教—选拔"的人才长效培育机制，持续推进培训学员成长。20余名优秀学员成长为生产科长及技术主管。

（5）形成了育训结合"学历教育与社会培训"融通共建机制。学生在国际、国内技能大赛获奖22

项，获得省级"互联网+"创新创业大赛奖项 4 项。

1.2 主要解决的教学问题

（1）培训定位不够准确，培训目标与企业提档升级和发展引领的需求匹配度不够，缺乏有效协作的培训平台。

（2）培训内容与岗位需求、课程设置与产业发展对接薄弱，缺乏精准对接的培训方案。

（3）培训评价体系不完善，培训成效缺乏后续支持。

2 成果解决教学问题的方法

（1）确立服装专业社会培训人才定位为"懂技术、能沟通、会管理、善经营"的技术型管理人才，搭建了"双主体、四联动、五对接"培训平台，有效解决了培训定位不够准确，培训目标与企业提档升级和发展引领的需求匹配度不够的问题。通过双方深入合作，共建机构、共定方案、共同管理、共同评价全程协作参与培训，遵循"培训目标与企业需求""培训课程与岗位要求""教学内容与产业发展""教师团队与职业培训师""实训基地与职场实境"五对接指导思想，搭建培训平台，确保培训定位与企业需求吻合，满足企业提档升级需求。

（2）设计出产业引领，需求导向的"三模块、五项目、六递进"培训定制方案，有效解决了培训内容与岗位需求、课程设置与产业发展对接薄弱的问题。对接产业发展企业需求，搭建了由"专业基础课程、岗位能力课程、产业创新课程"组成的模块化课程体系，调研总结出企业各种典型的需求方向，建成岗位及创新课程定制库。企业按照自身需求从中挑选课程形成个性化教学计划；设置了思政育人（必选）、前沿讲座、企业调研、职业考证、拓展训练五个备选培训项目，按照各企业培训价值目标、学情等挑选培训项目，形成培训项目计划，最终构成精准对接的培训定制方案。

（3）完善培训评价体系，校企共创"受训—适岗—参赛—施教—选拔"的人才长效培育机制，有效解决了培训评价体系不完善，培训成效缺乏有效的后续支持的问题。在"训前、训中、训后"三个阶段，以"行业、企业、学校、学员"四方面作为评价主体，针对"方案、课程、项目、教学、管理"五个方面按照对应标准开展培训评价，形成完善评价体系；校企双方共创"受训—适岗—参赛—施教—选拔"的人才长效培育机制，对学员持续培养，推进成长。

3 成果的创新点

3.1 创建了"双主体、四联动、五对接"培训平台

通过双主体共建机构，共定方案，共同管理，共同评价参与整个培训的新模式；遵循"培训目标与企业需求""培训课程与岗位要求""教学内容与产业发展""培训师资与技艺工匠""实训基地与职场实境"五对接的新思路搭建培训平台，实现培训目标与需求精准对接，保障培训良好成效。

3.2 设计出产业引领，需求为导向的"三模块、五项目、六递进"培训定制方案

课程体系的构建及项目的设计是培训目标达成的关键。本成果从提升能力、精准对接岗位要求，面向产业升级出发，构建了"专业基础、岗位能力、产业创新"课程组成的模块化课程体系，建立了岗位、产业创新备选培训课程库，设置了思政实践（必选）、前沿讲座、企业调研等五个备选培训项目，企业按需挑选课程与项目，并按照"专业认知—标准搭建—能力训练—岗位培养—素质提升—创新拓展"六级递进组织培训过程，形成个性化培训定制方案，现已积累了服装技术与管理业务（益秦集团）、服装制板技术（雅尔艾集团）等六个典型培训定制案例。

3.3 校企协同设立"受训—适岗—参赛—施教—选拔"一条龙的人才长效培育机制

人才发展需要专业化与可持续性，针对培训学员，校企协同实施"受训—适岗—参赛—施教—选拔"

一条龙的人才长效培育机制,多元历练学员,推进成长,保证了培训的延续性、有效性。

4 成果的推广应用情况

该成果自 2016 年 5 月进入推广应用阶段。成果的实践应用,提高了培训质量,树立了良好的社会培训品牌,在企业内部不断推广延续;同时,推动了专业建设、提升了专业综合实力、人才培养质量明显提高;助力服务一带一路,国际合作中取得了显著成果;应用于中职师资培训及大赛指导,并受到兄弟院校广泛关注、不断推广和借鉴。

4.1 提高了培训质量,树立了良好的社会培训品牌

培训定制模式的实践应用,保证了培训内容与岗位需求的精准对接、课程与教学紧贴产业升级技术发展。2016 年起服装专业先后为杜克普、雅尔艾、陕西益秦集团公司累计开展社会培训 10 期,响应"陕西省农民工学历与能力提升计划——求学圆梦行动",为合阳农技中心举办农民工培训。从原来年平均培训人数 2030,现上升至年平均培训人数 13000。培训学员学以致用,为企业提档升级做出突出贡献,据陕西益秦集团 2019 年第三季度产品质量数据报告显示产品不合格率降低 20%,受到企业报道 10 余次;同时,成果不断辐射,我院连续接到省外监狱管理局抛出的橄榄枝。由于培训取得的突出成绩,2018 年"益秦集团技术与管理培训"案例成功入选《陕西省高等职业教育教育质量年度报告》,为学院获得"高职院校服务贡献 50 强"提供了有力支撑。同时,成果不断向行业推广,制定的四项《陕西省服装企业职工技术与管理业务培训教学及竞赛标准》成为陕西省纺织服装行业标准,学院被陕西省服装行业协会授予校企合作产学研结合先进单位。

4.2 在企业内部深入推广,培训效果不断延续

培训成果在陕西益秦集团内部不断辐射,未管所、秦星服装厂等 12 家企业举办内训班,由我院培训班学员全面担当教员进行专业授课,累计 1600 课时,并编写了《服装加工》培训教材。 益秦集团 2016 ~ 2019 年连续三年举办全省监狱系统服刑人员技能比武,2019 年双方协同举办了首届全省监狱系统监察劳动改造管理技能大比武,邀请我院专业教师制定比赛方案、担当评委。同时企业制定提拔奖励机制,20 余名在培训和大赛中能力突出的学生提拔为生产科长及技术主管。

4.3 应用于中职师资培训及大赛指导,取得良好效果,并被兄弟院校借鉴推广

我院举办陕西省中职师资培训两次,为陕西凤翔职教中心等进行中职技能大赛学生培训 12 次,为陕西蒲城职教中心等进行专题讲座 5 次。成果应用在师资培训教学、大赛指导中取得了良好效果,并在盐城职院等兄弟院校及中职院校的教学与培训中推广借鉴。

4.4 反哺专业教学,人才培养质量明显提高,助力服务一带一路,国际合作成果显著

搭建"学历教育与社会培训"融通共建机制,极大推进了我院服装专业课程体系、教学资源、师资团队、实训条件的建设与发展,有效促进了人才培养质量的提高。毕业生双证率 100%,一次性就业率连续四年 98.3%,企业评价优秀率连年上升;毕业生遍及全国各地,近三年有 32 位学生就职于定制工作室及智能化高端核心技术岗位。近四年学生在国际、国内技能大赛获奖 22 项,等级及数量名列全省同列第一;创新项目获得省"互联网 +"创新创业大赛奖项 4 项,参与院级创新项目 30 项;参加企业技术服务 21 项,参与学生 180 人次。培训模式对接"一带一路"需求,整合课程体系、发挥共建实训平台的文化特色,培养俄罗斯留学生 6 名、其中 1 名学生申请我院三年制大专学历教育。

4.5 专业综合实力稳步提升,主流媒体持续关注

成果的实施促进了专业综合实力的提升,期间完成了教育部"现代学徒制试点专业";二级学院成为教育部"混合所有制试点学院"、教育厅"创新创业改革试点学院";创建了省级非遗传承人"计清大师工作室";建成国家资源库课程 1 门,出版教材 10 余本;形成教学成果获中国纺织工业联合会

一等奖1项、二等奖2项；服装实训基地被中国纺织工业联合会联合授予"中国纺织服装人才培养基地"。随着服装专业育人质量、国际影响力及社会服务能力不断提升，得到社会媒体广泛关注，被中国纺织报、服装时报、腾讯网、中国大学生在线、中国服装网等12家网络媒体报道30次。

"项目引领，平台支撑，双核驱动"时尚设计类人才培养的探索与实践

常州纺织服装职业技术学院
安正时尚集团股份有限公司

完成人及简况

姓名	性别	所在单位	党政职务	专业技术职称
卞颖星	女	常州纺织服装职业技术学院	无	副教授
马德东	男	常州纺织服装职业技术学院	无	讲师
李蔚	女	常州纺织服装职业技术学院	无	讲师
王淑华	女	常州纺织服装职业技术学院	无	副教授
庄立新	男	常州纺织服装职业技术学院	无	教授
吴峥	女	安正时尚集团股份有限公司	无	设计总监

1 成果简介及主要解决的教学问题

1.1 成果简介

成果聚焦时尚设计类专业（以江苏高校品牌专业服装与服饰设计专业为例）教学内容与岗位需求脱节、教学条件与工作岗位新要求脱节、师资与信息技术及产业发展要求脱节等问题，依托中央财政重点建设专业和江苏高校品牌专业建设、在线开放课程建设等项目进行探索实践。成果核心内容包括：

（1）项目引领：立足岗位能力和职业技能要求分析，完善品牌专业核心课程开发闭环系统（图1），重构核心课程标准及其内容体系。

（2）平台支撑：以企业课堂、学校课堂、工作室、新媒体为教学实施支撑平台。

（3）双核驱动：以师资队伍的双师建设、信息化能力建设为核心，促进人才培养质量的提升。

成果应用：建成以1门国家精品在线开放课程和国家级教学能力比赛一等奖为代表的62项省级以上标志性成果；校内5000余学生获益，孵化创业项目20余项，校外在中国大学慕课平台建成国家级和省级在线开放课程4门，全国学习人数达3万余人，涉及北京师范大学、厦门大学、上海交通大学等院校80余所；在省内外各类会议中作成果报告，100多家高校和企业聆听，40多所院校前来交流学习；社会服务一年对外培训300人次。

1.2 主要解决的教学问题

（1）解决了服装产业升级后，教学内容与岗位需求脱节的问题。

（2）解决了服装产业技术更新后，教学条件与工作岗位新要求脱节的问题。

（3）解决了师资能力与产业及信息技术发展新要求脱节的问题。

2 成果解决教学问题的方法

（1）以信息技术为手段，持续开发开放式项目化核心课程，构建核心课程局部翻转课堂的"FFN"

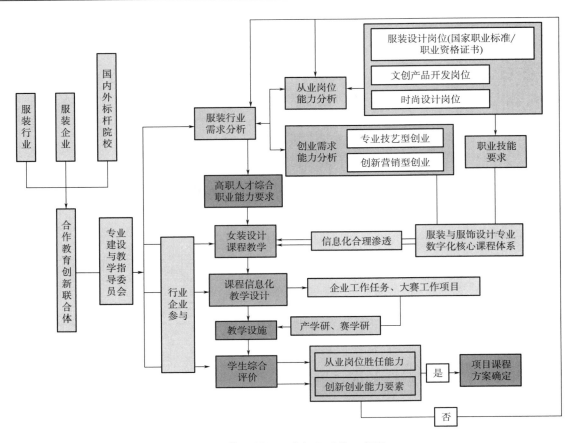

图 1　核心课程开发闭环系统示意图

教学模式（图 2），将项目化课程建设理念与信息化翻转式课堂教学理念相融合，构建了由 5（Five）种教学组织形式，4（Four）类学习时空，9（Nine）步教学法组成的 "FFN" 式教学模式。在项目任务实施过程中，以企业课堂、学校课堂、工作室、新媒体为教学实施平台，更新课程教学手段，丰富教学平台资源，改善教学方式，整合教学组织形式，重构核心课程内容标准体系，提升学生自主学习意识与学习效果，使学生职业能力与岗位要求的契合度明显增加。

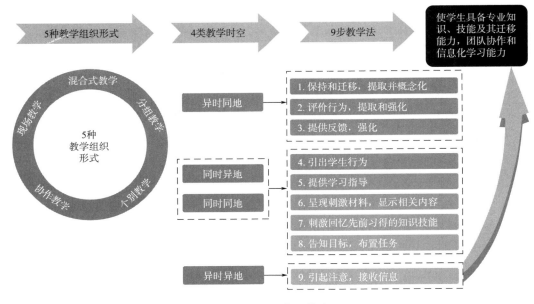

图 2　"FFN" 教学模式图

（2）基于开放式项目化核心课程的开发，配套建成产教融合时尚服饰交互工作室群（图3）"纺织服装智创实训平台"建成江苏省产教融合实训平台，女装设计工作室被评为2016年江苏省十大服装设计机构；优化和新增企业校外实训基地3个，新增校内工作室1个，服饰品设计工作室、原创手工皮具工作室，建成学院文化展示中心工作室项目。以此为基础搭建符合专业培养目标的产教融合视域下的时尚服饰交互工作室群。

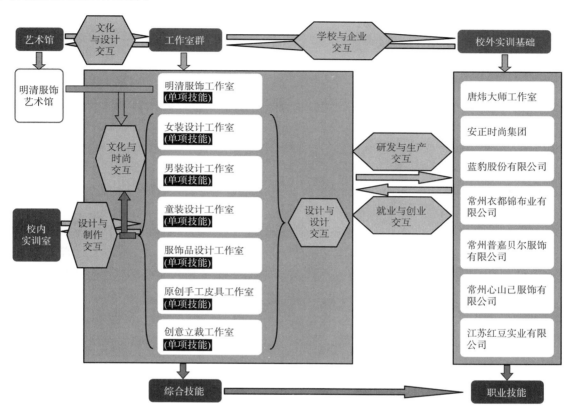

图3　产教融合时尚服饰交互工作室群

（3）建设混编制"时尚数字化"师资团队，用以解决师资能力与产业及信息技术发展新要求脱节的问题。2013年派出12名专业教师赴英国伦敦时装学院研修，2016年派出14名专业教师赴应该中央圣马丁艺术与设计学院（世界四大时装院校之首）研修，2011年来派出教师参加信息化相关教学培训约100人次，与企业制定和落实五年工作室导师培养规划，2011年以来教师获得相关省级及以上成果和奖励25项，企业的实训指导教师比例达35%，双师素质实训教师比例达100%。

3　成果的创新点

3.1　理念层面：提出"项目引领，平台支撑，双核驱动"时尚设计类专业人才培养理念

以学习成果为导向，通过分析服装产业升级后新岗位新需求，适应信息技术发展，设计项目课程开发体系图，重组教学平台和资源，优化教学设计，建设师资团队，提高了教学平台资源的利用率，形成基于"项目引领，平台支撑，双核驱动"的时尚设计类专业人才培养经验和模式。

3.2　路径层面：课程升级开发与工作室升级开发同步配套

联合企业开发课程及工作室，规划课程对应工作室、校外实训基地等，搭建以企业项目为载体的时尚交互工作室群，创设重构"产、教、学、研、传、创"的创客空间。课程与工作室群相辅相成、互为补充，课程奠定基础，工作室创新实践构建学生个性化知识技能体系，为现代学徒制"三创"人

才培养提供有力支撑。

3.3 实施层面：涌现出一批特色鲜明的信息化教学师资

从以下教学成果可以看出来师资之强。成果主要完成人主持国家精品在线开放课程 1 门，获国家级教师教学能力比赛一等奖，主持江苏省在线开放课程 3 门，获江苏省信息化教学大赛一等奖 2 项，二等奖 1 项，三等奖 1 项，获江苏高校微课教学比赛一等奖 3 项，二等奖 3 项，三等奖 1 项，主编江苏高校"十三五"重点教材 1 本。专业教师获信息和设计等比赛奖项 60 余项。促进师资能力的匹配发展。

4 成果的推广应用情况

4.1 人才培养质量显著提升

本校 5000 余学生获益。2012 年以来，学生获全国职业院校技能大赛一等奖 4 名，二等奖 4 名，获江苏省职业院校技能大赛一等奖 1 名，二等奖 10 名，三等奖 7 名，孵化创新创业项目 20 余项，孵化创业团队不少于 4 个。

近年来越来越多的大型企业主动寻求与本专业的合作，如 2018 年蓝豹服饰股份有限公司前来洽谈开设订单班相关合作事项。

4.2 校内推广

以核心课程持续建设成果为支撑，将服装与服饰设计专业建成江苏高校品牌专业；申报立项江苏省"纺织服装智创实训平台""纺织服装数字创意公共技术集成平台"；获江苏省教育厅教学成果奖 3 项；获得中国纺织工业联合会、中国纺织工业协会等教学成果 4 项；获全国纺织服装职业教育教学指导委员会教学改革优秀案例一等奖；带动服装设计与工艺专业成为江苏省骨干专业。

4.3 省内外推广

主持人在全国纺织服装职业教育教学指导委员会，全国鞋服饰品及箱包专业指导委员会等会议上作成果报告，累计 100 多家高校和企业聆听，40 多所省内外兄弟院校前来交流学习。

女装设计、服装立体裁剪、服装画技法等核心课程在中国大学慕课平台开课，面向全国，学习人数 3 万余人，涉及厦门大学、北京师范大学、上海交通大学等。

4.4 社会应用

核心课程开发成果不断向社会服务输出，面向江苏省方圆集团、安徽省皖中集团、贵州黔新集团等各省份相关集团开展《服装技术与管理》项目培训教学，年对外培训 300 人次，成效显著。

高职院校现代纺织机电一体化专业群"四合贯通"构建模式及实践

盐城工业职业技术学院

江苏新盐纺集团有限公司

盐城市自动化学会

完成人及简况

姓名	性别	所在单位	党政职务	专业技术职称
顾琪	男	盐城工业职业技术学院	机电工程学院副院长	高级技师
姚月琴	女	盐城工业职业技术学院	机电工程学院院长	教授
董荣伟	男	盐城工业职业技术学院	机电工程学院教学秘书	讲师
王影星	女	盐城工业职业技术学院	无	讲师
秦晓	女	盐城工业职业技术学院	纺织学院副院长	副教授
王玉世	男	江苏新盐纺集团有限公司	无	高级工程师

1 成果简介及主要解决的教学问题

1.1 成果简介

学校落实重点专业建设，主动适应国家和地方经济社会发展需求战略，依托江苏省"十二五"重点专业群建设项目（2012 年立项，2016 年验收），坚持"服务为本、内涵建设、示范效应"原则，以多样化、多类型、紧缺人才培养为目标，破解专业群与产业脱节、共享度不高、教学教育理念滞后、师资能力不足、质量评价不科学等难题，修订人才培养方案、构建课程体系、打造教练型团队、深化教学综合改革、共建生产性实训基地，服务区域经济转型升级，全面提高专业建设综合竞争力。

"四合贯通"（"四合"即产教融合、校企合作、工学结合、行知合一）既是高水平职业教育的实现路径，也是职业教育服务经济高质量发展的必然要求。"四合贯通"模式下的纺织机电一体化专业群建设模型（图1）。

将"四合"贯穿于整个专业（群）建设任务，同时又各有侧重，彰显特色。成果涵盖七个方面：

（1）更新教育理念，创建"四合贯通"专业群构建模式。

（2）健全"双主体，四融合"育人机制，调整专业与产业发展对接，助推产教深度融合。

（3）实施岗位或职业标准与课程内容的对接，共建"1 基 +2 核 +N 岗位"双融双创课程体系，促进校企共赢合作。

（4）实施基于"工作过程"的项目化教学，推动工学结合有效改革。

（5）优化过程性考核体系，实现行知合一的科学评价。

（6）搭建名企合作平台，促进实训基地集成集约共享建设。

（7）引进企业专家，打造专兼跨界教练型团队。

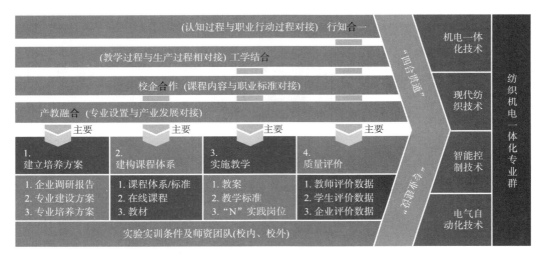

图 1　"四合贯通"模式下的纺织机电一体化专业群建设模型

经过 7 年建设探索与实践，获"四合"相关国家级专业质量工程项目 4 项，省部级 21 项，教学研究与教学成果 15 项；校企合作共同开发课程 7 门，教材 5 部；被教育部认定自动控制类双师培养培训基地 1 个，协同创新中心 1 个，"江苏省高职院校工程技术研究开发中心" 1 个；大学生创新创业项目 28 项；对口支援陕西铜川职业技术学院专业建设交流 2 人；为地方职业学校提高专业建设指导 30 余次，为企业培训 3000 余人次，横向服务项目 58 项。

1.2　主要解决的教学问题

（1）解决人才培养与人才需求相脱节问题。

（2）解决专业群课程体系共享度不高问题。

（3）解决师资力量及实训条件不足问题。

2　成果解决教学问题的方法

2.1　解决人才培养与人才需求相脱节问题

面向智能制造行业，以技术链为主线，建立以机电一体化技术专业为核心，集数字化设计、自动化控制、智能生产制造、信息服务为节点的纺织机电一体化专业群构架（图 2）。

依据学校《进一步推动校企深度合作的实施办法（试行）》等组织制度，面向智能终端企业集群，联合政府，牵手江动集团，以群建院，成立建湖智能制造学院、江动机电学院，建设"企业工作站""企业教学车间"，共同开展"技能学徒""园区订单培养"等教学模式，助推产教合作"双主体"做实。共建导师制双师型教学团队，共同制定人才培养方案、开发教学资源、共建生产性实训基地等，推动"双主体，五融合"人才培养路径，该研究获 2015 年江苏省十二规划课题立项，并获中纺联教学成果奖三等奖。

2.2　解决专业群课程体系共享度不高的问题

依据职业能力培养要求，以企业的岗位（群）典型工作任务为项目载体，按学生职业意向和学生学习基础，构建"1 基 +2 核 +N 岗位"基础共享、核心共融、拓展互选的专业群课程体系（图 3）。以国家资源库为平台，共建校级群平台资源库，以产品或真实场景为载体建设"课证融合、赛教结合、企业培训"等特色资源库。

2.3　解决师资力量及实训条件不足问题

引进专业群紧密合作企业，在校建立"技能大师工作室""企业一体化教室""资助实训室"等，在企业开发设立真实性实训实习岗位课程，升级打造校内校外现代制造基础实训基地群；利用远程技术与国家智能终端产业园、盐城东山精密共建工业 4.0 智能工厂虚实结合实训中心，共建技能鉴定和省

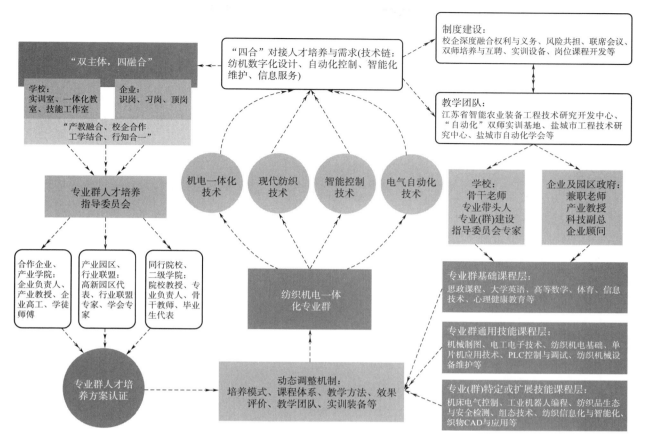

图2　"四合贯通"纺织机电一体化专业群构架

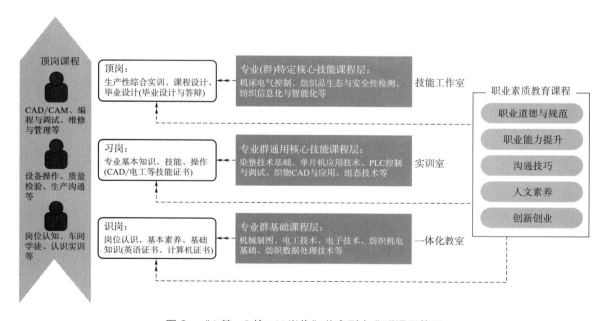

图3　"1基+2核+N岗位"共享型专业群课程体系

级自动控制类双师型培养培训基地；校企共建"教师实践工作站"互聘产业教授、兼职教师、企业顾问、专业指导委员会等，实现"产、学、研、培、创"校企深度融合。

本成果自2012年立项，2016年验收结题，至今历经7年时间检验，分别在机电一体化技术等6个专业探索和实践，惠及约 1.5 万学生。

3 成果的创新点

3.1 "四合贯通"创建专业群建设新模式

借鉴基于工作过程开发系统化课程范式下的专业建设模型，将建设任务与模式进行重新组合，构建理论模型，为专业建设提供指导。"四合"模式协同共生，在系统模型中各具重要位置：产教融合定方案，校企合作建课程，工学结合搞教学，行知合一检质量，"四合"相依建资源。

3.2 "引聘培"优化双师型师资队伍新结构

依托省工程技术研发开发中心，聘请制造行业技术专家，成立严晓琳、施泽华等产业教授工作室，促进专业群在航空领域和智能农业装备领域中的拓展；建立校企互聘制度，聘请企业高级工程师担任专业群负责人，定期开展专业建设研讨实践活动，推动校企"八共同"深度合作，提高专业带头人的专业建设能力。开展教师下企业"六个一"活动，柔性引进技能大师，实施师徒结对，共同进行技术攻关、设备改造、实践指导等项目，培养骨干专业教师的技术服务创新实践能力。

3.3 "三类课堂，四级递进"实施工学结合新路径

坚持双主体协同育人，实施"工学交替专业课堂、专业社团创新课堂、社会实践生活课堂"，根据订单班人才培养方案分段进行适岗、习岗、顶岗的工学交替任务，培养学生职业素养和实践动手能力。以班建团，成立双导师制专业社团，创建四级创新能力训练平台，以赛促学，培养学生创新能力。

4 成果的推广应用情况

4.1 为职业院校专业群建设提供构建范式

项目实施以来，我校以学校悦达学院运行机制为基础，共同推进校企"双主体"育人，实施技能学徒教学模式，开展技能菜单人才培养模式研究，以"四合贯通"专业群建设理念建设纺织机电一体化专业群。莅临学校学习专业群建设相关主题经验的高校近 30 所，在国内会议或相关高校介绍相关经验 10 余次。

4.2 为区域产业转型升级提供智人才支撑

与盐城新盐纺集团有限公司等行业龙头企业建立全面合作关系，每年学校输送技术人才 40 名，与苏州佳仕达合作"订单班"近 200 人；2013 年至今为盐城智能终端产业园等 200 余家企业提供技术服务，培训员工达 4000 名；2018 年联合 20 多家企业，牵头组建盐城市人工智能协会，学校获"江苏省高校毕业生就业工作先进集体"。

4.3 为相关专业（群）发展提供集群效应

2012 年获中央财政支持的高等职业教育机电一体化技术实训基地。

2017 年获江苏省骨干专业：机电一体化技术。

2018 年江苏省成人教育重点专业：汽车技术服务与营销。

2019 年被教育部认定骨干专业：机电一体化技术。

2019 年江苏省成人教育重点专业：机电一体化技术。

4.4 为专业（群）师资队伍构建提供新模式

2012～2019 年团队获江苏省"青蓝工程"优秀青年骨干教师培养对象 5 人，学术带头人 2 人，江苏省"333 人才培养工程"第三层次入选 1 人，江苏省产业教授 3 人，江苏省"科技副总"9 人，国外知名大学访问学者 6 名，以纺织机电一体化专业群为基础建设的"自动化类'双师型'教师培养培训基地"被教育部认定为"双师型"教师培养培训基地。

近 3 年来，专业群教师在全国职业技能大赛、江苏省职业院校技能大赛、江苏省教师教学能力大

赛等多个赛项中获奖，同时共承担企业横向课题 30 余项，资金到账 160 余万元，产生经济效益近 700 万元；申请并授权国家发明专利 30 余项。

4.5　为"一带一路"国际交流提供新途径

策应国家"一带一路"倡议，近两年来与乌克兰、哈萨克斯坦、塔吉克斯坦等国家共同申报国际化项目 27 项，联合培养博士研究生 7 名，开展双语课程 5 门，当前在校国际交流学生 300 多名。

以技能竞赛引领高职服装设计与工艺专业人才培养模式创新的研究与实践

山东科技职业学院

完成人及简况

姓名	性别	所在单位	党政职务	专业技术职称
田金枝	女	山东科技职业学院	无	讲师、高级技师
徐晓雁	女	山东科技职业学院	纺织服装系主任、党总支副书记	副教授
王兆红	女	山东科技职业学院	无	副教授
刘蕾	女	山东科技职业学院	专业主任	讲师、高级技师
李公科	男	山东科技职业学院	专业主任	讲师
孙金平	女	山东科技职业学院	无	副教授
吴玉娥	女	山东科技职业学院	专业主任	讲师、高级技师

1 成果简介及主要解决的教学问题

1.1 成果简介

山东科技职业学院服装设计与工艺专业在技能竞赛的引领下，构建了人才培养和创新机制，人才培养质量得到了显著提升。提出了以"交互式教育"为特征的、基于全面训练和提升学生实践能力为目标的创新人才培养1-3-6模式，即1目标，3要素，6措施，1目标是以培养服装设计与工艺专业创新人才为目标；3要素是创新人才要具备的基本素质即：培养创新能力，提高创新意识，开拓创新视野；6措施一是"技能竞赛联动式"，以大赛作品成果转化带动校企合作，以竞赛模式与要求带教学，实施"跟单"培养，助推服装产业的技术提升；二是"订单融入式"，融入企业真实职业环境，"订单"培养，零距离培养服装行业高素质应用人才；三是"技能合作式"，与国有企业强强联合，组建校企合作学院，打造贴近服装业人才需求的专业品牌；四是"校企融合式"。校企全方位深度融合，联合培养服装设计与工艺专业人才与产业发展同步提升；五是"借势发力式"。引进技能竞赛标准、技术与设备，校企共建行业性工作室，校内教学与社会培训并举，创新性实施"五步实训法"，支撑了五种能力的培养；六是"赛、课、证"互联式。即技能竞赛与课程、考证融合互联，将参赛组织、选手培训、参赛作品培育考证等与教学实训任务紧密结合。"交互式教育"指各个教学模式中每个要素多层次多角度全方位的结合。成果具有模式多样、涵盖面广、可操作性强、可推广的显著特点（图1）。

1.2 主要解决的教学问题

（1）解决了技能竞赛与教学内容不能有效对接，职场化育人效率不高，目标不明确功能模糊的问题。

（2）解决了校企合作松散式、浅层化，校内生产性实训基地建设设备滞后的问题。

（3）解决了学生高端技能培养运行机制不健全，"双师"教学团队的运作低效的问题。

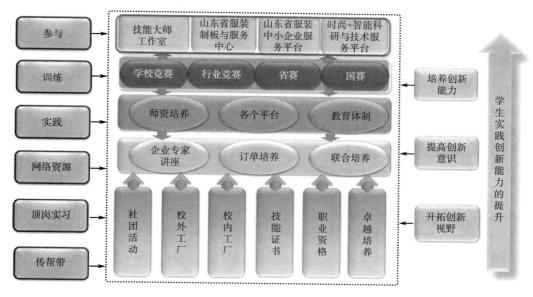

图1 技能竞赛促进了学生实践创新能力的提升

2 成果解决教学问题的方法

2.1 用 "技能竞赛联动式"

以竞赛模式与要求带动教学,将竞赛内容融入人才培养方案,重构服装设计与工艺课程体系,建立专业平台课、专业技能课两大系统,为技能竞赛奠定了技能筹备和人才筹备,加强了竞赛梯队建设,确保竞赛常态化发展。解决了技能竞赛内容与教学内容不能有效对接的问题(图2)。

2.2 用 "订单融入式"

依托山东省智能制造职教集团,2015年服装设计与工艺专业与鲁泰集团合作,成立鲁泰学院,进行订单培养,实施技能大赛评价办法,开发优质数字化课程58门实行线上线下教学。解决了职场化育人效率不高,目标不明确,功能模糊的问题(图3)。

图2 技能竞赛联动式

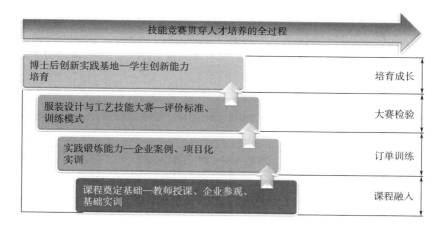

图3 技能竞赛贯穿人才培养的全过程

2.3 用"技能合作式"

与国有企业强强联合，组建校企合作联盟，以技能竞赛要求打造贴近服装业人才需求的专业品牌；校企资金、技术、人力、文化深度融合，解决了校企合作松散式、浅层化，校内生产性实训基地建设设备滞后的问题（图4）。

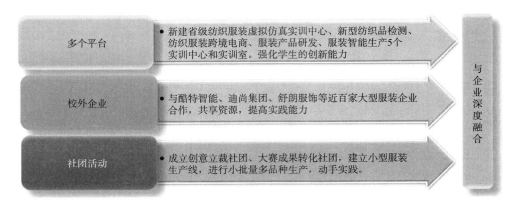

图4 与企业深度融合培养高技能人才

2.4 用"校企融合式"

建立校企合作机制，山东科技职业学院出台《关于专业教师定期到企业进行实践锻炼的有关规定》等制度。提出并实践了"三重角色、三种职能"理念，即专任专业教师要具备教学、实践、科研三种能力，承担教师、工程师、科研人员三重角色。教师进企业实践，每年3个月，并纳入考核体系。建立老中青团队，以技能竞赛职业要求，推动实践教学传帮带。聘请山东省教学名师与企业专家授课，解决兼职教师与专任教师技能互补问题（图5）。

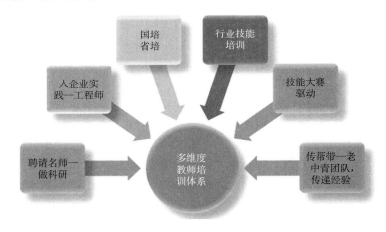

图5 多维度的教师培训体系

2.5 用"借势发力式"

校企共建行业性实训中心合作办赛。构建国家、省、行业、校四级对接融通的竞赛机制，竞赛目标引入行业标准，竞赛内容融入岗位要求，校内技能大赛实现专业全覆盖，学生参与率达61%。实施"五步实训法"，支撑五种能力的培养（图6），创新提升实训中心工作效能与业绩（图7）。

2.6 用"赛、课、证"互联式

即技能竞赛与课程考证融合互联，将参赛组织、选手培训、参赛作品培育等与教学实训任务紧密结合。优化"资格证书—行业标准—卓越人才"动态化培养方案，人才培养目标由制版师—技师—卓越技师不断提升，构建了以赛、课、证互联培养杰出技能人才为主要目标的课程体系（图8）。

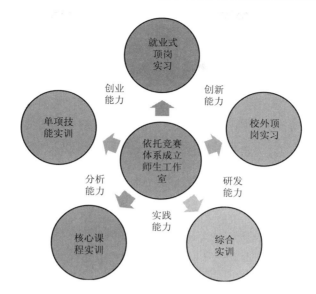

图 6　依托技能竞赛体系支撑五种能力的培养

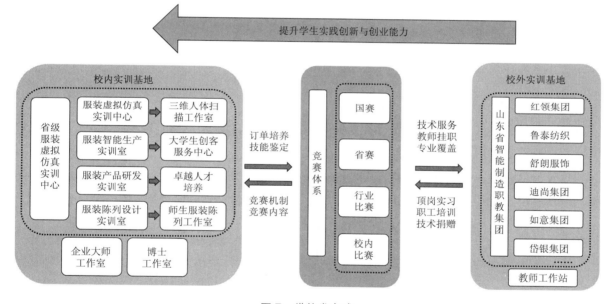

图 7　借势发力式

3　成果的创新点

3.1　实现了依托技能大赛的成果积累，构建了1–3–6育人新模式

构建了以"交互式教育"为特征的、基于全面训练和提升学生实践能力为目标的创新人才培养模式（1–3–6模式），即1个目标，是以培养服装设计与工艺专业创新人才为目标；3要素，是培养创新人才要具备的基本素质即：培养创新能力，提高创新意识，开拓创新视野；6措施，即"技能竞赛联动式""订单融入式""技能合作式""校企融合式""借势发力式""赛、课、证'互联式"等人才培养措施。提升师生项目工作室、学生时尚创客中心的工作效能与业绩。

3.2　实现了技能竞赛机制与智能化纺织服装实训中心机制融合

本中心是与诸城新郎集团、青岛红领、山东舒朗等企业合作建设，竞赛项目与企业任务对接，课

图8 "赛、课、证"互联式

程内容与职业标准对接、教学过程与生产过程对接，评分细则与教学评价对接。建立了"共享型"的课程资源建设与应用机制，实现了个别学生拔尖与全体学生受益相结合，达到竞赛成绩和人才培养双赢效应，建立起完善的人才选拔和激励机制。

3.3 以技能竞赛为纽带，创新了"五步实训法"，完善职场化育人体系

立足服装设计与工艺技能竞赛，率先提出卓越人才培养的先进教育理念和多维度的教师培训体系。创新"五步实训法"包括单项技能训练、核心课程训练、服装综合实训、校外顶岗实习和就业式顶岗实习训练。支撑了学生五种能力（分析能力、实践能力、研发能力、创新能力、创业能力）的培养，完善了"双主体"育人、现代学徒制、订单培养等校企协同育人模式，提高了育人质量。

4 成果的推广应用情况

4.1 服装技能竞赛成果丰硕

2014年以来，服装设计与工艺专业学生在省以及全国服装技能大赛中摘金夺银，成绩喜人。山东科技职业学院连续两年承办全国、山东省职业院校技能大赛高职组服装设计与工艺赛项，每年来自全国近30个队参赛选手共百名师生，零事故、零投诉。近6年来，服装设计与工艺专业学生在省以及全国服装技能大赛中，学生参加职业技能大赛获国家级一等奖8项、二等奖2项、三等奖1项、铜奖1项；省级一等奖4项、二等奖7项，三等奖2项；获全国行业竞赛一等奖3项、二等奖20项、三等奖48项。全国纺织服装职业院校学生职业技能标兵1名，在专业改革和人才培养等方面取得了显著成果和综合效益，并达到了广泛好评和推广应用。服装设计专业学生在全国各类技能大赛中获奖情况：

2019年4月，学生参加山东省国赛选拔赛获总分第一。

2019年6月，学生参加全国职业院校技能大赛高职组服装设计与工艺赛项获三等奖。

2019年11月，学生参加山东省技能大赛服装制版与工艺分赛项获二等奖。

2019年11月，两名学生参加首届上海合作组织国家职业技能大赛获二等奖。

2019年3月，五名学生参加第十一届大学生科技节"银通.棉之稼"杯校服设计大赛获三等奖。

2019年1月，学生刘亚军参加"第三届中国国际时装设计优秀作品大赛"获"年度时装设计新人奖"。

2018年5月，学生参加全国参加技能大赛高职组"岱银.雷诺杯"服装设计与工艺比赛中获一等奖。

2018年3月，学生参加全国职业院校技能大赛高职组预选赛获全省第一 。

2018年11月，学生参加山东省服装技能大赛获一等奖。

2018 年 11 月，学生参加第二届国青杯全国高校艺术与设计作品大赛两个学生获一等奖。

2018 年 12 月，学生参加"中华美育情第二届全国高校美育成果展演大赛"两名学生获一等奖。

2018 年 4 月，学生参加山东省校服设计大赛获二等奖。

2017 年 4 月，学生参加全国职业院校技能大赛高职组预选赛获全省第一。

2017 年 11 月，学生参加山东省技能大赛服装制板与工艺分赛项获一等奖。

2017 年 6 月，学生参加全国职业院校技能大赛高职组如意杯服装设计与工艺赛项获两个一等奖。

2016 年 5 月，学生参加山东省服装设计与工艺技能大赛获二等奖。

2016 年 11 月，学生参加第八届高职高专院校学生服装制板与工艺技能大赛获一等奖两名，二等奖两名，三等奖一名，获团体总分第一。获团体一等奖。

2016 年 6 月，第三届校服设计大赛中冬装组获得一等奖、夏装组获得二等奖。

2015 年 5 月，学生参加山东省服装设计与工艺技能大赛获二等奖。

2014 年 11 月，学生参加第七届高职高专院校学生服装制板与工艺技能大赛获一等奖。

4.2 双师队伍建设卓有成效

围绕服装行业转型升级新型培养模式的实施，以高层次领军人才和专业带头人建设为重点，探索了高水平"双师型"师资培养模式，校企共建"双师型"教师培养服装智能培训基地，实施名师工程，提升专业教学团队实力；新建了 1 个省级黄大年式教师团队，1 个国家级教学团队。全方位培养骨干教师，选派 10 名优秀骨干教师，有针对性地进行国际研修、海外长短期培训，参加国际性学术交流，全面提高教师国际化素养。聘用与培养企业兼职教师，优化教学团队的整体结构；打造一支具备先进高职教育理念，社会认可度高的国际化教学团队。

4.3 专业建设成果显著

服装设计与工艺专业评为国家示范专业、1 个教育部首批现代学徒制试点专业、1 个省级品牌专业、1 个省级特色专业和 1 个"3+2"专本对口贯通分段培养专业；牵头山东纺织服装职业教育集团建设；承担全国高等职业学校纺织品设计专业教学标准编写；承担教育部"纺织服装类部分专业企业生产实际教学案例库"项目建设；牵头山东省第一批三年制高等职业教育服装设计与工艺专业教学指导方案项目。

4.4 与社会对接广泛

依托先进的实验实训条件和生产性实训基地，积极开展省培、国培项目。近五年，完成服装品牌产品研发与生产国培项目培训 60 人次，完成服装品牌产品设计与营销省培项目，其中纺织类专业培训 14 人次、服装类专业培训 39 人次。承担"鲁泰班"服装设计与工艺专业和现代纺织技术专业成教培训 1576 人次，完成岱银集团、孚日集团冠名班成教培训 830 人次。承担山东魏桥、孚日集团等省内 10 多家企业"金蓝领"技师、高级技师培训 620 人次。承担中小型基层管理培训 1714 人次。师生先后为浙江艾朵儿服装集团、河南力布服装公司、千叶雪服装公司、潍坊雅丽制衣设计款式 1000 多套，并进行了制板试样，智能流水线测试，共计完成女装、童装生产 2800 套。

4.5 毕业生的就业率、对口率、就业满意度高

学生就业率连续七年稳居全省同类院校前列。学生就业能力大幅度提升，由于该成果的运用，就业率、对口率、毕业生满意度高。近三届毕业生就业率 99.68%、就业对口率 84%、就业满意率 95.7%。

4.6 社会影响与辐射

4.6.1 国内应用影响

（1）有关做法得到省教育厅领导的赞许，得到省内外高校的肯定，引起了社会舆论的赞誉，媒体报道 10 项。通过"教学沙龙""技能大师工作室"等形式提高教师参与度，实现教师教学能力和专业

水平的持续提升。教师通过网络参加中国大学慕课（MOOC）网相关课程学习，获证达 600 多人次。近 240 所高校来参观学习。省内外高职院校 1500 多人次来我院交流学习。突显了教学成果的应用推广价值。

（2）山东科技职业学院建有"互联网+"纺织服装企业培训平台，全面提升社会培训能力和水平，助推山东省纺织服装产业从业人员整体素质提升。培育了 3 个高水平社会培训服务团队，面向区域内纺织服装企业开展新材料、新技术、新工艺等领域，承接了山东省制造业紧缺人才、"金蓝领"等培训项目 3 项以上，实现培训人次 7000 人次，毕业生证书持证率达到 100%，受到社会的好评。

（3）毕业生供不应求，深受企业好评。由于技能大赛引领学生三个月内能够适应岗位占比最高，合计占 82%。其中 1 个月左右能够适应岗位的占 44%，3 个月左右能够适应岗位的占 38%，连续多年毕业生总体就业率为 98% 以上，用人单位对毕业生总体满意度达 100%。用人单位普遍反映，学生思想素质高，业务过硬，能吃苦耐劳，勤学好问，上进心强，一般都会成为企业的业务骨干。

（4）新建 1 个达到省级应用技术协同创新中心，打造具有纺织服装专业特色的"时尚+智能"科研与技术服务平台，服务区域经济结构调整和产业转型升级。建成 1 个国家级技能大师工作室，1 个省级技能大师工作室，以博士后创新实践基地为依托的科研创新团队 1 个，1 个以技能大师为引领的技术服务团队；授权发明专利 1 件、实用新型专利 25 件，依托大赛成果转移转化 9 项以上，实现技术交易额收入 100 万元以上；立项省市级及以上科研课题 10 项，完成横向科研项目 12 项以上，科研、社会服务实现到位经费 600 万元，获中国纺织工业联合会科学技术奖 1 项。山东科技职业学院科研与社会服务经费居国内同类院校前列，入选"高职院校服务贡献 50 强"。

（5）山东科技职业学院，是教育部职业院校服装类专业国培师资培训基地，拥有 2 个省级培训基地、1 个省级实训基地。连续 3 年举办"国培""省培"项目，承接埃塞俄比亚培训项目一个。建有山东省行业技术中心（新型面料），山东省服装制版与技术服务中心，山东省纺织中小企业公共服务平台。

（6）服装设计与工艺专业与现代纺织技术专业 2 个国家示范专业、1 个教育部首批现代学徒制试点专业、1 个省级品牌专业、1 个省级特色专业和 1 个"3+2"专本对口贯通分段培养专业；牵头山东纺织服装职业教育集团建设；承担全国高等职业学校纺织品设计专业教学标准编写；承担教育部"纺织服装类部分专业企业生产实际教学案例库"项目建设；牵头山东省第一批三年制高等职业教育服装设计与工艺专业教学指导方案项目。牵头建设国家级职业教育服装设计专业教学资源库项目。

（7）学生创新能力增强，入围首届山东省"互联网+"大学生创新创业大赛项目 1 项；入围山东省创业大赛（高校赛区）1 项；入围潍坊市第二届、第三届创业大赛前十强项目 3 项。受理发明专利 67 件、实用新型专利 259 件、外观专利 23 件，授权实用新型专利 62 件、外观专利 23 件。

4.6.2　国际合作应用

（1）育人模式的专业人才培养方案应用于国际合作项目山东科技职业学院与中国台湾朝阳科技大学、中国台湾环球科技大学、英国北安普顿大学联合开发国际化跨文化的服装在线课程，取得了较好的合作效果。

（2）育人模式的专业人才培养方案应用于国际合作项目山东科技职业学院－东非乌干达国际学院，师资团队承担了部分专业课程的教学任务。

（3）该育人模式与马来西亚新纪元大学学院国际交流处进行了交流，对"2+2""3+2"合作办学式、开发国际标准专业核心课程、互派免费交换生进行深入探讨，收到了良好的效果。

基于国际工程教育理念的"13335"服装应用型工程技术人才培养新模式

江西服装学院

完成人及简况

姓名	性别	所在单位	党政职务	专业技术职称
陈娟芬	女	江西服装学院	学院院长	教授
董春燕	女	江西服装学院	教务处副处长	副教授
花俊苹	女	江西服装学院	学院教学副院长	副教授
章华霞	女	江西服装学院	教研室主任	副教授
王利娅	女	江西服装学院	教研室主任	副教授
赵永刚	男	江西服装学院	科研副院长	讲师
王鸿霖	男	江西服装学院	实践教学副院长	高级工程师
廖师琴	女	江西服装学院	教研室主任	讲师
朱芳	女	江西服装学院	教研室主任	讲师

1　成果简介及主要解决的教学问题

1.1　成果简介

按照学校"以德为先、艺技结合、因材施教、全面发展"的人才培养思路，构建了基于国际工程教育理念的"13335"服装设计与工程专业应用型工程技术人才培养新模式（图1）。

本成果构建基于国际工程教育理念的应用型工程技术人才培养新模式，"1"是指"能力导向"为人才培养核心；"3"是指"三标对接"，即将专业认证国际标准融入人才培养方案，将国家教学质量标准接入课程体系，将行业企业职业技能标准纳入实训内容；第二个"3"是指"三维并重"，即在能力培养上做到社会需求与学生发展并重、知识教育与技术训练并重、学校教育与企业培养并重；第三个"3"是指三个层次的递进能力培养，即突出基础能力、突出专业能力和突出创新能力的三层次培养的教学链，实现三项能力的统筹、递进和协同培养；"5"是指五新的"质量支持体系"，以国际工程教育理念新理念为引领，融合"新课程、新师资、新方法和新评价"，创新了人才培养模式，保障人才培养与时俱进满足社会需求。

经过五年的探索和三年的实践，在我校人才培养模式中发挥了积极作用，取得了良好的效果。2013年9月服装设计与工程专业获批江西教育厅高校综合改革项目，2019年12月服装设计与工程专业获批江西省一流专业项目，在2016年12月服装材料学课程获批江西省精品在线开发课程建设项目，2019年11月核心课程"服装材料学""服装人体工程学"认定为江西省精品在线开放课程，并于2017年11月牛仔服装环境友好智能化生产关键技术开发与集成获中国纺织工业联合会科学技术进步奖二等奖。

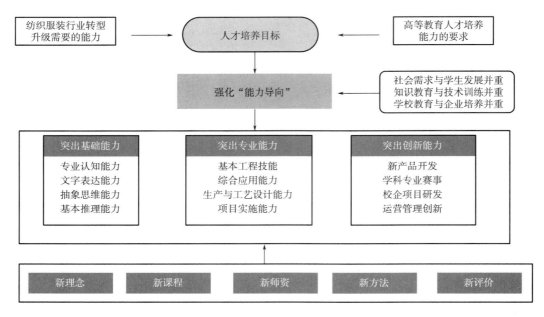

图 1　"13335"服装设计与工程专业应用型工程技术人才培养新模式

1.2　主要解决的教学问题

（1）解决在人才培养中"以学生为中心、成果导向和持续改进"三大教学理念缺失的问题。

（2）解决应用型工程技术人才培养中学生能力培养与行业、社会需求脱节的问题。

（3）解决教学过程中"以教师为中心"向"以学生为中心"转变的关键难点。

（4）解决师资队伍中根据行业转型发展需要专业技术能力提升的问题。

（5）解决人才培养过程中教学质量评价与持续改进不全面和不彻底的问题。

2　成果解决教学问题的方法

2.1　基于国际工程教育理念，构建服装设计与工程专业应用型工程技术人才培养新模式

以国际工程教育理念为指导，以基于能力导向应用型工程技术人才为培养目标，以"三标对接"和"三维并重"为方法，以 3 个层次的"能力培养链"（基础能力——专业能力——创新能力）为抓手，以"新理念、新课程、新方法、新师资、新评价"5 新教学质量支持体系为支撑，构建工程人才培养新模式，达到以高校定位为主导向以市场需求为主导，以学校教师为主导向学生为主体、教师为主导转变，以学科为主导向以专业、课程为主导转变，以课堂讲授为中心向以学习实践为中心的教学观转变的目标，重构专业教学体系，培养符合社会需求、服装行业需要的工程技术人才（图 2）。

2.2　构建工程技术教育"基础能力—专业能力—创新能力"三层次新课程体系

遵循 OBE 教育理念反向设计的方法，以社会、市场需求为导向设计培养目标，围绕培养"具有创新精神的高素质应用技术型人才"这一目标，突出体现以应用能力培养为核心，课程体系建设理念由"知识传授"向"能力培养"转变。构建了德能兼修为导向，通识教育与学科专业教育相结合，创新创业教育、思想政治教育全过程融入，理论教学与实践教学（第二课堂·创新创业）全面融合的"1+4+N"（一条主线四个平台 N 个模块）的应用型课程体系（图 3）。为学生提供知识、能力、素质协调统一的课程体系，以达成"基础能力—专业能力—创新能力"有效提升。依托一流专业平台和省级工程实践教育中心及校府、校企合作基地等，推进技术工程训练、企业实习实训、科研项目训练、社团活动、创新创业竞赛、毕业设计（论文）等多途径的实践教学，培养学生的适应性和个性化，发挥学生的创造性。

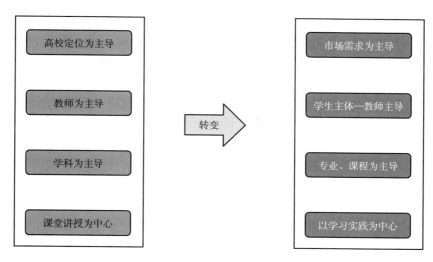

图 2 工程人才培养模式的转变

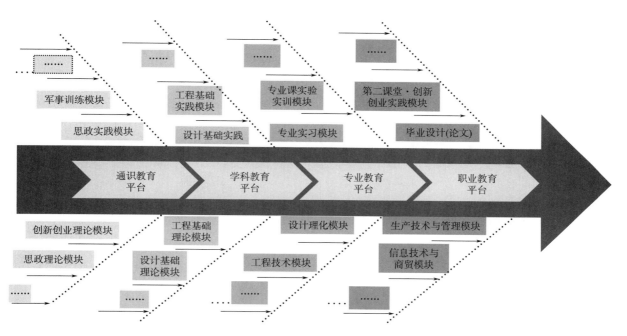

图 3 "1+4+N" 应用型课程体系

同时学院根据一流专业建设需求进行实践教学条件建设，形成了基本技能基础训练、专业能力实务训练、创新实践综合训练层次递进的实践教学体系，形成了校企、校府实践教学平台（图 4），探索服装大师班、名企订单班和卓越人才实验班等人才培养新模式以保障持续改进评价体系的实施。

2.3 推行以学生为中心的 OBE 教学新方法

开展以学生为中心的 OBE 教学，以企业、行业专家参与的教师为主导，以信息化技术为支撑，通过教学＋互联网技术，通过线上线下混合式教学，实施探究式、自主式、讨论式和翻转课堂等多种师生互动模式学习（图 5），培养学生自主学习能力和创新意识。探索了基于信息化技术教育教学＋互联网工程技术教育课程教学改革，真正做到从注重知识点传授的"以教为中心""灌输式"向产出为导向的"以学为中心"教学模式。提高学生工程应用、科学研究能力和解决实际问题的能力。

2.4 培养"双师双能型"的新师资队伍

结合教师的发展意愿和学院的政策要求，开展一系列教师教学思想、教学能力、科研能力的提升

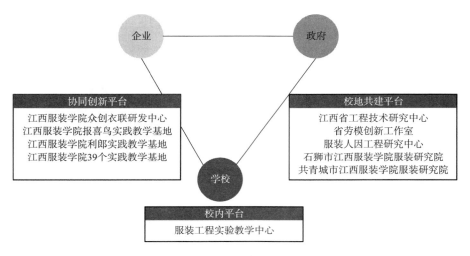

图 4　校企、校府实践教学平台

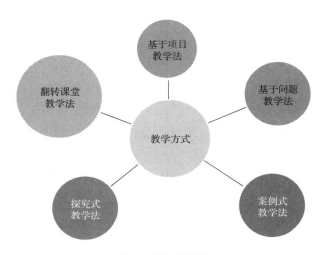

图 5　混合式教学

工作，形成了常态化、项目化、梯队化的师资培养培训体系，实施"青年导师制"，发挥老教师传、帮、带的作用，以老带新、以新促老，提高了师资队伍整体的教学和学术水平。为了提高青年教师的实践能力，有计划、分批次选派青年教师到企业挂职锻炼，选派骨干教师到国内外高校进修或做访问学者，提高师资队伍应用型人才培养能力。同时，通过"专兼结合、引培并重"师资队伍建设思路，不断引入行业企业专家，组成了一支由教授团队、中国服装协会科技专家、中国服装设计师协会技术委员会主任委员、知名企业总经理等行业企业专家、全国十佳版师、知名服装企业技术总监、供应链管理人员等企业技术人员相互融合"双师双能型"教师队伍（图6）。

2.5　"校—院—教研室"三级联动的本科教学质量评价与持续改进评价体系

以 OBE 教育理念为指导，建设和完善教研室、院、校"三级质量保障体系"，即课程教学评价、专业建设评价和学校教学状态评估的教学质量保障体系，建立由教育教学管理制度、教学环节质量要求制度、内部质量监控机制、毕业生跟踪反馈机制、社会质量评价机制等组成的机制完善、行之有效的教育教学质量持续改进体系，面向培养"全过程、全要素、全职员"的多维度持续改进机制，保证教育质量的提高（图7）。

图6 "双师双能型"教师队伍

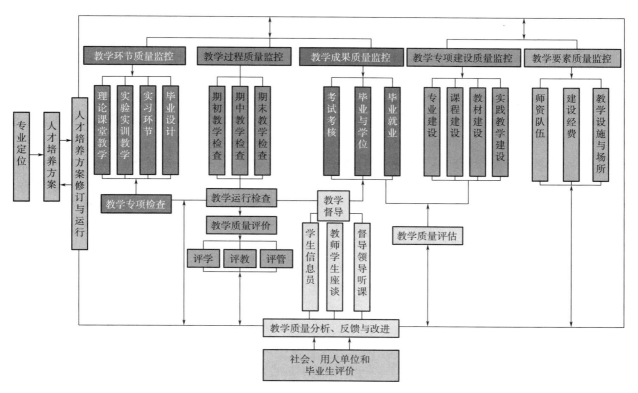

图7 教学质量保障体系

3 成果的创新点

3.1 创立"一核四新四融合"应用型工程技术人才培养新理论

在国际工程教育理念指导下，结合服装行业由服装制造向服装"智造"转型升级的现状，工程人才由"数量向质量型提升"的需求，根据服装行业应用型工程人才培养与成长规律，在"以学生为中心、成果导向和持续改进"理念引领下，形成了"一核四新四融合"的本科人才培养新理论。

该理论基本内涵是指结合服装行业转型升级下服装专业应用型工程人才能力导向国际工程教育理念"新理念"为人才培养核心，构建以"新课程、新方法、新师资、新评价"为基础的四新质量支持体系，实现"四融合"，即应用型工程技术人才培养与一流专业建设的深度融合，"教与学"新方法的促进融合，学生"基础能力、专业能力和创新能力"逐步提升的递进融合，学生"知识、能力与素质"发展的协调融合，以切实推动服装专业应用型工程技术人才的培养。

3.2 构建"13335"应用型工程技术人才培养新模式

"一核四新四融合"人才培养新理论指导下，满足服装行业转型升级要求，构建了以国际工程教育理念为核心的应用型工程人才培养目标；为实现应用型工程人才的统筹、递进与协同培养，以强化"能力导向"为人才培养目标核心；将专业认证国际标准融入人才培养方案，将国家教学质量标准接入课程体系，将行业、企业、职业技能标准纳入实训内容的"三标对接"；在能力培养上做到社会需求与学生发展并重、知识教育与技术训练并重、学校教育与企业培养并重，实现"三维并重"；构建培养突出基础能力、突出专业能力和突出创新能力的三层次培养的教学链，融合"新课程、新师资、新方法和新评价"，创新了人才培养模式，保障人才培养满足社会需求。

3.3 创建"教研室—学院—学校"三级联动的本科教学质量评价与持续改进新机制

以 OBE 教育理念为指导，建立了结果导向和持续改进需要的教研室（课程教学评价）—学院（专业建设评估）—学校（教学状态评估）"三级联动的本科教学质量内部评价体系，实现本科教学评价与监控全覆盖，同时结合"日常教学检查、专项教学督导、网络辅助教学评价"多主体评价，实现本科教学质量评价与持续改进的常态化。

4 成果的推广应用情况

4.1 校内应用前景

4.1.1 *本成果提升人才培养的质量，促进服装设计与工程专业建设*

本成果在我校 2013 级服装设计与工程实验试用，并得到初步效果，后拓展到 2014 级、2015 级、2016 级、2017 级和 2018 级，涉及学生共计 1700 人，本专业毕业生 390 人就业能力明显增强，2015 年连续三年我院毕业生就业在全省高校中第一，通过招聘现场答辩，学生表现出专业知识扎实，具有较强的专业实践能力，受到用人单位的欢迎；同时在专业团队建设上取得了好成绩，2019 年 12 月服装设计与工程专业获批江西省一流专业项目，"服装材料学""服装人体工程学"认定为省级精品在线开放课程，服装设计教学团队被评为江西省高校"省级优秀教学团队"，期间有 1 人获全国"五一劳动奖章"，全国十佳制版师 6 人，专业教师中"双师双能"教师已达 70% 以上。

4.1.2 *人才培养模式成效显著，满足不同层次学生的需求*

本成果人才培养模式基于产业，实践内容由企业制订，按技术岗位群设计课程包选择，不同程度满足不同层次的学生和不同企业的需求，学生在不同类型赛事上取得了好成绩，就业率不断提升。

2016 年以来，在行业高规格专业赛事中，学院学生在大学生时装周、中国高校纺织品设计大赛、中国高校毕业生服装设计大赛上获好成绩，共获奖项 92 人次，特别是在具有行业标杆性质的年度中国国际大学生时尚周上，学生郑建文、秦泰和张龙连续三次夺得"新人奖"（表 1）。

表 1　2016 年以来学生参赛获奖一览（至 2019 年）

序号	学生姓名	竞赛名称	获奖等级
1	郑建文	2016 中国国际大学生时装周第 20 届中国时装设计新人奖	新人奖
2	秦泰	2017 中国国际大学生时装周第 20 届中国时装设计新人奖	新人奖
3	张龙	2018 中国国际大学生时装周第 20 届中国时装设计新人奖	新人奖
4	秦泰	第五届"石狮杯"全国高校毕业生服装设计大赛	金奖
5	张龙	中华杯、太酷大学生毕业季服装设计大赛	金奖
6	唐文政	2018 第七届石狮杯全国高校毕业生服装设计大赛	金奖
7	周梦飞	第二届全国高校大学生服装立体造型创意大赛	二等奖
8	许火平	第三届龙星杯全国大学生针织服装设计大赛	三等奖
9	杨中齐	第二届全国皮革制板大赛	一等奖
10	况雅情	第二届全国皮革制板大赛	二等奖
11	刘俊杰	第二届全国皮革制板大赛	二等奖
12	许火平	2016 第八届中国高校纺织品设计大赛	一等奖
13	肖祥云	2016 第八届中国高校纺织品设计大赛	一等奖
14	杨亚娇	2016 第八届中国高校纺织品设计大赛	二等奖
15	唐文政	2017 中国未来之星新锐童装设计师大赛	金奖
16	杨宏国	NAFA 杯第十三届中国国际青年裘皮服装设计大赛	银奖
17	许火平	第六届"石狮杯"全国高校毕业生服装设计大赛	银奖

省创新创业训练计划省级以上创新创业奖 7 项，获得省创新创业训练计划立项项目国家级 2 项（表 2）。

表 2　省创新创业训练计划省级以上创新创业奖

班级	姓名	获奖名称	等级	年份
2015 本科实验班	张君娜	第十五届挑战杯全国大学生课外学术科技作品竞赛江西赛区比赛	三等奖	2017
2013 纺织本科 1 班	黄亚莉	第十五届挑战杯全国大学生课外学术科技作品竞赛江西赛区比赛	三等奖	2017
2015 本科实验班	张君娜	挑战杯江西省赛区	三等奖	2017
2016 服设本 2 班	赖文蕾	社会人文类论文	一等奖	2018
2015 纺织本 1 班	阮润女	自然科学类学术论文	一等奖	2018
2015 纺织本 1 班	阮润女	第十六届挑战杯全国大学生课外学术科技作品竞赛江西赛区比赛	三等奖	2019
2016 服设本 2 班	赖文蕾	第十六届挑战杯全国大学生课外学术科技作品竞赛江西赛区比赛	三等奖	2019

学生以独立或第一发明人（设计人）身份获批授权专利 23 件（表 3）。校级学生专项课题 20 项；参与老师科研项目 10 余项。

表 3　学生以独立式第一发明人（设计人）身份获批授权专利名单统计

序号	姓名	专利名称	授权时间	序号	姓名	专利名称	授权时间
1	姜庆	女士上衣	2018.07	3	刘嘉	女士外套	2017.07
2	况雅情	女式风衣	2018.07	4	马基雄	女士上衣	2017.07

续表

序号	姓名	专利名称	授权时间	序号	姓名	专利名称	授权时间
5	马小媛	毛衣	2017.07	15	张发平	提包	2018.07
6	彭青	风衣	2017.07	16	张凯丽	连衣裙	2018.07
7	赛迎利	女士礼服	2017.07	17	周思平	风衣（鹿皮印花）	2018.07
8	阮润女	桌布	2017.11	18	邹启荣	外套	2018.09
9	宋丹青	连衣裙	2018.07	19	晏艳红	多功能服装测量尺	2018.07
10	覃韦萍	女士外套	2018.07	20	晏艳红	服装测量卷尺	2018.09
11	王皓	裙子	2018.07	21	晏艳红	挂烫机	2018.09
12	王恒良	T恤	2018.07	22	晏艳红	熨斗	2018.09
13	王舒婷	一种哺乳衣	2018.09	23	任育萍	连衣裙	2018.07
14	吴诗颖	女士套装	2018.07				

本科毕业生初次就业率每年仍高出全省本科平均就业率达到91.4%，高于江西省平均就业率87.1%，毕业生实现了"高收入、高层次、高体面"就业。

4.2　校外推广性

通过国家级、省级优质教学资源、规划教材、发表论文的辐射作用，兄弟院校之间的学习交流增强成果的推广性。通过论文发表和校校交流，必将促使成果成为最为有效的现代工程技术人才培养模式而推广到更多工程类甚至更为广阔的专业和领域。学院教学成果在江西师范大学科技学院和江西工业职业技术学院所采用，得到师生一致好评。

深耕纺织服装行业的国际贸易骨干
专业建设实践与探索

常州纺织服装职业技术学院

完成人及简况

姓名	性别	所在单位	党政职务	专业技术职称
包忠明	男	常州纺织服装职业技术学院	无	教授
左武荣	男	常州纺织服装职业技术学院	无	副教授
钱华生	男	常州纺织服装职业技术学院	无	副教授
徐龙志	男	常州纺织服装职业技术学院	无	副教授
黄亦薇	女	常州纺织服装职业技术学院	无	副教授

1 成果简介及主要解决的教学问题

1.1 成果简介

高水平国际贸易骨干专业建设的核心着力点在于实现专业与地方特色外贸产业的高度契合。常州及周边区域纺织服装外贸经济发达，纺织服装外贸行业特色人才需求旺盛，根植于纺织服装行业开展国际贸易专业建设，不仅有利于实现专业与地方特色产业的对接，而且有利于专业服务的针对性和人才培养质量的持续提高。

本成果基于江苏省高职教育高水平骨干专业《国际经济与贸易》建设项目和江苏省高职《现代纺织贸易》重点专业群的核心引领专业（国际经济与贸易），聚焦地方纺织服装行业和企业发展，探索出立足纺织服装行业特色、体现外贸业务特征和学生学习规律的"四对标四锁定"专业建设新模式：

（1）对标纺织服装外贸行业标准，锁定人才培养目标，确立了重点培养纺织服装外贸高素质技能人才的专业定位。

（2）对标纺织服装外贸职业岗位标准，锁定技能课程建设，提高了学生技能学习与职业技能需求的契合度。

（3）对标纺织服装外贸企业业务流程，锁定技能教学过程，确保了学生学习过程与外贸实际业务流程的高度匹配。

（4）对标纺织服装行业文化，锁定专业文化建设，提升了学生职业文化素养。

1.2 主要解决的教学问题

经过近三年的实践与探索，本成果有效解决的教学问题有：

（1）国际贸易专业行业特色不鲜明的问题。

（2）学生业务技能与实际契合不佳的问题。

（3）学生业务学习与实际对接不紧密的问题。

（4）学生职业文化教育薄弱等问题。本成果显著提升了专业建设水平和人才培养质量，为商科类专业建设提供了参考范例，在全国纺织服装职教经贸类专业领域发挥了示范和引领作用。

2 成果解决教学问题的方法

2.1 立足地方纺织服装行业，解决了国际贸易专业行业特色不鲜明的问题

为了避免依托广义"大外贸"缺乏外贸产品对象的国际贸易专业建设弊端，按照学校纺织服装办学特色鲜明的要求，借助学校牵头成立的"江苏纺织服装产教联盟"，与纺织服装外贸规模大、具有区域影响力及合作意愿强的纺织服装外贸企业深度合作，校企双方共同制订人才培养方案、共同开发课程和教材、共同做好学生实习与就业工作，实行教师与师傅"双师"教学与管理，共同组织教学与评价考核、共同做好学生的管理，纺织服装外贸企业全方位、全过程参与人才培养，确保了人才培养与纺织服装外贸企业用人需求的高度匹配。以国际贸易专业为核心引领，构建了江苏省《现代纺织贸易》重点专业群，与地方多家纺织服装外贸企业合作建成了"中国纺织服装人才培养基地"。

2.2 立足纺织服装外贸职业岗位标准建设技能课程，解决学生技能学习与实际契合不佳的问题

为了实现学生技能学习与外贸实际技能要求的完美对接，摒弃了围绕"大外贸"技能（群）建设国际贸易技能课程的做法，对照国际贸易职业岗位标准，将纺织服装产品元素融入外贸营销、外贸运营、单证处理、报关货运等国际贸易专业课程模块，增开纺织品基础、服装基础等纺织服装文化和产品认知课程，构建了"纺织服装＋外贸"一体化的国际贸易专业课程体系，制订了体现纺织服装外贸特色的人才培养方案。以纺织品和服装为外贸产品对象，融入常州华利达、晨风服装等纺织服装出口龙头企业实际案例，改造国际贸易核心技能课程内容，重点打造省级在线开放课程国际贸易实务与报关业务等特色课程。将具有明确外贸产品对象的纺织服装外贸作为技能课程建设的重心，有效激发了学生学习外贸业务技能的积极性，学生外贸技能大赛累计获奖 60 多人次，涌现了一批从事纺织服装外贸工作的就业创业典型。

2.3 立足纺织服装外贸企业业务流程实施技能教学，解决学生业务学习与实际对接不紧密的问题

为了使学生业务学习与实际外贸业务流程的全面融合，将纺织服装外贸企业业务流程引入技能教学过程，按照企业业务流程安排技能教学过程，设计了涵盖纺织服装外贸询盘报价、打样签约、下单跟单、报关通关、运输交货、结汇核算等外贸业务的"流水线"式的技能教学流程（图 1）。利用仿真实训软件等信息化手段，将学生按业务流程划分技能操作团队，体验外贸业务实际流程，训练学生业务实操技能。引入常州缯彩纺织品、晨风服装等纺织服装外贸企业的实际业务流程进课堂，通过纺织服装外贸企业真实业务流程，训练学生完成外贸实际业务的技能，增强学生的学习兴趣、激发学生的学习潜力。

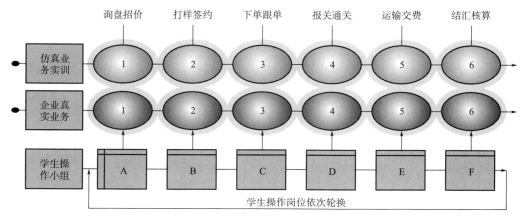

图 1 纺织服装外贸企业业务"流水线"式技能教学流程

2.4　立足纺织服装行业文化，解决学生职业文化教育薄弱的问题

为了提高学生的职业文化素养，将纺织服装行业文化融入国际贸易专业文化，通过纺织服装行业文化培养学生的职业文化素养。结合学校纺织服装行业办学特色，开展服装文化、社团活动等，学生在校全程接受纺织服装校园文化的熏陶；在职业技能课程中注入职业文化元素，通过"课程思政"对学生进行职业文化教育；聘请纺织服装企业经理人、创业典型、业务主管深入课堂开展企业文化讲座，学生通过课堂讲座接收纺织服装企业文化信息；安排学生到纺织服装企业实训实习，使学生切身感受纺织服装企业一线的职业精神和职业文化。

3　成果的创新点

3.1　创新了深耕纺织服装行业的国际贸易专业"四对标四锁定"建设模式

对标纺织服装行业标准、职业岗位标准、企业外贸业务流程和行业文化实施国际贸易专业建设，不仅使国际贸易专业建设拥有了特定行业依托，而且使技能教学和学生技能学习有了明确的外贸产品对象，克服了由于缺乏外贸产品对象而造成的技能课程与教学内容抽象化和空洞化的弊端。同时，依托纺织服装行业与纺织服装外贸企业合作建设国际贸易专业，凸显了专业建设的行业特色，既符合学校纺织服装办学特色要求，又提高了人才培养的针对性，实现了服务地方特色产业的专业建设目标。

3.2　优化了国际贸易专业的技能课程结构与教学组织方式

国际贸易专业建设经过多年的实践和探索，不断优化技能课程结构和教学组织方式，设计了"纺织服装 + 外贸"的技能课程结构和教学组织方式（图2）。学生入学的第一学年以纺织服装通识与文化教育为主，除开设公共基础课程和专业基础课程外，增开纺织服装通识课程和纺织服装企业文化讲座，并组织学生参加纺织服装文化及社团活动，最大限度地将纺织服务行业认知和行业文化元素植入专业教学；第二学年以纺织服装外贸业务技能学习为主，除开设国际贸易专业技能课程外，增开纺织服装外贸业务技能课程及实训课程，开展纺织服装外贸业务仿真实训、企业真实业务实训和企业外贸业务讲座，围绕纺织服装外贸业务技能实施专业教学；第三学年以学生到纺织服装外贸企业顶岗实习为主，在专业教师和企业师傅"双师"指导下，学生围绕"纺织服装企业课程"进行业务训练和实际操作，完成顶岗实习和毕业设计。优化后的技能课程和教学组织方式，避免了因缺少具体外贸产品对象而使技能课程目标不明确、课程内容偏理论化等弊端，既契合了外贸企业实际工作，又符合国际贸易专业人才的培养规律，在实施过程中取得了良好的教学效果，成为学校商科专业建设的典范。

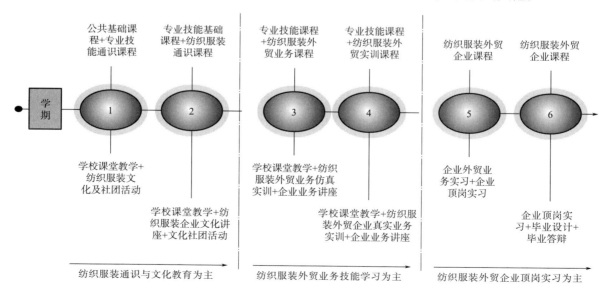

图2　国际贸易专业技能课程结构与教学组织图

3.3 改革了国际贸易专业学生职业文化素养的培养方式

学校十分重视纺织服装传统文化的传承和发展，突出加强纺织服装行业特色文化建设。在国际贸易专业建设中，发挥培养纺织服装外贸特色人才的优势，主动融合纺织服装行业特色校园文化。组织学生参与学校组织的各种纺织服装文化活动，宣传"江苏国际服装节""中国大学生时装周"等活动，使学生充分感受纺织服装文化氛围。建立了纺织服装文化进课堂机制，每学期约请企业专家开展纺织服装企业经营与文化讲座，如 2019 年举办了 10 场系列讲座，聆听讲座学生达 1300 多人次。学生通过纺织服装行业文化和企业文化的熏陶洗礼，提高了对纺织服装行业和企业的认同感，调动了学生学习纺织服装外贸技能的主动性和积极性。

4 成果的推广应用情况

学校因纺织服装特色而被誉为"创造'美'的学校"，国际贸易专业是学校纺织服装特色建设中唯一一个依托纺织服装行业而开设的财经商贸类专业。在专业建设发展中围绕学校特色鲜明发展要求，深化专业教育教学改革，专业特色越发鲜明，人才培养质量持续提高，并取得了一系列实践和理论探索成果，产生了较强的辐射效应和良好的社会影响。

4.1 实践效果

4.1.1 国际贸易专业发展步入高水平

2019 年 7 月，国际经济与贸易专业被教育部认定为《高等职业教育创新发展行动计划（2015—2018）》骨干专业（《教育部关于公布〈高等职业教育创新发展行动计划（2015—2018）〉项目认定结果的通知》教职成函〔2019〕10 号），是全省和全国纺织服装职教系统唯一被认定的国际经济与贸易专业。

2017 年 9 月，国际经济与贸易专业入选江苏省高等职业教育高水平骨干专业（《省教育厅、财政厅关于公布江苏省高等职业教育高水平骨干专业建设项目名单的通知》苏教高〔2017〕12 号），是全省两个国际经济与贸易高水平骨干专业建设项目之一。

2012 年 7 月，承担江苏省高等学校重点专业现代纺织贸易专业群建设项目（《江苏省教育厅关于公布"十二五"高等学校重点专业名单的通知》苏教高〔2012〕23 号），是全省唯一一个纺织服装（工科）类与商贸类专业融合的重点专业群。国际经济与贸易专业作为专业群核心专业（排序第一），引领了专业群建设。

2014 年 12 月，联合纺织服装外贸合作企业申报获得"中国纺织服装人才培养基地"称号企业 3 家（《关于授予中国纺织服装人才培养基地称号的决定》中纺联〔2014〕95 号）。

4.1.2 外贸人才培养质量稳步提高

国际贸易专业培养了一批外贸实用型人才，目前毕业生累计已达 1366 人，在地方纺织服装外贸人才培养中发挥了重要作用。据麦可思报告和高职人才培养状态系统的数据，国际贸易专业 5 年平均报到率 96.2%，平均就业率为 98.9%，专业满意度为 98.5%，用人单位满意度为 90.8%。

国际贸易专业学生在全省和行业外贸技能大赛中表现突出，获省级、外贸行业各类技能大赛 30 项团体奖和个人奖。

国际贸易专业毕业生深受地方纺织服装外贸企业的认可，苗丽洁、顾凌枫、张慧芳等部分学生已成长为地方纺织服装外贸企业的中层管理人员或外贸业务主管，纪鹏、姜超等同学创办纺织服装外贸企业，成为创业成功的典型。

4.2 理论探索

4.2.1 教育教学研究项目

江苏省高等学校教改研究课题 2 个项目，分别是《协同于产业结构的高职重点专业群建设研究——

以现代纺织贸易专业群为例》《高职专业群专业平台课程教学有效性研究与实践》（《省教育厅关于公布 2013 年江苏省高等教育教改研究立项课题评选结果的通知》苏教高〔2013〕16 号）。

江苏教育科学"十三五"规划课题，《基于 SPOC 的混合学习模式在高职经贸专业中的研究与实践》（苏教科规〔2017〕1 号）。

江苏省高校哲学社会科学基金项目，《高职专业群建设服务于产业转型升级研究——以常州纺织服装产业为例》（《省教育厅关于公布 2013 年代高校哲学社会科学基金项目的通知》苏教社政函〔2013〕14 号）。

中国纺织工业联合会职业教育教学改革项目，《高职纺织服装贸易特色专业群的构建与研究》（《关于公布"纺织之光"中国纺织工业联合会职业教育教学改革立项项目的通知》中纺联函〔2015〕175 号）。

4.2.2　教育教学研究论文

在推进深耕纺织服装行业特色的专业建设实践过程中，国际贸易专业教师积极总结专业建设实践的经验和做法，以彰显纺织服装行业特色的国际贸易专业建设为主题，在《中国职业技术教育》《职教论坛》《中国成人教育》等学术期刊发表相关教育教学研究论文 18 篇。

4.3　行业影响

4.3.1　行业特色越发鲜明

国际贸易专业建设坚持突出纺织服装行业特色的人才培养理念，多年深耕纺织服装行业特色，专注于纺织服装外贸高素质技能人才的培养，引领纺织服装类专业构建了"现代纺织贸易"省级重点专业群，与纺织服装外贸企业合作建成了 3 家"中国纺织服装人才培养基地"，为学校纺织服装行业办学特色提供了有力支撑。

2016 年 10 月，围绕国际贸易专业及现代纺织贸易专业群形成的教学成果，获全国纺织服装职业教育教学成果一等奖（《关于授予"纺织之光"2016 年度中国纺织工业联合会纺织教育教学成果奖的决定》中纺联〔2016〕60 号），为学校财经商贸类专业首次获得此类奖项；2018 年 11 月，围绕国际贸易专业建设形成的教学成果，获全国纺织服装职业教育教学成果二等奖 2 项（《关于授予"纺织之光"2018 年度中国纺织工业联合会纺织职业教育教学成果奖的决定》中纺联〔2018〕74 号）。

4.3.2　行业辐射影响越发明显

（1）通过纺织服装行业特色建设，突出专业的行业特色，使国际贸易专业在众多同类专业中脱颖而出，成为全国纺织服装职教领域同类专业中的佼佼者。2019 年在教育部认定的《高等职业教育创新发展行动计划（2015 ~ 2018）》骨干专业中，是全国纺织服装职教系统唯一被认定的国际经济与贸易专业。

（2）2019 年 11 月，由国际贸易专业团队牵头，与中国对外贸易经济合作企业协会合作，学校成功承办了"第九届全国国际贸易职业能力竞赛暨单一窗口操作技能竞赛"，扩大了学校在全国外贸行业的影响力；团队两位成员分别担任全国纺织服装职业教育经贸专业、全国外经贸职业教育跨境电商专业教指委委员，在专指委年会上介绍了深耕纺织服装行业国际贸易专业建设的做法和经验。

（3）以"大职教"的理念对接中职和本科教育，通过实施中职与高职"3+3"分段培养项目下链中职教育，通过实施高职与普通本科"3+2"分段培养项目及"专接本""专转本""专升本"等上通本科教育，通过开设国际经济与贸易国际班培养"一带一路"沿线国家的留学生累计招生 50 余人，形成了"中职 + 高职 + 本科 + 国际"的现代职教体系。

4.4　推广价值

4.4.1　为纺织服装职教系统提供了可复制的范本

学校制订了一整套彰显纺织服装行业特色的专业建设规章制度，国际贸易专业作为学校品牌专业，立足于地方纺织服装产业，构建了对标纺织服装外贸行业标准、职业标准、业务流程和职业文化专业建设模式，设计制订了具有鲜明纺织服装行业特色的专业建设方案、人才培养方案、课程建设方案、技能教学方案和学生职业文化培养方案，可以为纺织服装职教系统提供可直接复制的范本。

4.4.2 为财经商贸类专业建设提供了可借鉴的范例

高职财经商贸类专业往往依托广义的"大财经""大商贸"实施专业建设，使课程与教学内容趋于理论化和抽象化，依托具有明确外贸产品对象的纺织服装外贸行业实施国际贸易专业建设，学分制人才培养计划、课程设置及课程标准、教材、教学规范等教学资料，可以为财经商贸类专业提供可借鉴、可参考的典型范例。

"依托多元模式、对接产业需求"探索中国特色"化纺服"人才培养模式的研究与实践

陕西工业职业技术学院

完成人及简况

姓名	性别	所在单位	党政职务	专业技术职称
王显方	男	陕西工业职业技术学院	无	教授
尚华	女	陕西工业职业技术学院	无	教授
纪惠军	女	陕西工业职业技术学院	无	教授
赵伟	女	陕西工业职业技术学院	教学科科长	讲师
曾语晴	女	陕西工业职业技术学院	教学科秘书	助教
刘迪	女	陕西工业职业技术学院	化工与纺织服装学院党总支教师支部书记	教授
王晶	女	陕西工业职业技术学院	支部宣传委员	讲师
钟敏维	女	陕西工业职业技术学院	无	副教授

1　成果简介及主要解决的教学问题

1.1　成果简介

该成果是依据国务院《关于加快发展现代职业教育的决定》（国发〔2014〕19号）和《教育部关于开展现代学徒制试点工作的意见》（教职成〔2014〕9号）的要求，在2项中央财政支持建设项目、6项陕西省高等职业教育创新发展行动计划项目、3项国家级资源库课程项目、1项陕西省高等职业院校"专业综合改革试点"项目支持下，先后与中国锅炉与锅炉水处理协会签订混合所有制合作框架协议、与12家纺织服装和化工企业签订现代学徒制培养协议，2014年9月形成了一套自主高效具有中国特色的"化纺服"混合协同育人体系，2015年全面实践，经过6年建设取得如下成果。

1.1.1　成为国家首批试点单位，树立了中国特色的"化纺服"专业群建设指导思想

化工纺织服装（简称化纺服）学院为陕西工业职业技术学院的二级学院，由化工、纺织和服装三大专业组成，开设专业方向有应用化工技术、工业分析检验技术、现代纺织技术、纺织品检验与贸易、服装与服饰设计、服装设计与工艺等方向。具有50多年的办学历史，2008年在染整专业的基础组建了化工专业。2014年成为国家首批混合所有制试点的二级学院，纺织服装专业被遴选为现代学徒制试点项目。为顺应国家行业升级和转型的需要，学院提出了以纺织品检验和分析检验技术为基础，以应用化工专业为重点，辐射带动服装设计的中国特色专业群人才培养思想。应用化工技术2011年1月获得中央财政支持重点专业、2016年教育部三年创新行动计划建设国家骨干专业、2017年成为国家骨干专业；纺织品检验与贸易专业2009年获得陕西省一流专业、2016年获陕西省级专业综合改革试点专业，2018年荣获全国优秀教学团队，2017年中国锅炉与锅炉水处理协会协同全国101大型国营和民营企业出资百万元共建了"清洗101平台"，通过平台扩大招生就业及技术开发，提高了学院在国内的知名度。

1.1.2 **形成了多元合作、资源共享、互惠双赢、制度保障的"七为七共"人才培养模式**

以培养纺织服装高端技能复合型人才为目标，积极搭建政府、行业、学校、企业之间深度合作平台，2014年依托多元混合协同育人体系，在渭城区政府、中国纺织工业联合会、陕西省纺织服装学会、中国锅炉及水处理协会指导下，依托陕西省能源化工行业和纺织服装行业，建立了政行校企协同育人共同体，成立"渭城区中小企业服务中心"，与12家企业签订现代学徒制培养协议，在人才培养、技术服务、专业建设等方面密切合作，成立混合所有制协同育人"理事会"，积淀形成了"多元合作、资源共享、互惠双赢、制度保障"的校企协同育人机制。创建了"以全程为控点，共施教学管理；以合作为基础，共同招收学员；以需求为导向，共商培养方案；以岗位要求为标准，共建课程体系；以项目为支撑，共担教学任务；以双创为抓手，共育双师团队；以企业文化为内涵，共树工匠精神；以质量为中心，共建评价体系"的"七为七共"政行校企协同育人培养模式。

1.1.3 **依据"智能制造、绿色时尚"的产业新定位，制定了纺织服装高端产业人才核心岗位职业能力标准**

针对中国纺织服装产业正在向创新驱动的科技产业、文化引领的时尚产业和责任导向的绿色产业转型与提升。自2014年起，在深入咸阳纺织集团、杜克普、东蒙等36家纺织服装企业、访谈500余名企业技术人员和毕业生的基础上，明晰了高端产业人才需求的20多个岗位。按照80/20法则，确定了就业需求累计占比85.4%的"智能生产、智慧管理、高端定制、贸易务实"的四岗位作为培养"现代纺织技术、纺织品检验与贸易、服装与服饰设计、服装设计与工艺"高端技能复合型人才职业能力需求的核心岗位，行校企联合制定了《核心岗位职业能力标准及考核标准》《陕西省服装技术与管理培训教学标准》《陕西省服装工装上衣制定技能竞赛评分标准》，被陕西省纺织服装行业协会定为陕西省服装类产教培训和竞赛标准，并成功入选陕西省职业教育质量年报。

1.1.4 **行校企共建了"四阶段、五模块"分段式教学人才培养方案**

依据职业岗位需求、能力分析、认知规律，将整个人才培养过程分为"专业认识阶段""岗位认识阶段""拓展教育阶段""岗位培养阶段"四个阶段，把课程分为"公共基础模块""岗位基础模块""专业拓展模块""岗位培养模块""毕业任务模块"五大模块。企业全程参与，学校与企业的相互渗透、无缝对接，学生、学徒身份的相互交错。在教学过程中，将"智能、时尚、高端定制"与基础专业教学相融合，建成了与智能和时尚相结合的现代纺织服装共享信息化课程资源平台。联合主持"纺织品设计"国家级专业资源库1项，建成"服装设计"国家级资源库课程1门，在线开发课程10余门，主编出版教材6部，培训教材10余部。

1.1.5 **共建了一支"名师＋大师"的双师型专业教学团队**

聘请姚穆院士为客座教授，与武功县馨绣民间手工布艺开发有限公司共建计清（陕西省非物质文化遗产传承人、全国三八红旗手）技能大师室，以项目和创新创业为主线，以企业真实生产任务为载体，围绕技术培训、技术服务、大师带徒弟开展工作，实现项目与教学高度融合，形成"产—教—研"一体的综合发展效应。培育出全国优秀教师1名、陕西省特支计划领军人才1名、省级教学名师2名、陕西省高校首批"青年杰出人才"1名、黄炎培杰出教师1名、教授8人、博士4人、全国职业教育行指委委员1名，双素质教师比例达95%以上，建成的双师型团队被中国石化联合会评为优秀教学团队。形成了大师、名师引领的工匠师傅教学团队，先后获得发明专利1项、实用新型技术专利3项，建成国家级资源库课程2门、省级精品在线开放课程6门，主编出版化工纺织服装类教材10余部、校本实训教材10余部，发表论文200余篇、其中被EI检索4篇、被SCCD检索10篇，主持省级以上课题20项，获得资助100万元以上，《对接现代能源化工核心岗位，实施"产教五融合"应用化工技术专业建设与实践》获陕西省人民政府高等教育教学特等奖、教育部2018年国家级教学成果一等奖。自2012年以来先后有4项教学成果获中国纺织工业联合会一等奖，近年来有20名教师到国外学习。

1.1.6 建成了集人才培养、智库咨询、资源共享、机制灵活、创新创业的行校企清洗"101"平台

对接我国能源化工科技发展趋势，以专业群技术技能积累为纽带，依托校内外实训基地，基于政行校企混合所有制人才培养模式，联合中国锅炉与锅炉水处理协会全国101家有影响力的民营企业在学院内建成集人才培养、智库咨询、资源共享、机制灵活、创新创业的技术创新三方平台（简称清洗101平台），总投资200多万元，2018年9月平台正式上线，截至目前运行平稳，平台提供工业清洗智能匹配、清洗采购、技术服务、行业大数据分析、人才在线预定和招聘等完整的工业企业集群产业链，涵盖工业设备安装、检测检修、工业清洗、项目经理人、化工技术员等12个专业群所对应的岗位。依据平台开发了4G—无线高清智能安全帽，培养职业经理人100余名，设立企业冠名订单班70个，毕业生就业面向机械制造、航天航空、石油化工、纺织服装等多个行业和领域，人才输出立足陕西覆盖全国29个省市。填补了国内空白，达到国内领先水平，成为混合所有制示范案例。

1.1.7 创新设计了"八步一环"系统化的专业建设与教学质量改进螺旋

基于PDCA理论，构建了"目标、标准、设计、组织、实施、诊断、创新、改进"的"八步一环"系统化的专业建设与教学质量保障体系。按照"通过调研来确定目标、依据目标来制定标准、按照标准来设计方案、通过组织和实施、考核评价来自我诊断、对应优点来创新发展、对应问题来进行改进"的逻辑关系动态的调整专业建设思路，保障了教学质量。在专业建设与人才培养过程中，能够做到实时发现问题、及时解决问题，确保专业建设与人才培养质量稳步提升。（诊改网：www.jxgzzd.sxpi.edu.cn；诊改平台：192.168.100.85：8888）。

1.2 成果解决的主要教学问题

（1）解决了由于行业影响，招生数量下滑的问题。

（2）解决了多元混合办学下保障机制不完善、缺乏系统管理的问题。

（3）解决了人才培养质量与企业发展需求不匹配，产教缺乏实质融合的难题。

（4）解决了专业建设与教学质量难以保障，不能动态调整的问题。

2 成果解决教学问题的主要方法

（1）树立"化纺服"专业群建设指导思想，解决由于行业影响，纺织服装类专业招生数量下滑的问题。在招生方面，以能源化工技术专业为龙头，辐射带动纺织服装专业的发展。由于纺织服装行业的调整，招生人数逐年下降，而新能源化工行业的兴起，为我院建设提供新的契机，自2008年开始，为适应我国产业升级改造，我院在染整专业基础上新建了应用化工技术专业，第一年招生人数高达400余人，以后招生人数逐年增加，由此带动了纺织服装专业的招生人数的增加，化工纺织服装学院也得到了快速的发展。

（2）通过成立混合所有制协同育人"理事会"，实行理事会领导下的院长负责制，由化工与纺织服装学院院长、企业董事长（或总经理）共同担任理事会会长，下设秘书处、外联部、策划部和组织部，成员由化纺服学院部门领导、专业教师及企业技术人员组成，制定了行校企合作运行制度、教学管理制度、教师和学生管理制度100余条，保障专业教学、行校企合作的顺利进行，以此解决了多元混合办学下保障机制不完善、缺乏系统管理的问题。

（3）基于产业需求，实施校企双方"七为七共"的校企育人模式，解决了人才培养质量与企业发展需求不匹配，产教缺乏实质融合的难题。实施"共同招生招工"学生就是学徒，解决了学生就业难、学习无目的的瓶颈；实施"共建项目课程"以企业真实项目和工作任务为载体，开发教学项目，编制项目化教材，以仿真、动画、微课等形式呈现企业真实的生产任务，实现企业项目化与信息化教学的融合；对接院级、省级、国家级、国际级技能大赛，构建以学生技能培养为中心的项目教学课程体系；实施"共树工匠精神"将优秀的企业文化、优秀的校友文化、劳模精神、工匠精神引入校园及立德树人建设中，形成产业文化进教育、工业文化进校园、企业文化进课堂的氛围。针对现代纺织服装化工企业员工职业能力需求，重构"四阶段、五模块"课程体系，企业全程参与教学活动，学校负责学生专业综合职业素质培养，为学生的职业发展提供知识储备，企业负责学生职业岗位能力的培养，为学生尽快适应职业生涯提供能力训练，学生通过第一、二、三阶段的识岗到第四阶段初期的学徒协岗再到第四阶段后期的准员工定岗三个层次的学习，实现了学生、学徒身份的相互交错，学校与企业协同育人的相互渗透，无缝对接，解决了人才培养质量与企业发展需求不匹配，产教缺乏实质融合的难题。

（4）通过"八步一环"系统化的专业建设与教学质量改进螺旋，解决了专业建设与教学质量难以保障，不能动态调整的问题。该系统每周一早 8：00 针对专业建设、教学质量和学生活动进行预警，通过分析预警等级，找出对应质控点的问题，实施改进，进入下次循环，如此螺旋上升，保障了教学质量，例如，在第一次整改中质控点预警 10 次，预警占比 20.34%，等级 A 占 72.56%、B 占 15.78%、C 占 11.66%，在下次整改中重点对 B 级和 C 级进行分析，进行整改，截至目前完成三轮诊改，建立了专业内部质量保证体系和可持续的诊断与改进工作机制。

3 成果的创新点

3.1 率先提出了"化纺服"专业群建设理念，形成了具有中国特色的人才培养思想

为适应国家行业的转型和升级策略，对专业建设方面及时调整，在原有的染整专业基础上开设能源化工专业，形式了具有中国特色的"化纺服"一条龙人才培养思想，招生人数逐年增长，师资队伍不断扩大，为兄弟院校同类专业建设提供了借鉴。

3.2 依据产业调整与需求，创建"七为七共"的育人培养模式，构建"四阶段、五模块"课程体系

对接产业需求，以培养岗位职业能力为主线，行、校、企三方构建了以学校为主导、行业指导、校企互利、资源共享、优势互补、责任共担、动态协调的运行机制，组建由行业专家、企业大师、学校教师为主要成员的专业指导委员会，逐渐形成了"以全程为控点，共施教学管理；以合作为基础，共同招收学员；以需求为导向，共商培养方案；以岗位要求为标准，共建课程体系；以项目为支撑，共担教学任务；以双创为抓手，共育双师团队；以企业文化为内涵，共树工匠精神；以质量为中心，共建评价体系"的行校企"七为七共"的协同育人的培养模式。依托"七为七共"培养模式，构建了以"专业认识阶段、岗位认识阶段、拓展教育阶段、岗位培养阶段"四阶段为标志性特征；以"公共基础模块""岗位基础模块""专业拓展模块""岗位培养模块""毕业任务模块"五大模块为基本策略的"化纺服"人才培体系。

3.3 构造了基于 PDCA 理论的"八步一环"系统化质量改进体系，保证了专业建设和教学质量良性循环

以学生为中心，在专业建设、教学管理、课程建设、招生就业质量等 16 个目标设置 100 多个质控点，对每个质控点制定标准实施动态监控，每周一预警，通过预警分析，加以改进创新，进入下一次循环中。按照"目标、标准、设计、组织、实施、诊断、创新、改进"八个步骤全方位动态循环监控专业建设和教学质量。明晰了纺织服装专业发展目标，完善了专业管理制度、规范了专业设置，建立了专业动态调整机制，构建了专业内部质量保证体系和可持续的诊断与改进工作机制。

4 成果的推广应用情况

4.1 院内应用效果

该成果自 2014 年在我院纺织服装专业实施改革试点，2015 年全面实践，2016 年辐射到应用化工技术专业，已经有 45 个教学班，近 5000 名学生实践应用，效果显著。

4.1.1 人才培养质量显著提升

6年累计 2400 名学生自愿加入现代学徒制班，其中有 80 名学生获得国家或励志奖学金，90% 毕业的学生目前已成为企业的技术骨干、管理高层。参加院级、省级、国家级、国际级学生技能大赛人数达 4200 余人次，培育出 120 余名参加国际、国家和省级技能大赛，参赛人数逐年提升，获得国际国内团体金奖（一等奖）4 项、二等奖 10 余项、三等奖 20 余项，6 名同学获技师资格，20 名同学获国家高级职业资格证书；获得"互联网＋"创新创业大赛上获得省级以上奖项 4 项；2017~2018 年获得国际"皮克马里翁杯"设计师奖、特别奖及创意组一等奖和二等奖。国际赛、国赛、行赛、省赛获奖数量和等级国内领先、全省第一，办学实力和行业影响力不断提高，多年来就业率持续保持在 98.6% 以上，就业质量好，工资待遇高。

4.1.2 招生就业质量稳步提高

由于推行招生招工一体化，2014~2019 年同比招生人数、就业率、岗位对口率成绩喜人。仅 2015 年纺织品检验与贸易专业招生人数就增长了 125%，服装营销与管理方向招生人数增长了近 150%。2019 年毕业生一次就业率达 98.56%，岗位对口率达 92.76%，同比 2013 年毕业生一次就业率提升 8.23%，岗位对口率提升 26.12%，为咸阳纺织集团、西北以纯等 20 家企业开设现代学徒制订单班，毕业生已成为企业技术骨干，其中订单班的高蕾蕾同学名列 2015 年陕西省创业明星，创建了高小蕾网络科技有限公司。

4.1.3 辐射带动引领发展

对接产业需求，多元协同育人，打造中国特色"化纺服"人才培养模式的成功成果，为纺织服装专业教育树立了典范，在纺织行业及全国同类院校中形成了示范效应，辐射带动化工、分析检验等专业协同的发展。2019 年 5 月建设了纺织品检测与贸易专业和化工分析检验技术专业的专业群，扩展了成果的应用领域，并将改革成果应用于化工专业建设中，应用化工技术专业成为中央财政支持的《高职创新发展行动计划（2015—2018）》在建的国家骨干专业，2018 年搭建了行企校三方融合的工业清洗 101 技术技能创新服务平台，与 SGS 瑞士通标标准有限公司、联邦制药、中国化工 204 研究所等 8 家企业开办现代学徒制订单班，参与主持国家级"化学分析技术""服装设计"专业教学资源库 2 项，参与国家级"纺织品设计"专业教学资源库 1 项，主持省级专业教学资源库 2 项，建成省级精品在线课程 1 项、院级精品在线课程数量 6 项，建成博士工作室 4 个。刘迪博士获得陕西省科学技术成果三等奖 1 项，杨建民教授主持的《对接现代能源化工核心岗位，实施"产教五融合"应用化工技术专业建设与实践》获陕西省人民政府高等教育教学特等奖、教育部 2018 年国家级教学成果一等奖。5 人受聘全国职业教育石化行指委委员，2015 年该团队被评为"全国石油和化工行业优秀教学团队"。

4.1.4 专业综合实力明显提升

围绕"化纺服"的特色人才培养模式的探索与实践，练就了一支观念新、教育教学能力强优秀师资队伍，专业综合实力明显提升。创建了省级非遗传承人"计清大师工作室"、创新产业"小雅芳斋文化体验馆""教师发展中心"。主持完成国家共享教学资源库 3 项，参与全国服装专业标准建设 1 项，数名老师受邀为多家纺织企业做产业发展前沿报告，多次参加陕西省公信厅组织的纺织新产品鉴定会，参与评审国家纺织类标准和行业标准 20 多项，为企业提供技术服务 20 余次，完成《纺织品跟单实务》《纺纱工艺与设备》《机织工艺与设备》等网络课程 12 门；开发校本《来料加工》《纺织原料及检验》理实一体化教材、实训指导书 10 本；《细纱工艺与上车》获得学院微课比赛一等奖，主持中国纺织工业联合会《服装专业"三位一体、四方融合"工作室集群建设与实践——以陕西工院为例》《基于真实订单的纺织生产性实训研究与实践》等教育教学建设项目 4 项。《依托科技创新团队，培养创新创业人才的探索与实践》《基于纺织类学生综合能力培养的教学"四化"和育人"四＋"创新与实践》荣获中国纺织工业联合会教育教学成果奖一等奖，《服装设计专业实境教学、技艺融合人才培养模式的构建与实践》《高职纺织专业课程体系改革的研究与实践》《现代纺织技术专业"产教融合、学做合一"

人才培养模式创新与实践》荣获中国纺织工业联合会教育教学成果奖二等奖，《"三双三共"现代学徒制校企协同育人模式的探索与实践》《高职纺织类实训教学资源共享及运行机制研究》荣获中国纺织工业联合会教育教学成果奖三等奖。二级学院也被评为教育部首批混合所有制和现代学徒制试点学院、中国纺织服装人才培养基地、陕西省创新创业试点学院、陕西省服装行业协会校企合作产学研结合先进单位。

4.2 院外应用效果

4.2.1 人才培养模式成果共享，形成品牌示范效应

依托"化纺服"人才培养模式，基于现代企业真实项目和工作任务，编制的系列项目化教材30部，其中出版的《纺织技术管理》《化学分析技术》等9部部委级规划教材、编制的10余部校本教材及《应用化工技术专业人才培养方案》被19所院校采用，累计发行量3.4万余册。建成的《服装设计基础》《织品跟单贸易》《油品分析技术》3门国家专业教学资源库课程、《化工单元过程与操作》等2门省级精品在线开放课程，其中包含的9800多个微课、9000余道试题、虚拟仿真、流媒体课件等资源，均在超星、学堂在线和慕课等平台免费使用，其中包含四川化工职业技术学院、陕西能源职业技术学院等16所院，累计在线人数达10万余人，累计点击量达200万余次。

4.2.2 社会服务效果显著

该成果在社会服务也取得显著的效果。在社会培训方面取得显著的成绩，先后为中核404、陕西宝塔山油漆公司、陕西益秦集团等7家公司开展技术培训30项，培训新技术员工2000余人，7000余课时，开发培训课程20余门，服装培训案例成功入选陕西省职业教育质量年报，成为学院申报教育部"社会服务贡献50强"的有力支撑；制定的"陕西省服装企业职工技术与管理业务培训"的教学及竞赛标准，被认定为陕西省纺织服装行业标准。在技术服务社会方面，2015年12月为羊中王服装有限公司开发冬季防寒服40套，2017年6月为咸阳市车管所开发停车收费服6款，2018年5月为西安凯盾医药科技公司开发"行走支撑式X射线"医疗科技防护服6款，2019年4月为化工清洗101平台研发工业清洗定制装9套。

4.2.3 国际国内大赛与交流合作成果显著

学生获俄罗斯、荷兰国际服装大赛特等奖2项，一等奖、二等奖及优秀奖各1项；服装专业与俄罗斯、新西兰、澳大利亚等国家知名服装院校建立学生交流访学项目，6名学生、2名俄罗斯教师来校交流，其中1名学生完成短期学习，申请服装专业三年制大专学历教育；学院30名学生和20名教师赴德国巴伐利亚州科技大学、俄罗斯符拉迪沃斯托克经济与服务大学、澳大利亚斯威本科技大学、韩国东义大学交流、中国的台湾建国科技大学等国外知名大学学习与交流。2018年学院与俄罗斯符拉迪沃斯托克经济与服务大学建立"中俄丝路青年设计师工作坊"，教师作品在太平洋国际时装周参展22套。

4.2.4 清洗101平台达到国内领先

随着混合所有制和现代学徒制的改革成功实施过程中，学院遵循的"化纺服"办学理念、改革成果也得到了行业、企业、社会的关注和认可。使行业、企业更主动地参与到学校教学过程。2018年3月，我院与中国锅炉与锅炉水处理协会、化工清洗101平台的"行业协会、学校、企业混合所有制合作框架协议"，就深入合作、资源共享，在建设校内培训基地、成立工业清洗研发中心、研究工业清洗技术及设备等方面借鉴现代学徒制企业课程教学模式展开深入合作，共同促使工业清洗行业朝着健康、环保、智能、高效的方向发展。

4.2.5 媒体及网络推广

成果先后被陕西电视台、咸阳电视台、西安教育台等电视台，以及腾讯网、华商网、陕西网、中国大学生在线、陕西大学生在线、中国广播网、中国服装网等网络媒体和中国纺织报、服装时报等12家媒体报道30次。

基于国家纺织品设计资源库的《织物组织设计》立体化特色资源建设与实践

浙江纺织服装职业技术学院
新疆轻工职业技术学院

完成人及简况

姓名	性别	所在单位	党政职务	专业技术职称
林晓云	女	浙江纺织服装职业技术学院	无	副教授
马旭红	女	浙江纺织服装职业技术学院	无	副教授
罗炳金	男	浙江纺织服装职业技术学院	无	教授
朱静	男	新疆轻工职业技术学院	无	助教
徐原	女	新疆轻工职业技术学院	无	高级工程师
谭燕玲	女	新疆轻工职业技术学院	纺织与人文分院党总支副书记	副教授
钟铉	女	浙江纺织服装职业技术学院	无	讲师

1 成果简介及主要解决的教学问题

1.1 成果简介

织物经纬纱较细，课程学习中全程都要借助具有放大功能的照布镜。但是照布镜只能一人用单只眼睛贴到镜片上才能看清组织的交织规律，师生交流障碍重重。职业能力中四个纵向贯通的技能点：织物识别、组织图绘制、织物分析，织物设计，其中织物识别和分析两个实践环节国内外没有任何展现资源。

（1）本成果基于国家纺织品设计资源库平台，建设了523个立体化特色教学资源，授课视频227个。国内首次囊括了所有典型组织基于企业工作过程的"识别、绘制、分析、设计"四维贯通的技能点。

（2）根据组织绘制特点，在国内首创制作了所有组织快速分析和识别方法微课，填补国内外空白。

（3）创建"一班一课"的"层次化、阶梯式、个性化"翻转课堂教学模式，推进"三教"改革。

1.2 主要解决的教学问题

（1）解决现有实践教学资源匮乏，课程教学内容与企业职业核心能力需求不匹配的问题。

（2）解决缺乏织物快速分析技巧资源，学生缺乏可持续发展能力的问题。

（3）解决基于特色资源的个性化教学方案不足的问题。

（4）解决课程"三教"与企业实际工作不符的问题。

2 成果解决教学问题的方法

2.1 实践教学为导向，课程特色资源建设——"四维贯通"

通过技术手段放大织物组织微结构，制作经纬纱线交织示意图和动画等立体化特色资源（图1），师生所见即所得，彻底甩掉照布镜，师生交流顺畅。用这些立体化资源制作从组织识别、绘制、分析到织物设计纵向"四维贯通"的教学视频，填补了国内织物识别和织物分析资源短缺的空白，引领人才培养与企业职业能力相匹配。

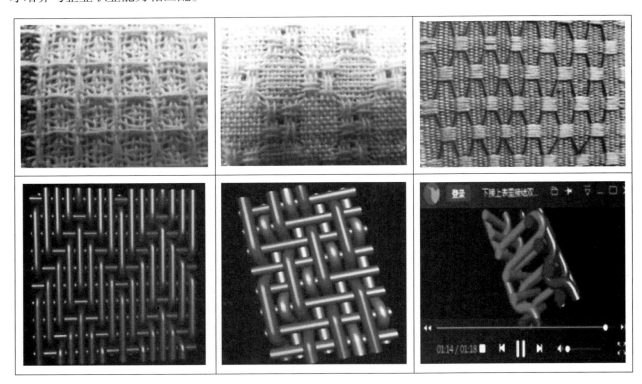

图 1　制作经纬纱线交织示意图和动画

2.2　根据组织特点制作织物快速分析技巧资源

首次提出组织参数的概念，总结织物快速分析技巧，使组织绘制方法和织物分析技巧有机糅合，纵向贯通，分析织物又快又准，引导学生解决问题的方法，培养就业后可持续发展的能力。织物快速分析技巧微课首次面世（图 2），对企业在职织物设计人员也有很好的指导作用。该成果中织物快速分析技巧的提出，占领了该领域前沿阵地。

2.3　建立"一班一课"教学方案，开展混合式翻转课堂教学

本成果开发的教学资源，以教学单元为单位，共享在国家纺织品设计资源库职教通平台上。授课教师根据这些特色资源，可自行组建适合学生学情的"层次化、阶梯式、个性化"课程，进行分层教学。实施翻转课堂，教学模式如图 3 所示。

2.4　以特色资源为载体，任务驱动，加强实践教学，推动"三教"改革

以特色资源为载体，出版"十三五"规划教材《织物组织分析与设计》。联合新疆轻工职业技术学院优秀教师组建教学团队，聘请企业兼职教师，一起制订教学标准、落实任务化教学方案，共同开发教学微课和立体化试题库，编撰教材，改革考核评价机制。通过"互联网＋"动态更新教学内容，推动"三教"改革。

3　成果的创新点

3.1　以实践教学为导向，创新数字化特色资源

（1）拍摄高清晰织物组织图片（图 4）、制作经纬纱线交织示意图及动画，全国首创，全方位展现了织物的微结构，大幅提高学生积极性。

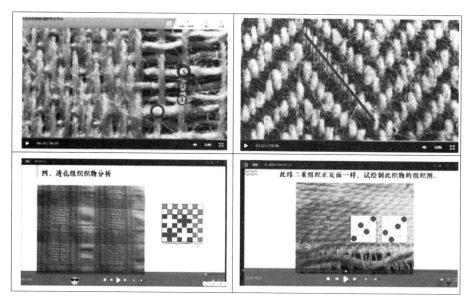

图 2　织物快速分析技巧微课画面截图

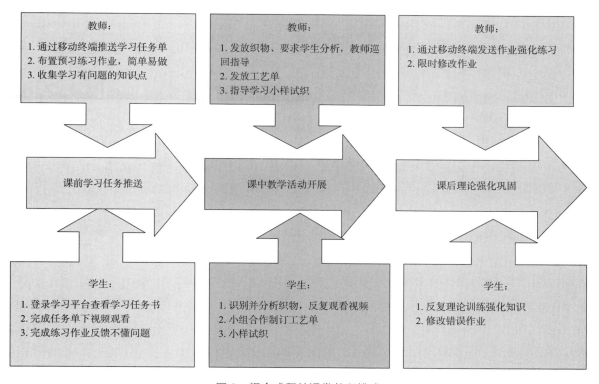

图 3　混合式翻转课堂教学模式

（2）织物快速分析技巧资源制作。由于缺少高清媒介，国内织物快速分析技巧资源一直缺失。本成果根据组织绘制特点总结制作的织物快速分析微课，资源共享在国家纺织品资源库平台，占领了该领域前沿阵地。

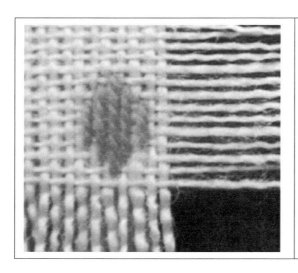
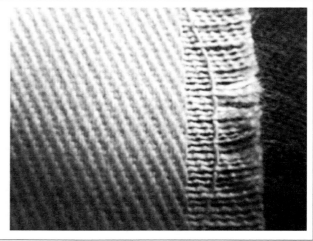

图 4 高清晰织物组织图片

（3）3D 虚拟织机仿真模拟织造场景，共享动画资源，国内首创打造仿真场景课堂，有效缩短小样试织周期（图 5）。

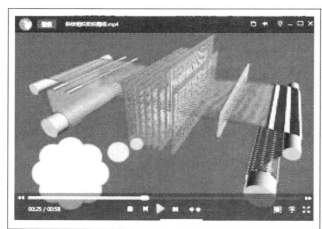
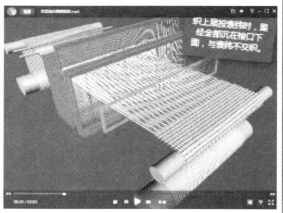

图 5 3D 虚拟织机仿真模拟织造场景

（4）建设立体化题库，搭建卓越通道。充分发挥"互联网 +"线上资源的优势，课程团队编撰了 851 道多维度立体可视化习题，改变了以组织绘制和工艺计算为主的单调的题目编撰模式，供学生课后强化练习，搭建通向卓越的天梯（图 6）。

3.2 课程教学目标模拟企业工作任务化

以织物仿样设计进而创新设计为单元教学任务，促进学生主动索取织物识别、组织绘制和织物分析的相关知识，成为课堂的主体。

3.3 基于"四维贯通"的颗粒化开放式教学资源，学生自主选择实践项目环节

搭建个性化课程建设通道，提供不同难度的单元教学实践项目，供学情不同的班级使用。

3.4 创新课堂教学模式，推进三教改革

跨校组建优秀教学团队，聘请企业兼职教师，分工协作，共建共享特色化资源，共同构建于工作过程的翻转课堂教学方案。

单选题：
如图所示组织为？

A. 3上1下右斜纹
B. 3上1下破斜纹
C. 1上3下破斜纹
D. 1上3下左斜纹

单选题：
如图所示组织为？

A. 斜纹组织
B. 平纹组织
C. 五枚缎纹组织
D. 八枚缎纹组织

单选题：
如图所示织物为？

A. 经起花织物
B. 纬起花织物
C. 小提花织物
D. 大提花织物

图6 多维度立体可视化习题库

4 成果的推广应用情况

4.1 人才培养质量显著提升，学生学科竞赛能力明显增强

受益于该成果在线数字化资源突破时空、随时随地可学的便利性，学生学科竞赛能力大幅提高。2019年10月浙江省第七届职业院校"挑战杯"创新创效省赛一等奖。2018年8月获2018年"挑战杯—彩虹人生"全国职业学校创新创效创业大赛国赛一等奖。2019年9月获中国纺织服装学会主办的"红绿蓝杯"第十届中国高校纺织品设计大赛"希赛尔"纤维专题设计组一等奖。

2019年9月获"方达杯"第11届全国纺织服装类职业院校学生纺织面料设计技能大赛机织面料设计组一等奖。2018年10月获"蜀菁杯"第十届全国纺织服装类职业院校学生纺织面料设计技能大赛机织面料设计组。2019年9月获"方达杯"第11届全国纺织服装类职业院校学生纺织面料设计技能大赛技法表现奖。2017年10月获"瓦兰杯"第九届全国纺织服装类职业院校学生纺织面料设计技能大赛机织面料设计组二等奖。

4.2 师资队伍成长迅速，教学竞赛成绩突飞猛进

课程资源建设打造了一批具有专业理论和实践能力的专业教师队伍。2019年12月，团队成员获得浙江省高等学校微课教学比赛一等奖。2019年09月获第十一届全国纺织服装类高职高专院校学生面料设计技能大赛优秀指导教师荣誉；2018年10月获第十届全国纺织服装类高职高专院校学生面料设计技能大赛优秀指导教师荣誉；2019年11月，获"红绿蓝杯"第十一届中国高校纺织品设计大赛优秀指导教师。

4.3 基于该成果的师资队伍教学改革成效显著

本成果中出版的《织物组织分析与设计》部委级规划教材第二版2017年8月由东华大学出版社出版，教材特色鲜明，发行量大。目前每年销售量2000册以上，销售地区遍及浙江省、上海市、江苏省、新疆维吾尔自治区、广东省、山东省、四川省、福建省等各省市，浙江纺织服装职业技术学院、成都纺织高等专科学校、新疆轻工职业技术学院、南通大学、山东轻工职业学院、新疆大学、沙雅职业技术学院、嘉兴学院等学校学生都在使用本教材，浙江理工大学的纺织品设计专业学生也订购本教材作为实训教材，纺织织造企业每年都有零星客户通过淘宝等形式购买。该教材于2015年由中国纺织服装教育学会授予"十二五"部委级优秀教材称号，对高职院校及企业具有良好的示范和辐射作用。

团队主要成员承担中国纺织服装教育学会与该成果有关的教改项目3项，分别是：交互式移动资源在《织物组织分析》课程中的设计与应用；基于国家资源库建设的线上、线下混合式课堂教学改革——

以《织物组织设计》课程为例；信息技术环境下混合式课堂教学改革——以《织物组织设计》课程为例。2019 年 5 月，《混合式课堂教学改革——以〈织物组织设计〉课程为例》论文被评为 2018 年度宁波市职业教育高职类管理类优秀论文三等奖；2018 年 11 月《基于互联网 + 时代〈织物组织分析与设计〉课程教学改革》获第三届全国纺织品与创意教学研讨会优秀论文。

4.4 在线开放资源辐射广泛，在纺织高职院校全面推广，资源质量受到好评

2018 年 06 月，该课程信息化特色资源在国家纺织品设计资源库职教通平台上线，开课期数 4 个学期，选课 1479 人，学习人数 1153 人，使用的高职院校单位 18 个，使用该课程建立班级进行授课的教师数为 30 人次。在国家纺织品设计资源库的 25 门在建在用课程中该课程综合应用情况排在第一位，带动了国内纺织高职院校该课程的良好交流与互动。

成果负责人在 2019 年 3 月 22 日作为课程资源建设的典型代表，在浙江纺织服装职业技术学院主办的全国纺织高职院校资源库会议上介绍该课程建设经验，成果得到广泛推广，提高了学科影响力。

"平台依托、项目纽带、多元交融"的时尚创意类项目化课程的构建与研究

常州纺织服装职业技术学院

完成人及简况

姓名	性别	所在单位	党政职务	专业技术职称
马德东	男	常州纺织服装职业技术学院	无	讲师
卞颖星	女	常州纺织服装职业技术学院	无	副教授
庄立新	男	常州纺织服装职业技术学院	无	教授
王淑华	女	常州纺织服装职业技术学院	无	副教授
潘维梅	女	常州纺织服装职业技术学院	无	讲师

1 成果简介及主要解决的教学问题

1.1 成果简介

成果主要以 2011 年"服装设计专业"获中央财政重点支持建设专业、2015 年服装设计专业入选江苏高校品牌专业建设工程两个重要建设期为研究节点，通过九年的教学研究与实践探索，构建了"平台依托、项目纽带、多元融合"的时尚创意类项目化课程体系。

成果主要以时尚创意设计为引擎，以课程建设与改革为核心，以专业工作室、在线开放课程、企业课堂三大平台为依托，以创新实践项目为纽带，以精品课程、教材建设为抓手，以双师队伍建设为根本，以优势资源集聚（民族文化、地方非物质文化遗产）为支撑，搭建成环环链接的课程体系。构建了专业基础课程链、专业核心课程链、实践拓展课程链"三链"系统贯穿的课程体系，通过"四融促教"的教学思路，实现理论学习与实践创新的多元融合。实施一明一暗"双线渠道"对民族优秀文化进行继承与发扬，始终坚持"动态调整课程设置，聚焦产业需求，培养创意设计人才"的教学思路，持续优化课程体系，培养具有"技艺通、艺理通、品学通"素养的时尚创意设计人才。

1.2 主要解决的教学问题

（1）解决课程体系中"片段式""单一化""独立性"等共性问题。

（2）解决教学过程中"灌输式""一言堂"的授课模式。

（3）解决理论学习与实践操作、科学规范与时尚审美之间的矛盾。

（4）解决时尚创意类课程中民族文化基因传承与发展的问题。

2 成果解决教学问题的方法

（1）持续推进优化时尚创意类项目课程的教学设计，解决课程教学中"片段式""单一化""独立性"等共性问题。依据服装行业需求、从业岗位能力和创业需求能力等因素，动态调整并细化项目课程方向，构建了职业基础课程链、职业技能课程链、实践拓展课程链"三链"贯穿递进式的课程体系，并创建了 9 个相匹配的专业工作室，实现知识结构从基础到前沿进展有序衔接和拓展深化（图1）。

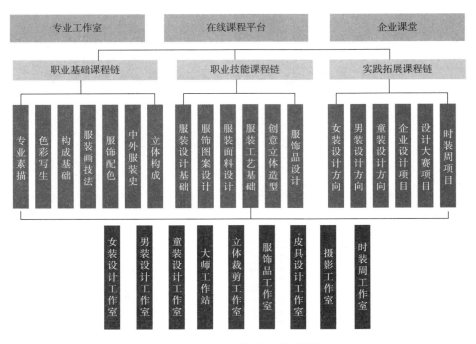

图 1　时尚创意类项目化课程链

（2）实现共享模式下在线教学资源的合理匹配，解决教学中"灌输式""一言堂"的授课模式。通过优质在线课程资源的应用与共享，形成课前基础知识线上学习、课中实训技能线下实施、课后思维拓展线下练习与线上互动"三位一体"的分层次教学模式，提高学生的自主学习能力。目前已建成国家精品课程《服装立体裁剪》、国家教学资源库《男装设计》以及 3 门江苏省在线课程，满足了课程立体式、互动式的教学需求。

（3）依托三大平台的资源优势，承担"四融促教"实施策略，打通赛教融合、产教融合、创教融合、科艺融合的课程建设途径，实现理论与实践的深度融合。科艺融合旨在强调以科学严谨的标准对时尚创意的过程与结果进行规范，在国家在线精品课程服装立体裁剪、省级在线精品课程女装设计中对 3D 打印、虚拟仿真等科技产业与时尚创意的融合路径中做出了详细解读。

（4）从文化生态理念的视角出发，梳理时尚创意设计与文化环境之间的脉络关系，解决民族文化基因传承与发展的问题。通过"明线"（民族服饰调研、设计类课程等课程）、"暗线"（北京大学生时装周、大学生创新创业等特色实践项目）、教材（关注本土非遗及民族文化）以及课题（民族服饰、传统技艺）等方面，将"文化传承与发展"的主旨思想贯穿于整个教学体系。

3　成果的创新点

（1）构建了"平台依托、项目纽带、多元融合"的项目化课程教学设计。开展以培养时尚创意人才为目标、以成果产生为导向、以项目化课程为主线、依托三大平台，通过"四融促教"的教学途径，为课程推进优化提供教学策略。

（2）围绕时尚创意人才培养理念，从课程体系、课程大纲和课程教材建设等方面对人才培养方案进行调整与优化，构建了前沿引导型教学、创新训练型教学、项目实践型案例教学、创新创业实战型教学的"四位一体"教学模式，实施学生自主学习动力提升和教师互动教学能力的"两个提升"方案。

（3）厘清文化生态和时尚创意设计的内在联系，从社会环境、产业升级、文化传承三个层面来探讨时尚创意设计中民族文化的"出发点"与"落脚点"，实施一明一暗"双线渠道"对民族优秀文化进行继承与发扬，深入研究课程设置与三个层面之间互相影响、感知、影射的密切关系，打造一项双赢的"软文化"课程教学体系。

4 成果的推广应用情况

4.1 人才培养质量持续提高

学生在各级各类竞赛中表现优秀，获得国家、省级等各级各类设计大赛嘉奖 30 余项。其中国赛一等奖 2 项、连续两年入围中国时装设计"新人奖"的评选；完成省级、学校大学生创新创业大创项目 6 项。毕业生专业素养高，就业率持续保持在 93% 以上，用人单位对毕业生综合素质高度认同；学生自主创业能力强，已有多名创业学子在服装行业取得较好成绩。

4.2 示范引领和覆盖面广

坚持以优化课程结构为导向，创建了一批优质在线课程资源，起到良好的示范引领作用。国家精品课程立体裁剪、国家教学资源库课程男装设计、省级在线课程女装设计、服装画技法、男装设计等专业核心课程在中国大学慕课开课，已经有 2 万余人的在线学习，在高职类同专业院校中处于领先地位。

4.3 扩大社会影响力

2016、2017 年服装设计专业师生作品参加"常纺之夜"——江苏纺织服装年度盛典活动，受到省内企业及兄弟院校的高度赞誉。2017~2019 年连续三年参加北京国际大学生时装周，与全国知名本科同台竞技展演，共享时尚盛宴，获人才培养成果奖 3 项、男装设计奖 2 项、最佳面料运用奖 2 项、立体裁剪奖 1 项等多个重量级奖项，全国 100 多家媒体进行了宣传报道，扩大了我校服装设计专业的影响力。

4.4 师资队伍建设显著增强

课程团队教师完成"十三五"江苏省高等学校重点教材《品牌女装设计与技术》、江苏省高等学校精品教材奖《成衣产品设计》等项目化课程系列教材 5 本；围绕课程建设、教学改革、民俗文化等完成各级各类课题 15 余项；培养了 1 位江苏省十佳服装设计师、2 位常州市十佳服装设计师，师资队伍综合素养显著提升，为项目化课程的开展做好保障。

"互联网 +"背景下纺织服装类专业学生校外实习信息化管理模式创新与实践

山东轻工职业学院
山东国子软件技术有限公司

完成人及简况

姓名	性别	所在单位	党政职务	专业技术职称
刘晓君	女	山东轻工职业学院	无	副教授
董泽建	男	山东轻工职业学院	教务处副处长、教师发展中心主任	讲师
杨新月	女	山东轻工职业学院	教务处处长、教学党支部书记	副教授
高德梅	女	山东轻工职业学院	教务科科长	讲师
叶彬	男	山东轻工职业学院	教务处副处长	讲师
齐潇	女	山东轻工职业学院	无	讲师
张玉惕	男	山东轻工职业学院	副院长	教授
梁菊红	女	山东轻工职业学院	副院长	教授
张为乐	男	山东轻工职业学院	机电工程系主任	教授
肖鹏业	男	山东轻工职业学院	轻化工程系教学主任	副教授
杨秀稳	女	山东轻工职业学院	无	教授
李芳芳	女	山东国子软件股份有限公司	无	软件工程师

1 成果简介及主要解决的教学问题

1.1 成果简介

受企业规模及岗位等因素的局限，纺织服装类专业学生实习趋散化、时空交错化、角色多元化明显，企业、家长未能有效融入校外实习信息化管理的实时交互和监控环节。自 2011 年以来，在进一步完善纺织服装类专业校外实习流程、规范校外实习齐抓共管机制建设的基础上，设计校、企、师、生、家长 O2O 交流方式，重构校外实习信息化管理平台，实现校外实习实时交互和监控 APP，将校内校外、线上线下、岗前岗中岗后的主要工作进行统一，形成基于实时交互和监控的纺织服装类专业校外实习"五位一体"管理方式。并以教育部职业院校信息化教学研究课题《基于实时交互和监控的顶岗实习五位一体过程管理研究》（2016 年 12 月结题）为基础继续完善和检验成果，成果在全院各专业推广应用，并向河北女子职业学院、威海海洋职业学院、山东电力高等专科学院进一步推广，获得广泛认可。有效解决了纺织服装类专业校、企、师、生、家长五方校外实习过程中实时沟通、实习过程监控、实习过程考核等难题。

1.2 成果解决的主要问题

（1）解决了纺织服装类专业校外实习实时沟通不畅、监控抓而不紧的问题。

（2）解决了互动机制建设不尽完善，企业、家长未能有效融入校外实习教育与管理的难题。

（3）解决了实时实习大数据分析时效性差，考核量化不足，影响各方积极性的难题。

2　成果解决教学问题的方法

（1）建立了"1133"纺织服装类专业校外实习运行机制，解决了校外实习实时沟通和监控在机制层面存在沟通不畅、抓而不紧的问题。

（2）重构了校外实习信息化管理平台，设计实现了校、企、师（校内＋校外）、生、家长五方APP，有效解决了对因工作条件限制不能利用计算机上网的分散校外实习的纺织服装类专业学生管理欠佳、实时交互和监控存在短板的问题。

在进一步完善纺织服装类专业校外实习流程、规范校外实习机制建设的基础上，学院设计校、企、师、生、家长O2O交流方式，将校外实习信息化管理平台进行重构，实现校外实习手机APP，平台以"五位一体"管理为导向，针对校、企、师、生、家长不同需求，通过事前培训、事中监控、事后应急处理实现预防在先，实时监控；结合计划审核、管控实施、实时交互和监控、评价和反馈实现全过程管理；此外，实现实习实施、实习管理和决策支持三维应用。将校内校外、线上线下、岗前岗中岗后的主要工作进行统一，形成了基于校、企、师、生、家长实时交互和监控的纺织服装类专业校外实习"五位一体"管理模式。

（3）把企业、家长纳入了纺织服装类专业校外实习信息化管理流程，有效解决了互动机制建设不尽完善，企业、家长未能有效融入校外实习教育与管理的难题。

（4）完善了校外实习大数据分析，实现了纺织服装类专业大数据分析动态化、可视化，有效解决了实时实习大数据分析时效性差，考核量化不足，影响各方积极性的难题。

3　成果的创新点

（1）以"1133"纺织服装类专业校外实习运行机制为主体，校企多部门联动、密切配合为两翼，有序开展纺织服装类专业校外实习的校内校外、线上线下、岗前岗中岗后的有关工作，形成了基于实时交互和监控的纺织服装类专业校外实习"五位一体"信息化管理模式，促进了师生、生生、生校、生企、生家（家长）、家校、家企关系沉淀，校、师、企、生、家长多方有效参与校外实习过程管理，解决了纺织服装类专业校外实习实时交互和监控难题。促进校企合作由"随机性单发少点合作模式"向"策划性多纬度多层次深度合作模式"转变。

（2）创新了纺织服装类专业校外实习考核方式，实现"考核方式个性化自定制"服务，推进了"各角色相互考核"改革，四阶段六维度对学生评价，形成了"过程性评价"和"终结性评价"相结合的对学生二元实习成果评价体系。

（3）实现纺织服装类专业学生校外实习大数据分析实时化、动态化、可视化。可视化透视图直观展示各类校外实习大数据，一目了然。

4　成果的推广应用情况

4.1　成果的推广效果

4.1.1　在校内推广应用成效显著

8年以来，成果在学院纺织服装类各专业及校外实习企业进行了较长时间推广应用和不断完善，现已陆续在2013级、2014级、2015级、2017级、2018级、2019级现代纺织、纺织品设计、染整术、纺织品检验与贸易、服装设计与工艺、服装与服饰设计等专业各班级及鲁泰纺织股份有限公司、山东岱银纺织服装集团等近百家企业应用实施，取得显著效果。

4.1.2 在省内外推广应用获得广泛认可

成果不断完善和优化，并向河北女子职业学院、威海海洋职业学院、山东电力高等专科学院进一步推广应用，获得广泛认可，有效解决了纺织服装类专业校、企、师、生、家长五方校外实习过程中的实时沟通、实习过程监控、实习过程考核等难题。

4.2 成果的实际效果

4.2.1 有效解决了纺织服装类专业校外实习的各类难题

全程可控，弥补了实时管理和监控短板，有效解决了纺织服装类专业分散实习学生不易管理的难题；破解了实时交互指导工作量考核难题，大幅提高了教师指导积极性；家长参与，发挥了最关心学生的"那个人"无可替代的督促改进作用。

4.2.2 深化了校企合作，推动了纺织服装类专业内涵发展

基于实时交互和监控的纺织服装类专业校外实习"五位一体"信息化管理模式，进一步深化了校企合作，校、企、家三方对人才培养内涵建设的认识更加深入，进一步健全了纺织服装类专业引领的"一标杆两骨干三基础"的"123"专业群布局，对标发展、争先发展意识更强，创意设计专业群被立项省级品牌专业群。

4.2.3 纺织服装类专业影响力不断提升

牵头制定了山东省《纺织品设计专业教学指导方案》《染整技术专业教学指导方案》《鞋类设计与工艺专业教学指导方案》，建设省级精品课程20门，建设省级精品资源共享课4门，参与建设国家级教学资源库4个，荣获省级以上教学成果奖励11项，相关专业办学成效作为典型案例在《中国职业技术教育》2014年第12期刊出。

4.2.4 人才培养质量逐年提升

校、师、企、生、家长多方有效参与校外实习过程管理，淡化了时空界限，实时进行交互、关怀和帮助，实现教学、管理、反馈、改进无缝对接，促进学生快速融入实习环境，学生能力水平得以逐年提高，其中，学生参加比赛获得国家级奖项27项，获得省级奖项41项。

基于"互联网+"的高职院校艺术类实践课程教学模式的研究与实施

无锡工艺职业技术学院

完成人及简况

姓名	性别	所在单位	党政职务	专业技术职称
杨晓兰	女	无锡工艺职业技术学院	陶艺教研室主任	副教授、高级工艺美术师
蒋雍君	女	无锡工艺职业技术学院	陶瓷学院院长	副教授、研究员级高级工艺美术师
刘骏	男	无锡工艺职业技术学院	动漫教研室主任	副教授
菜红	女	无锡工艺职业技术学院	时尚艺术与设计学院教工支部书记	副教授、高级工艺美术师
杨柳	女	无锡工艺职业技术学院	无	讲师、工程师

1 成果简介及主要解决的教学问题

1.1 成果简介

本成果依托课题研究和国家精品在线开放课程——陶瓷装饰彩绘课,以及省级在线开放课程三维动画制作(Maya)、小户型住宅破解术等课,以建构主义和系统化理论为指导,通过革新教学模式、丰富教学手段、强化校企融合等,解决了艺术类专业实践课程教学中存在的三个教学问题,为国内高职院校艺术类实践课程的改革与建设提供了重要借鉴。

1.1.1 创新"移动式学习+翻转课堂"线上线下教学模式,激发了学习兴趣,强化了基础技能

在线纵览全程,线下课堂穿插任务,使教学讲解与示范更有针对性;移动端学习设置测试与互动,提供多样的拓展资源,使学习过程更富趣味。融合式教学模式广受好评,教学成果明显(图1)。

1.1.2 储备一批优质线上教学资源,为自主学习、拓展学习提供有力支撑

线上资源建设集结专业教师、行业大师和产业教授等共同参与,新工艺、新技术、新视野走进课堂。陶瓷装饰彩绘课被评为国家精品在线开放课程;"宜兴紫砂陶制作技艺"成为百工录;"中国工艺美术非遗传承与创新"资源库字库;三维动画制作(Maya)、小户型住宅破解术被评为江苏省在线开放课程;二维动画运动规律、三维场景制作被评为无锡市精品课程;学院平台上建有传统紫砂工艺、服装立体裁剪《男装结构变化与工艺》《陶瓷装饰》等数字资源库,为学生自主训练提供重要支撑。

1.1.3 "专业展览+技能大赛",以任务驱动提升创新水平和综合能力

将专业展览、技能大赛等赛事融入教学环节,以任务驱动组织教学。通过参展参赛,学生创新能力、审美能力等综合素质明显提升。学生参加全国职业院校技能大赛获金奖9项、银奖12项、铜奖12项;省级技能大赛获银奖1项、铜奖1项;2件作品入围第十三届全国美展;作品在各级各类比赛中获省级金、银、铜奖22项;获相关专利31项;教育部教指委优秀毕业设计奖和省级大学生实践创新项目11项等。

1.1.4 "拜师学艺+校企融合""双一工程"推动教师实践技能不断提升

青年教师培养通过"一师一徒一技"的工作室模式开展,校企融合通过"一师一企一案例"的过程实现。编写了2个专业教学标准、9本校企合作特色教材、5项教改课题以及信息化教学设计和微课比赛等,提升青年教师的综合实践能力(图2)。

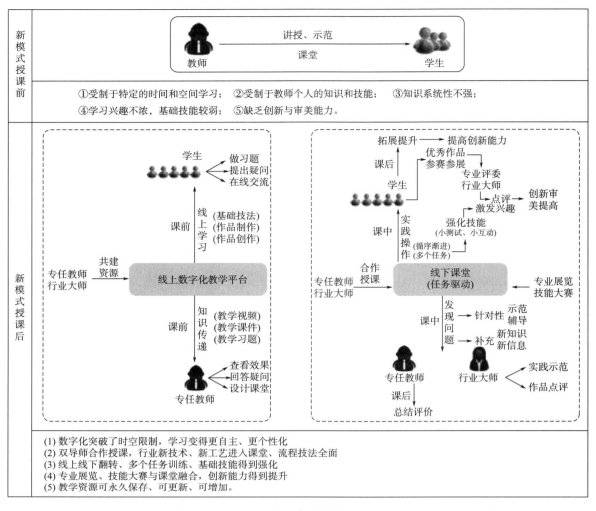

图 1　专业实践课程——"移动式学习 + 翻转课堂"线上线下教学模式示意图

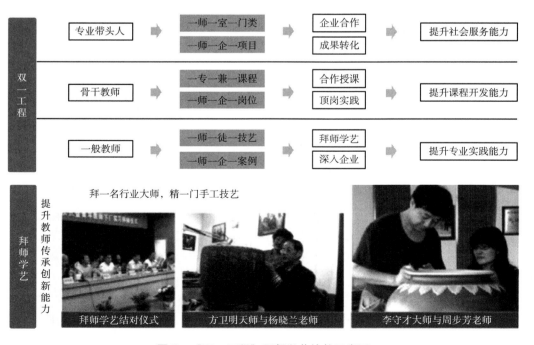

图 2　"双一工程"拜师学艺培养示意图

1.2 主要解决的教学问题

（1）解决传统教学模式枯燥，难以激发高职院校艺术类学生学习兴趣，不利于基础技能的培养的问题。

（2）解决课堂教学形式单一，难以促进高职院校艺术类学生知识技能内化，不利于创新能力提升的问题。

（3）解决青年教师专业实践能力与经验不足，难以达成核心训练目标，不利于教学质量提高的问题。

2 成果解决教学问题的方法

（1）采用"移动式学习 + 翻转课堂"线上线下教学模式，以激发学习兴趣，强化基础技能。线上教学资源集结了从"基础技法介绍—作品制作—作品创作"的全过程，线下教学因而更有针对性。通过循序渐进穿插安排多个有针对性的训练任务，教师可根据学生预习状况在线下课堂中更有针对性地解答和示范。在学生通过手机、平板等移动端学习的过程中安排小测试与小互动，使学习过程更有趣味，学习兴趣得到激发，教学效果明显。

（2）通过实施"双线课堂 + 专业展览 + 技能大赛"三合一任务驱动，促进知识技能内化，提高学生创新能力。

线上线下相结合的教学方式，不仅有效提升了课堂教学效率，更将专业展览、技能大赛等赛事融入教学环节，以任务驱动组织实施，让学生把学习掌握到的知识和技能应用到实战中。学生参加全国职业院校技能大赛、学生创作的优秀作品有机会参赛参展，得到来自专业评委和行业大师们的点评，其创新与审美也在这一过程中得到有效激发，大大提高了学生的创新能力。

（3）依托"大师工作室"，推动"拜师学艺"，锤炼教师自身综合能力，提高教学质量。校内创建大师工作室，使青年教师通过拜师学艺，按"一师一徒一技艺或技能"进入大师工作室学习，加强实践锻炼，提高专业技能；通过"一师一企一案例"，安排教师运用"教师流动站 + 项目引领"到企业、作坊学习，培养青年教师的课程开发、专业实践能力，进行新品研发，开拓创新能力。通过编写专业教学标准、国家职业技能标准、职业资格培训教材以及校企合作特色教材等，提升青年教师的综合实践能力。

3 成果的创新点

专业实践课程以信息化技术支撑，在突出传统工艺教学的基础上，形成了三大创新：

3.1 实施线上线下"翻转"，革新教学模式

"移动式学习 + 翻转课堂"的线上线下融合式教学模式中，互联网信息技术与线下传统课堂优势互补，相辅相成。基础技能的掌握通过线上平台进行，线下课堂的组织更有针对性；教学内容得以延伸拓展，赛事和展览的引入强化升级，教学成果显著，收获良好口碑。

3.2 整合教学资源，促进"教"与"学"互动

依托在线平台，课程团队整合了视频、课件、教材、专业网站、教学案例等丰富多样的教学资源，切实丰富和拓宽了学生的学习渠道，着力激发和提升了学生的学习兴趣，真正实现和促进了"教"与"学"的双向互动。学生创作作品的数量和质量都明显提升，线上资源的建设成果也得到了更多的应用推广。

3.3 引入"双导师"制，校企深度融合

"双导师"制的引入，一方面邀请到行业大师和产业教授深度参与，另一方面也通过互动交流促进了师资队伍的优化升级。学生视野大大拓展，专业技能得到提升，校企融合取得飞跃进展。

4 成果的推广应用情况

4.1 校内推广

"移动式学习＋线上线下"翻转课堂教学模式在学院陶瓷设计与工艺、环境艺术与设计、时尚艺术与设计、传媒艺术与设计四个艺术类院系 20 个专业中得到推广，惠及 250 多位教师和 5000 多名学生。对校内其余四个工科类专业课程教学改革也起到了很好的借鉴与示范作用。其中《陶瓷装饰·彩绘》2018 年被评为国家精品在线开放课程，依托学银在线平台，不仅引领了学院四个艺术类专业的课程建设，更已在我校其他院系和专业中得到推广，课程点击量达到了 853.0748 人次，累计选课人数达到 4158 人；三维动画制作（Maya）、小户型住宅破解术两门课 2019 年被立项为江苏省在线开放课程。目前有多个专业教师在学习和应用，成为学院共建共享的示范。

4.2 校外推广

陶瓷装饰·彩绘、传统紫砂工艺三维动画制作（Maya）小户型住宅破解术、服装立体裁剪等核心课程在建设的过程中以实操为主，教师讲解和演示并存，在操作的过程中呈现大量的特写镜头，内容深入浅出，对国内慕课平台上艺术类实践性课程的建设能起到很好的促进和引领作用。目前已经在中国大学慕课平台和泛雅平台上得到很好的推广。其中陶瓷装饰彩绘课程有近 60 多所高校 12000 多人选修本课程学习，课程还被苏州工艺美术职业技术学院、柳城职业技术学院等院校作为公选课选用；三维动画制作（Maya）选课人数达到了 5028 人；小户型住宅破解术课选课人数达到了 2136 人。

4.3 专业应用效果

"移动式学习＋翻转课堂"线上线下相结合的教学模式在专业实践课程中全面有效实施，人才培养质量不断提高。目前，陶瓷设计与工艺专业已获评全国职业院校民族文化传承与创新示范点、省级品牌专业，省级产教深度融合实训平台、中国工艺美术大师传承创新基地、省级中华优秀传统文化传承基地；数字媒体专业成为江苏省重点专业群核心专业、无锡市校企合作示范组合、无锡市职业教育现代化品牌专业。

4.4 学生应用效果

"移动式学习＋翻转课堂"线上线下相结合的教学模式使学生直接受益，学生通过实践课程学习，获得了充分的感知能力、敏锐的洞察能力以及新颖的设计理念。学生参加全国职业院校技能大赛获金奖 9 项、银奖 12 项、铜奖 12 项；学生参加职业院校"赛证融通"邀请赛中华传统陶瓷技艺赛荣获拉坯项目组优秀奖（最高奖）；2 件作品入围第十三届全国美展；作品在各级各类比赛中获省级金银铜奖22 项；获相关专利 31 项；教育部教指委优秀毕业设计奖和省大学生实践创新项目 11 项等。学生创作的作品在全国职业院校艺术设计作品"广交会"同步交易展中获特等奖 1 项、一等奖 2 项、二等奖 4 项、三等奖 4 项，学生作品通过学院的网上展厅和大学生创梦广场展示，得到了很好的推广，社会认可度得到提升。

产教融合视域下纺织实践教学体系的构建与实践

常州纺织服装职业技术学院
常州纺织工程学会

完成人及简况

姓名	性别	所在单位	党政职务	专业技术职称
高妍	女	常州纺织服装职业技术学院	纺织学院副院长 / 教工一支部书记	讲师
陶丽珍	女	常州纺织服装职业技术学院	纺织学院院长	教授 / 工程师
岳仕芳	女	常州纺织服装职业技术学院	染化实训中心主任	教授
张锡春	男	常州纺织服装职业技术学院	纺织学院党总支书记	副教授
张国成	男	常州纺织工程学会	理事长	高级经济师、高级工程师

1　成果简介及主要解决的教学问题

1.1　成果简介

2017 年，习近平总书记在党的十九大报告中指出：要深化产教融合。如何深化产教融合，推进校企合作，培育真正符合纺织行业企业需要的职业人才？这是亟待解决的问题，也是研究的热点。

本项目通过梳理纺织 STEAM 学科基础和知识体系，构建全面育人的实践教学目标（图 1）。在此基础上，以职业能力开发为根本教学目标，以纺织文化和匠人精神为引领，深化产教融合校企合作，以江苏省产教融合平台"纺织服装智创平台"、常州市生态纺织技术重点实验室、江苏省功能纤维材料与制品工程技术中心等平台为依托，遵循学生能力素质发展规律，系统化构建了包含认知实训、专业实训、创新实训、大赛促训、岗位实践的"五阶梯"递进式实训教学体系（图 2）。

图 1　纺织 STEAM 学科基础

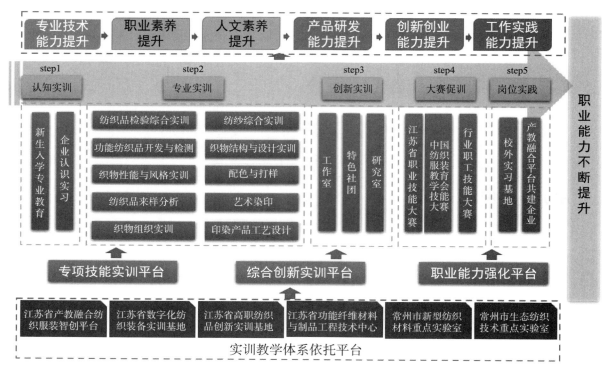

图2　纺织学院多层进阶式实训教学体系

针对该实训教学体系，深化产教融合校企合作，对接职业标准和学习培训需求，系统开发优质实践教学资源，并根据过程管理PDCA循环方法构建"学校—学院—专业—企业"四方共管的多元评价综合管控人才培养保障体系（图3），确保人才培养质量。

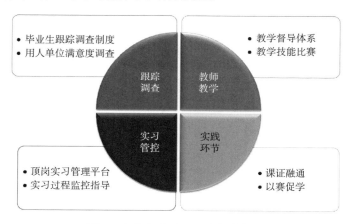

图3　专业人才质量评价保障体系

1.2　本成果主要解决的教学问题

（1）解决传统纺织专业学科缺乏具有理论支撑的包含人文素养和职业精神培养的实践教学体系顶层设计。

（2）解决传统的纺织类专业实践教学体系结构功能单一，有循序职业人才培养的规律。

（3）解决学生学习主动性不够、学习动力不足、缺乏探究式思考，培养模式不利于解决实际问题的思维培养和综合能力提升的问题。

（4）解决教师存在职业倦怠，教师掌握的知识与具备的能力与企业岗位需要脱节、实践教学能力不强的问题。

2　成果解决教学问题的方法

（1）顶层设计，明晰纺织实践教学目标。通过文献综述，以及纺织类相关课题的研究，梳理纺织STEAM学科基础，顶层设计纺织实践教学"侧重纺织技术应用，兼顾纺织文化与匠人精神传承"的新目标，构建教学目标、课程体系、教学平台、师资队伍、教学资源、教学管控的新体系，统领专业实践教学。

（2）系统规划，建立阶梯递进式的实践教学逻辑体系。以系统论和建构主义学习理论为指导，研究现代纺织企业人才需求和高职学生成长规律，确立以纺织课程实践教学为主体，纺织专业综合实践教学和纺织特色社会实践教学为两翼，构建层次分明的实践教学体系。

（3）多措并举，解决学生主动实践、自主发展动力不足的问题。修订人才培养方案，设立社会实践、创新创业和竞赛素质拓展学分；丰富第二课堂实践活动，创新实践育人载体，营造专业文化氛围，解决学生主动实践和自主发展动力不足的问题，强化实习过程管理和跟踪，开发辅助实训教学的案例库和视频库，开放实训室，以教师科研项目、专利项目、工作室项目等反哺教学，引导学生自主学习和主动实践。

（4）产教轮替，解决部分教师实践教学和服务行业能力不强的问题。通过校外企业实践、跟岗或挂职、不断推进"一师一企"对接，有针对性地开展内训和外训，提高教师的技术技能水平和社会服务能力。有39人次在江苏省信息化教学和微课比赛中获奖，6人次获得全国职业院校技能大赛优秀指导教师。外引内培博士9名（含在读）。聘请企业兼职教师，获批江苏省产业教授2人、常州市产业教授3人。根据国家"一带一路"发展战略要求，积极做好纺织留学生招生及人才培养，留学生人数逐年增加，充分发挥教师队伍中硕、博士的外语优势，建设"双师双语"课堂，激发教学活力创造多元实践教学文化。

3　成果的创新点

（1）理论方面，依据STEAM理念确立纺织类专业育人目标。构建纺织专业实践教学目标、课程体系、教学平台、师资队伍、教学资源、教学管控的新体系，阶梯式、递进式推进校企合作实践教学，丰富了纺织专业实践教学体系的内涵，具有普遍的指导意义。

（2）实践方面，创设丰富的实践育人载体。为促进教育链、人才链与产业链、创新链有机衔接。依托纺织服装专业群建设，联合优势企业，建设校内外实践基地。开展"纺织节"系列活动，组织高水平学术讲座、学生技能竞赛、学生创新作品展、企业文化宣讲等活动。此外，依托"常州市生态纺织技术重点实验室""常州市新型纺织材料重点实验室""江苏省功能纤维与制品工程技术中心"等研发平台及"江苏省产教融合纺织服装智创平台""江苏省纺织服装时尚创意产教融合（公共）集成平台"等提升师生科学研究和创新能力。

（3）管理方面，成立校企合作理事会，建立政行校企多方协同共建共育新机制。建立设备持续更新、校企人员互兼互聘机制，制定《产教融合实训平台建设和管理实施办法》等管理制度，形成长效办学新机制。

4　成果的推广应用情况

（1）促进了专业建设水平的提高。2017年现代纺织技术专业成为江苏省骨干专业；近年出版江苏省高校重点教材2本，1门课程入选江苏省高等学校在线开放课程，在全国高职纺织面料检测大赛、全国高职染色打样工比赛、全国高职院纺织面料设计比赛中多次获一等奖。

（2）将成果转化为纺织行业企业人员培训的项目课程。近4年，纺织学院承担面向企业和社会的专业培训，到账经费23万元。受到参培学员和企业的认可，扩大了纺织学院的专业影响力。

（3）促进了教师教科研能力和行业影响力的提升。近 4 年来，纺织学院承担纵横向课题 46 项，主持省市级项目 20 项，发表核心论文 48 篇，其中 SCI 收录 9 篇，EI 收录 1 篇。申请发明专利 18 项。培养江苏省高效"青蓝工程"学术带头人 1 名，访问学者 2 名，双创博士 1 名。15 人获全国职业院校技能大赛优秀指导教师，18 人次在全省信息化和微课教学竞赛中获奖。获得江苏省优秀毕业设计 15 项，其中一等奖 1 项；省级大创项目立项 18 项。此外，2019 年配合学校完成了"江苏省纺织服装时尚创意产教融合集成平台"的申报立项，为我校持续发展，走产教融合之路铺上基石。

基于产教深度融合的高职纺织类
实践教学改革与创新

陕西工业职业技术学院

完成人及简况

姓名	性别	所在单位	党政职务	专业技术职称
严瑛	女	陕西工业职业技术学院	无	教授
徐明亮	男	陕西工业职业技术学院	无	讲师
王化冰	男	陕西工业职业技术学院	总支书记	教授
王显方	男	陕西工业职业技术学院	无	教授

1 成果简介及主要解决的教学问题

1.1 成果简介

近年来，经过政府、学院、社会共同投入，陕西工业职业技术学院纺织专业实训设施、设备建设初具规模，硬件条件有了很大的改善，实训教学资源建设取得了突破性的进展：校内，建成8个多功能实训室，其中，新建5个实训室（数字化生产性实训室4个），改造升级3个实训室（生产性实训室2个），使纺织设计检测染整贸易等5个实训室达到国内同类院校先进水平；校外，陕西工院化纺服学院与全国几大企业合作共建了一批实训基地,如咸阳纤维检验所、陕西雅兰服饰有限公司、SGS公司、宁波雅戈尔日中纺织有限公司、江苏阳光集团等。

2014年主持完成的"高职院校教育教学资源共享及运行机制研究"（项目编号11J34）获陕西省教育厅立项课题（课题经费0.5万元）；2015年主持完成了"基于生产性实训项目的校企结合模式探索"（项目编号JY12-09），2017年完成了院级课程改革（项目编号14KCGG-070），院级课题正式立项。研究小组经过调研探讨，以培养高职纺织类学生综合实践技能为出发点,项目组开展了教学资源库建设、开放式实践教学体系研究，探索了"教、学、做"一体化"教、赛、证三结合"、产学研相融合的"产学一体"实训基地运行机制。

成果一：按照"教学、培训、科研、生产"功能运行，创建以企业生产项目、学生创新作品、职业技能证书、各类技能大赛、科学实验项目为载体的、项目引领的"教、学、做"一体化资源共享模式。

成果二：探索"产学一体"的实训基地运行机制。建立健全教学管理与生产管理协调机制。实训基地面向学生，面向企业，既要完成教学任务，又要积极走向市场。实行"教学实训"与"生产服务"双线运行。

成果三：改革实训教学体系，以能力培养为主线，建立项目模块化的实践教学体系。按照产品工艺流程组织实训教学，形成行之有效的工学结合的教育模式。

1.2 成果主要解决的教学问题

主要解决了纺织类实训教学内容与形式转变的问题，明确了实训基地的内涵和功能，有效地解决了实训基地建设中师资、教材（项目）、学生技能培养等问题，在工学结合培养高质量、高技能人才,产学结合创新实训基地运行机制等方面进行了大量实践，积累了宝贵的经验。建设了绿色智慧纺织服装等省级产教融合实训平台；按照实训课程标准，开发课程资源，实施了"现代学徒制＋翻转课堂"的教学模式，实现学生自主学习，满足分类培养要求。将教学的目标和任务循序渐进地落实到各个教学环节。课程资源建设路径符合高职课程的建设规律，操作性和实用性强，在全国职业院校中产生一定影响力。

2　成果解决教学问题的方法

2.1　"教、学、做"一体化

通过将相关知识点分解到实际项目中，讲练结合、学做合一，使学生在项目实践中掌握相关知识点，培养技术应用能力。企业兼职教师以工程实践性课题作为项目教学的主要内容，在真实的企业环境让学生"学中干、干中学"，以课题训练促进学生技术应用能力提升，以企业的考核评价作为学生实践教学学分。

2.2　"教、赛、证"三结合

通过将认证考核标准与教学内容相衔接，完善课程教学的评价标准，促进职业技能提高；积极参与省级和国家级能力技能竞赛（纺织性能检测大赛、纺织产品设计大赛、染整拼色打样大赛、纺织贸易跟单大赛等），通过竞赛项目快速提升学生应用技能，以竞赛促教学方法改革和教学内容的更新。近年来我院教师指导的学生参加"全国纺织服装类高职高专院校学生纺织面料检测大赛"和"全国纺织服装类高职高专院校学生纺织面料设计大赛"共获得四个金奖，两个铜奖、六个三等级和四个优秀奖。"在全国高职高专院校染整专业学生技能大赛"我院学生获得 1 个金奖，2 个铜奖、6 个三等级和 6 个优秀奖，受到了与会专家和兄弟院校的好评。

通过在实训中心的学习，学生的专业知识和技能得到普遍提高，98% 以上纺织专业学生取得了纺织纤维检验工、织物结构与性能分析工、纺织操作工、染整拼色打样工等专业职业证书，得到了用人企业的一致好评。

3　成果的创新点

3.1　重构课程体系

基于任务驱动模式组织教学，做到设计新颖、内容丰富，与企业实践紧密结合，采用多种多样的教学手段和方式，且适合职业教育的要求并结合高职教育特点。

3.2　建立了数字化的网络教学平台

建立了内容丰富的纺织特色专业链教学资源共享平台。

3.3　构建相对独立的模块、开放式实践教学体系，拓展产学研项目

（1）完成了陕西省教育厅课题——高职院校纺织专业实训基地建设的探讨。

（2）完成了陕西省教育厅课题——高等教育高职院校教学资源共享及运行模式的研究。

（3）主持省级优秀教学团队教学改革研究项目——现代纺织专业教学团队建设。

（4）主持陕西工业职业技术学院院内立项：校企合作机制体制研究与实践。

（5）完成了教育部全国重点课题"职业学校就业调查分析研究"子课题。

（6）完成了教育厅教改重点课题：信息环境下高职院校教学管理流程再造研究与实践。

（7）完成了雅戈尔日中纺织印染有限公司横向课题：雅戈尔与西部地区校企合作机制体制研究。

（8）完成了中国高等职业技术教育研究会"十二五"规划课题——校企合作共享实训基地建设实践探索。

（9）完成了企业横向科研项目——氨纶弹力丝力学性能测试仪器参数的确定。

（10）完成了校级课题——水溶性平行纺柔体纱的工艺开发与应用研究。

3.4 创新"产学一体"的实训教学机制

实现"教学实训"与"生产服务"双线运行。首创以教学为核心的"教产研"一体化运行机制，实现了教学、生产、科研相互渗透、相互促进、相互融合，充分发挥教产研合作的综合优势，形成了较强的核心竞争力。

几年来，我们项目组的老师主动为企业服务，依托实训基地，帮助企业解决生产、工艺技术难题，协助企业开发新产品，按照企业需要开发培训项目多项，我们与企业联合申报科技攻关项目4项。我们得到了地方纺织企业的高度评价和赞赏，有效地促进了校企的深度合作。而学生取得企业实践项目、参加技能大赛获奖、职业资格证书取得、创业成效、发明专利等可代替专业课程的考核。构建多元化的课程评价体系，为人才培养质量持续改进提供参考。

4 成果的推广应用情况

（1）学生职业核心技能不断增强，社会反响好。经过几年的实践，在全国技能大赛获得多项奖励：参加"全国纺织服装类高职高专院校学生纺织面料检测大赛"和"全国纺织服装类高职高专院校学生纺织面料设计大赛"共获得4个金奖、2个铜奖、6个三等级和四个优秀奖；"在全国高职高专院校染整专业学生技能大赛"我院学生获得1个金奖、2个铜奖、6个三等级和6个优秀奖，受到了与会专家和兄弟院校的好评，有力地显示了我校纺织实训教学资源共享的成果。毕业生就业对口率高，深受好评。

（2）项目组的老师主动为企业服务，依托实训基地，帮助企业解决生产、工艺技术难题，协助企业开发新产品，按照企业需要开发培训项目多项，与企业联合申报科技攻关项目3项，得到了地方纺织企业的高度评价和赞赏。2014年9月至11月为金盾纺织有限公司培训员工20名。2015年7月利用暑假为雅戈尔有限公司200名员工开展技术培训10天。2016年8月在天津天纺集团参加企业生产实践，指导顶岗实习。

（3）打破传统教学模式，承担了15项省高等教育教改课题，建设省产教融合实训平台1个，完成了省重点教材、省在线开放课程6门，正式出版部委级规划教材8部，校企协同开发项目化课程20门。积极开展多媒体教学、案例教学、模块教学、现场教学、实际操作等多种教学模式，并通过参与式、探讨式、启发式、在课外进行网上、微信与QQ等手段在线讨论，充分调动学生的学习兴趣，教学效果较好。学校毕业生就业率始终保持99%以上，均高于全省当年平均就业率。学校连续三次被评为陕西省高校毕业生就业工作先进集体，并涌现出一大批成才典型。

基于服装设计专业教学资源库应用的
混合式教学模式研究与实践

山东科技职业学院
鲁泰纺织服份有限公司

完成人及简况

姓名	性别	所在单位	党政职务	专业技术职称
杨晓丽	女	山东科技职业学院	纺织服装系副主任	讲师
孙金平	女	山东科技职业学院	无	副教授
董传民	男	山东科技职业学院	科研与质量控制中心主任	副教授
李公科	男	山东科技职业学院	专业主任	讲师
魏涛	男	山东科技职业学院	科研与质量控制中心副主任	讲师
徐晓雁	女	山东科技职业学院	纺织服装系主任党总支副书记	副教授
管伟丽	女	山东科技职业学院	纺织服装系党总支教师党支部书记	副教授
高淑霞	女	鲁泰纺织股份有限公司	党支部书记	高级技师

1　成果简介及主要解决的教学问题

1.1　成果简介

本成果依托国家级职业教育服装设计专业教学资源库平台和 1 项山东省教学改革研究项目成果，以资源库平台中的服装专业课程应用为例，进一步深化教学模式改革，进行基于信息化条件下以学生为中心的教与学改革，实现"线上、线下"混合式教学模式实施。提升学生学习兴趣与效率，融入职教日常教学，以知识服务推动学习者为中心的教与学模式变革。教学模式首先在资源库实施应用，同时在全国 110 所中高职院校 16000 余名学生中推广应用中。教学模式的改革明显提高了学生学习兴趣和学习效率，增强了教学效果，人才培养质量大大提高。

1.2　成果解决的教学问题

成果主要解决以下主要问题：

（1）以学生为中心的"线上、线下混合式"课堂教学模式应用解决教师不能跟踪每个学生的学习状况，无法做出有效即时反馈的问题。

（2）"互联网＋资源库"的实训教学模式应用解决了传统实训过多学生"围观"老师演示操作的问题；解决了因师生比例大学生不能及时得到老师帮助的问题以及教师无法及时掌握学生个体实践进程的问题。

（3）课余学习模式的应用，解决课余学习中学生学习缺少兴趣与积极性、教师无法了解学生学习进程、师生间缺乏互动与即时反馈、自主学习能力差等问题。

2 成果解决教学问题的方法

2.1 设计结构化课程

以满足线上、线下混合式教学为出发点，以服装专业课程群实践应用为例，以构建课程所涵盖的基本知识点和岗位基本技能点为依据，以碎片化的素材资源为基础，基于国家职业资格标准和规范，按照岗位能力递进和遵循学习者的学习进程进行结构化课程设计，以满足教师灵活搭建课程和学生自主学习的需求。

2.2 分层建设课程资源

分层建设结构化课程资源，依据结构化课程设计，采用文本、图片、动画、音频视频、虚拟仿真等多种媒体形式来呈现从"素材资源建设—积件资源建设—模块资源建设—课程资源建设四个层级资源建设，以满足学习者按照不同的学习方式和学习路径进行自主学习。

2.3 "线上、线下混合式"教学模式应用

该模式以教师为主导、学生为主体，依托职场化与信息化融合的教学环境和平台，"线上、线下"贯穿课前、课中、课后教学全过程。

2.3.1 以学生为中心的"线上线下混合式"课堂教学模式

使用资源库平台，联动追踪学生学习行为，教师能够随堂及时掌握学生个体学习进程、效果与反馈，从而提升了课堂学习效果与教学管理精度。

2.3.2 "互联网+资源库"的实训教学模式

"互联网+资源库"的应用模式为实训提供了一个拥有更多动态化实训资源的实训场景，为做中学、学中做的现实断点提供即时现场实训解析与学习互动。

2.3.3 课余学习模式

设计师生互动与即时反馈通道，通过与资源库联动与主动推送，为学生提供提醒、在线下载、在线学习空间、互动论坛等个性化应用。

3 成果的创新点

3.1 以知识服务推动学生为中心的教与学模式变革

依托资源库先进信息技术与手段，打造线上线下混合式教学模式，提升学生学习兴趣与效率，融入职教日常教学，以知识服务推动学习者为中心的教与学模式变革。

学生能够按照自己学习的进程和容易混淆的难点无限次的解析动作回放，为学生进行个性化呈现、点播与反复播放，解决了传统教学过多学生"围观"老师演示操作的问题；解决了因师生比例大学生不能及时得到老师帮助的问题，极大的延长了有效的教学时间，提高了教学效率，增强了教学效果。同时，通过与资源库联动追踪个体行为，教师能够及时掌握学生实训进程、效果并做出反馈。

3.2 信息化与职场化的融合

全互动式职场化课堂、生产实际平台设计。在实训教学上进行改革，积极引进企业案例；在实训教学中，改变以往的单调模式，积极引导学生参与互动式的课堂教学。建设"职场化+信息化"的实训基地，解决了传统实训中学生"围观"教师演示操作的难题。

4 成果的推广应用情况

研究成果首先在山东科技职业学院、杭州职业技术学院、邢台职业技术学院等资源库联建院校积极推广。应中国职业技术教育学会、教育部信息管理中心、各省教育厅等单位的邀请，课题组先后9次在各类学术会议、论坛等活动中进行资源库的应用推广，介绍资源开发及混合式教学模式的创新等，

宣传成效较为突出。课题组成员应江苏省、福建省、陕西省、浙江省、河北省等省职业院校邀请，赴兄弟院校做专场报告及指导 15 次，基于资源库混合式教学模式在全国职业院校中得到广泛推广与应用，并辐射全国其他专业的教学模式改革。

混合式教学模式在《服装 CAD 应用》课程中进行实践应用，制订了规范的课程标准、课程设计、"线上、线下"标准化考核评价体系及配套教材，效果良好，结合服装设计专业资源库项目建设要求，在资源库项目建设的 25 门标准化课程中进行推广应用。本着"边建边用"的原则，在资源创建和上传的同时，与资源库网络平台服务单位紧密合作，进行了多轮的运行测试，对联合建设单位的 14 所高职院校组织进行了全面的应用培训，并对应用情况进行了及时跟踪和调研。

由项目建设管理办公室对全国不同区域的院校开展了资源库应用培训。应用推广站点包括邢台职业技术学院、江苏工程职业技术学院、青岛职业技术学院、武汉职业技术学院、陕西工业职业技术学院、广东职业技术学院、常州纺织服装职业技术学院、盐城工业职业技术学院、山东轻工职业学院、黎明职业大学、中山职业技术学院等 20 多家院校，行程 2 万多公里，共有 5000 余人次参加了培训会。

本成果形成了 31 个职场化教学改革案例，分别被《中国高等职业教育质量年度报告》、全国高职高专校长联席会议、中央电化教育馆数字化校园建设、《山东省高等职业教育质量年度报告》列为典型案例予以推广；其中，《职场化＋信息化的高职特色信息化课程改革——山东科技职业学院创新现代职教课程模式》入选全国高职高专校长联席会议 2017 年会典型案例。基于资源库应用的混合式教学模式的实施提高了专业教师的信息化教学水平，自 2017 年以来，先后获得全国职业院校信息化教学设计大赛一等奖 1 项、三等奖 1 项；省级职业院校信息化教学设计大赛二等奖 1 项、三等奖 2 项。

染整技术特色专业"项目引领，书证融通"实践教学体系建设实践

江西工业职业技术学院

完成人及简况

姓名	性别	所在单位	党政职务	专业技术职称
谭艳	女	江西工业职业技术学院	无	教授
杜庆华	女	江西工业职业技术学院	支部书记	教授
李菊华	女	江西工业职业技术学院	无	副教授
张苹	女	江西工业职业技术学院	轻纺服装学院院长	教授
龙飞跃	男	江西工业职业技术学院	无	讲师
刘向源	男	江西工业职业技术学院	无	讲师

1　成果简介及主要解决的教学问题

江西工业职业技术学院是江西省以纺织为特色的高校，始终以服务国家纺织工业为己任。针对现代纺织染整技术迅猛发展和高职教育对人才培养质量提出的更高要求，学校萃取校训"经纬有序、德技双馨"精神内涵，深入研究实践育人规律，凝练形成"书证融通"实践育人理念，着力提升学生的职业技能和创新能力。

成果依托省级高校染整技术特色专业、染整技术"321"校企合作人才培养模式创新试验区、现代纺织染技术实训中心、省级精品课程、省级精品共享资源课程等五个项目和四个省级教学改革课题，在多年研究与探索的基础上，从实践教学的内容体系、教学模式、基地建设等方面系统设计并全面实施综合改革，取得显著效果。

1.1　成果主要内容

（1）凝成了"书证融通"实践育人理念，构建了职业技能培养按照"专业认知—行业体验—职业定位"三层次梯度式实践教学体系。

（2）构建了基于工作过程的项目化课程体系，以精品课程为推手，推行现代化教学手段，采用"平时考核＋项目实践考核"相结合的模式，探索"教学做"一体、线上线下交互的教学模式，深化了实践教学内容和教学模式改革。

（3）搭建了校内校外双平台，实现了校内外教学资源的有效融合和统筹利用。

1.2　主要解决的教学问题

（1）在以教师为主体的传统实验教学模式下，学生"依葫芦画瓢"被动和模仿实验，导致自主设计、自主实验训练不足的问题，解决了学生学习职业技能积极性不高的问题。

（2）解决受企业生产安全、效益等因素制约，学生难进现场实习，且染整企业生产具有不可视、高集成、高危险等特点，学生实习难动手，导致实习效果差的问题。

（3）解决实践教学模式缺乏多样性和适应性，校内外实践教学环节和内容的衔接不够紧密，导致

学生工程实践能力得不到系统训练的问题。

（4）解决实践教学质量保障机制不健全，各类教学和科研资源整合、共享、开放不足，没有发挥最大效益的问题。

染整技术特色专业"项目引领，书证融通"实践教学体系建设实践自2008年实施以来，取得显著效果，获省级以上奖励33项。中国教育报等媒体对学校在实践教学方面的改革举措和实践效果多次进行专题报道。"书证融通"实践教学体系、"专业认知—行业体验—职业定位"三层次梯度式实践教学被江西服装学院等多个高校借鉴和采用，在纺织高等教育等相关领域发挥很好的示范引领作用。

2 成果解决教学问题的方法

2.1 系统设计，构建书证融通的实践教学体系

通过调研，明确了"染整技术"专业的核心职业能力——染色打样职业能力，选取了浸染染色工艺，按照企业生产要求将颜色控制引入实践教学，建成了满足染色标准化生产能力培养、染整加工与质量监控能力培养的实践实训环节，解决了书证不融通、课程与企业岗位脱节问题。

2.2 求真践行，改革实践教学内容和教学模式

2009年以来，完成了染色工艺省级精品课程、印花工艺省级精品共享资源课程、院级网络课程两门、省级重点教改课题1项和一般课题3项，以精品课程为推手，对所涉及的染色工艺、计算机测色配色技术和染色打样课程，重新构建了基于工作过程项目化教学模式。染色工艺课程，构建基于工作过程的项目化课程体系；计算机测色配色技术课程，重塑强化色差分析调色训练的项目化课程体系；染色打样课程，建立提升职业能力的综合实训课程体系，推行现代化教学手段，采用"平时考核+项目实践考核"相结合的模式，探索"教学做"一体、线上线下交互的教学模式，促使学生完成了从"会做"到"能做"的转变，形成了教学过程与生产过程、教学内容与职业资格标准对接，实现了书证融通的培养目标。

2.3 软硬结合，构建书证融通的实践教学基地

通过现代纺织染技术实训中心的项目建设，投资了近400万元，按照资源统筹、功能集成原则，建成了染整生产实训中心、数码印花生产实训中心、计算机测色配色实训中心、染整产品性能检测实训中心4个校内实训基地和10个校外实践教学基地，引进了美国DATACOLOR测色配色系统软件和宏华数码印花分色制版软件，为书证融通实践教学体系提供了软硬结合的保障。双导师——学院专职教师和企业技术人员组成的师资；三递进——学生的专业技能按照"专业认知—行业体验—职业定位"递进式培养。通过校企共建实践教学基地，专业建设形成了纺织染专业群与纺织产业链、教学过程与生产过程、教学内容与职业资格标准三对接，实现了学院与企业资源互补，全方位提高了人才培养质量。

2.4 真抓实干，构建书证融通的实践教学管理制度

通过实施教师进修培训管理办法、教师到行业企业参加实践锻炼管理办法、出台实验教学资源共享指导意见、完善实践教学质量标准、制定实践教学激励办法等8项措施，加强教师队伍和教学资源建设，促进产学研合作，充分发挥教、学、管、研、产多方积极性，为实践育人提供全面保障。

3 成果的创新点

3.1 技能培养创新

学生的技能培养在校内4个技术中心和校外10个实习基地两个平台交替，递进式提高，专业课程内容与职业资格标准对接，教学过程与生产过程对接。技术中心承接企业产品开发项目，使学生的作品与企业产品对接，通过项目驱动教学，融"教、学、做"为一堂，集"设计、工艺、生产"为一体，一方面为企业提供大量的新产品小样，另一方面为学生提供了更多的"真刀真枪"训练实际技能的舞台，

学生的职业技能实现了与企业岗位零距离对接。经过一系列的改革之后，近年来我校染整技术专业学生在全国高职高专院校染色小样工技能大赛中取得了团体一等奖1次、团体二等奖2次、技能标兵1人、一等奖3人、二等奖9人、三等奖16人，多名指导老师多次荣获优秀指导教师的优异成绩。

3.2 基地建设模式创新

创建了校企共建实践教学基地的模式，基地建设突出校企双主体人才培养。我院依据纺织行业办学的历史，与纺织企业密切的联系，校企共建基地，在基地框架构建、设备选型、团队建设、实训内容、功能定位和管理等方面统筹谋划，大量引进企业人财物，有效解决学校实训基地建设资金瓶颈。基地引进企业资源和管理模式，凸显先进性和职业性，以校内外实践平台的产教结合为切入点，以"双导师"教学团队为支撑，系统设计了一个递进、持续的职业技能培养过程，有效提高学生职业技能。

3.3 教学团队创新

一方面学校安排教师到企业顶岗实践，参与科技研发和产品开发，积累实际工作能力，增强自身专业技能和指导学生实践的能力，提高教师的"双师"素质；另一方面，学校聘请行业企业领导、技术人员和能工巧匠担任兼职教师，参与课程的设计、教学、实习指导等，加大了"双师"素质教师比例。高职院校的"智力"资源通过合作流向企业，与企业生产经营相结合；企业技术人员、管理人员通过合作流向学校，与学校教育教学相结合。校企之间人才的新组合和交流与沟通，实现互补双赢，促使学校、企业有更高的合作积极性。

3.4 教学理念创新

立足学校40年产学研深度融合的办学传统，萃取校训"经纬有序、德技双馨"精神内涵，将思政教育融入专业教学，凝成了"书证融通"实践育人理念，构建了职业技能培养按照"专业认知—行业体验—职业定位"三层次梯度式实践教学体系。

4 成果的推广应用情况

六年来，该成果作为学院的"特色项目"，进一步明确了学院的教育教学改革方向，形成了新的工作思路，开创了人才培养工作新局面，产生了广泛的社会影响，推广应用效果显著。

4.1 教学改革效果显著，校内学生受益面广

该成果至2015年推广到纺织专业群各专业中实施，成效明显。据近三年对试点专业和传统专业学生对照分析，试点专业学生的行为更加符合企业、职业、社会的规范要求，职业素质、就业率、就业质量及职业发展潜质普遍提高。我校现代纺织技术专业、纺织品检测与贸易专业学生在全国高职高专院校纺织面料设计、纺织面料检测、针织时装设计技能大赛中取得了团体二等奖2次、一等奖3人、技能标兵1人、二等奖6人、三等奖十几人荣誉。职业技能考核合格率高达99%，用人单位普遍反映毕业生动手能力、创新能力强，3~5年内35%以上成为企业技术骨干。

4.2 人才培养成效明显，毕业生质量高度好评

在试点专业的带动下，学校整体人才培养质量、就业质量稳步提升。如"众和纺织班"2009届毕业生谭爱华同学，现已成为该公司的技术总监，负责全公司的技术业务。2009届的施新力，毕业后到深圳创业，成立了深圳稻香纺织设计公司，年收入100多万元。纺织染专业的毕业生毕业招聘就被校招的各大纺织染整企业"抢购"一空，均在企业关键技术、管理岗位就业，待遇优厚；毕业生近三年一次就业率在98%以上。

4.3 改革成果广泛推广，示范辐射作用明显

《基于工作过程项目化高职染色工艺课程的教学改革探索》《提升高职染整技术专业学生染色打样职业能力的实践》等省级优秀教学研究论文对课程建设与教学方式的教学理论有借鉴与促进作用。染色工艺、印花工艺两门省级精品课程的课程资源全部上网，在全省乃至省外产生了示范效应。省级

教改课题结题 4 项，这些成果已在本院共享。中国教育报等媒体对学校在实践教学方面的改革举措和实践效果多次进行专题报道。"书证融通"实践教学体系、"专业认知—行业体验—职业定位"三层次梯度式实践教学被江西服装学院等多个高校借鉴和采用，在纺织高等教育等相关领域发挥很好的示范引领作用。

需求导向、应用驱动的"现代纺织技术"专业教学资源库建设与实践

江苏工程职业技术学院

完成人及简况

姓名	性别	所在单位	党政职务	专业技术职称
洪杰	男	江苏工程职业技术学院	纺织服装学院副院长	副教授
尹桂波	男	江苏工程职业技术学院	教务处处长	教授
吉利梅	女	江苏工程职业技术学院	国际交流学院副院长	副教授
隋全侠	女	江苏工程职业技术学院	无	副教授
刘梅城	男	江苏工程职业技术学院	无	副教授
陈和春	男	江苏工程职业技术学院	无	讲师
刘桂阳	男	江苏工程职业技术学院	无	副教授
黄旭	女	江苏工程职业技术学院	无	副教授
周祥	男	江苏工程职业技术学院	无	副教授
薛玮渭	男	江苏工程职业技术学院	财务处副处长	高级会计师

1 成果简介及主要解决的教学问题

1.1 成果简介

本成果依托职业教育"现代纺织技术"专业教学资源库项目的建设,立足于本专业所属院校分属全国各地发展阶段不一、特色各异、优质学习资源零散、信息化水平整体偏低的现实问题,通过调研论证,明确各参建单位、校企社各类学习者的需求,做好顶层设计,具体建设中充分考虑资源库"能学""辅教"定位,以应用为本,通过资源库所在平台智慧职教/职教云以及中国大学慕课等平台进行持续更新、应用探索和不断提升,形成了需求导向、应用驱动的专业教学资源库建设与实践模式。五年来以资源库建设、实践应用产生在省级及以上各类教师教学类大赛、课程建设、教材建设、教研教改课题、教学成果奖、学生技能大赛(仅统计一等奖)中取得成果达67项。连续五年在全国资源库建设工作研讨会、校长联席会议中进行宣讲或展出,广受教育部职成司、职教领域专家、众多高职院校的关注和点赞。

1.2 主要解决的教学问题

1.2.1 顶层设计,解决如何建设问题

基于"能学""辅教"的功能定位,考虑参建单位分属各地、发展阶段不一、产业特色各异的现实,系统做好顶层设计,规划好子项目和目录树,制订给出建设指南和技术标准,明确在保质下如何建设。

1.2.2 三精四用,解决具体建设问题

凝练提出"三精(精细分析、精良素材、精心设计)四用(够用、能用、易用、适用)"原则,建立建设全过程预警和实施全面审核机制,确保合规优质下资源库如期进行具体建设。

1.2.3 精准推广，解决有效应用问题

根据各类用户具体需求，以多途径全方位推广、具体对接入微指导和组群答疑，以应用反哺建设，面对各单位参建人和各类型使用者，给出典型教学应用方案，有效解决资源库应用问题。

2 成果解决教学问题的方法

2.1 做好顶层设计，保障建设资源库

在项目建设伊始，通过召开建设会议，进行广泛调研和论证，明确各参建单位需求和已有基础，进行顶层建设任务的规划和设计，统领各参建院校的共性需求、兼顾个性需求，逐步编制确定形成各参建院校达成共识和认可的课程（子项目）及目录树，制订给出统一的建设技术标准和指南，确保建设在统一步调下进行。根据各单位发展阶段不一、参建人员水平层次不同，组织进行集体的实战式培训，快速提升信息化技术应用和建设水平。项目参建人员在中国大学慕课平台参加"教你如何做慕课""翻转课堂教学法"等慕课课程学习获得证书，亲身体验式进行学习和提升，确保参建人的理念一致、建设水平达标。以此，保障资源库建设的顺利推进。

2.2 遵循三精四用，引领建好资源库

在建设过程中，以三精四用为引领，边建边用。通过精细分析不同类型用户的需求、信息化素养和学习行为，梳理和优化各参建单位已有合格优质资源、新建特别是来源于企业的优质资源，系统建成并归入各课程目录树相应节点之下类型丰富、质量精良的颗粒化碎片素材资源，实现以精良的碎片素材为核心，有效突破教学重难点。整合参建院校优质师资精心进行教学设计，依托信息化技术手段，依知识点、技能点调用排列素材资源建微课和课程，实现以精心的教学设计为重点，将教学改革落到实处。以智慧职教平台（含职教云）为支撑，可通过各种终端快捷访问，满足四类人群的需求，确保所建资源、微课、课程适用、能用、够用、易用，实现让更多的人包括教师、学生、企业人员和社会学习者从中受益，满足其对现代纺织技术专业知识"点—线—面"不同层次的需求。

建立资源库建设审核小组，对入库所有内容进行全面审核，严格准入制度，一是确保从内容形式上要符合国家有关法律法规，二是按质量技术标准进行审核，应符合教育教学规律，符合高等职业教育特点，使入库内容质量有保障。创设建立资源库建设月报制度，依据建设任务书对各子项目建设进行月度红蓝榜发布，实施过程预警，前后组织进行了集中培训、中期检查、质量提升等 5 次会议，有效推进项目的顺利建设。

2.3 精准推广应用，实践用好资源库

资源库重点在建，更关键在用，特别是应以满足在校学生使用为首要目标。作为牵头院校率先使用，在建有标准化课程之下，为满足不同学校对同一门课程的不同设计，包括教学内容、教学目标、教学组织，通过职教云共建专享功能，探讨由各用户单位根据需要对原有标准化课程（慕课）进行个性调整、增删，以专属小规模课程方式实施教学，总结探索形成了基于分层分类教学的模块化建课与应用模式、基于智慧职教平台的 OTO 混合式教学模式，入选全国典型案例进行推广。通过建立学生队伍，全程参与资源库建设、使用，从学生视角出发通过深度学习体验，亲自制作出更符合学生特点的系列学习使用视频。更通过规划分析，建立了五支指导队伍分赴全国各地，与教师面对面、深入班级面对学生、组群交流，实地精心推广使用，同时提供使用指南文本、学习使用视频、使用资源库开展教学的典型案例，更好满足用户的个性需求，助推更多用户用好资源库。

3 成果的创新点

3.1 理念创新：形成"三精四用"建设新理念

作为牵头院校和国家示范性高职院校，立足先行先试，理解吃透资源库建设理念及高职教育最新

发展理念，积极发挥示范引领作用。依托资源库建设项目，带动参建院校首先进行基于工作过程系统化的改革，将高职教育教学改革融入资源库建设中，教会参建院校老师如何将传统知识性课程体系，改革为基于工作过程的课程体系，按照行动导向六步法实施。按照此理念进行课程顶层教学设计和教学实施设计后，形成达成共识的课程目录树，围绕目录树，按照"三精四用"原则建设各子项目、用好资源库。

3.2 机制创新：全面建立审核预警新机制

建立全面审核小组，确保入库内容在符合国家法律法规要求下，再根据建设技术标准进行审核，保障建设质量。建立形成全程建设月报制度，按资源库所列的子项目依据建设任务书，在组建的参建人员QQ群中按月发布建设进展报表，通过不同的颜色区分各子项目的进展，形成有效的预警机制。通过审核看质量、通过预警抓进程，依此从建设经费划拨、建设评比评优上进行调控，有力高效促进了资源库的优质建设。

3.3 模式创新：科学谋划形成推广新模式

通过对边建边用中各地各类用户的应用反馈总结，结合分属地域，科学谋划线路和形成指导方案，建立指导团队，基于提供资源库使用指南文本、使用视频、典型案例等多种方式，先后共计23位老师分五路到参建或使用的山东科技职业学院、新疆轻工职业技术学院、新疆石河子职业技术学院、河南工程学院、成都纺织高等专科学校、广东职业技术学院、安徽职业技术学院、苏州经贸职业技术学院等20余所院校，通过与老师面对面专题指导、下沉班级面对学生指导等进行了41次的现场指导，还建立组群在线答疑指导制度，在提升这些院校的资源库建设水平和进度的同时，极大地推动了资源库在各院校信息化教育教学改革中的应用和支撑作用，有效保障了资源库的广泛应用。

4 成果的推广应用情况

通过项目建设、验收及其后的更新、拓展和应用，"现代纺织技术"专业教学资源库主要依托智慧职教/职教云、中国大学慕课平台进行应用，并通过各类契机不断推广应用。

4.1 派出教师全国巡回指导，加强参建院校的建设应用

作为牵头院校全面率先使用，深入探索和总结。先后派出23位老师到全国各地进行了41次的巡回指导，极大地提升了这些院校的资源库建设水平和有效应用，推动了资源库在信息化教育教学改革中的关键支撑作用。据统计，作为项目主持学校，教师使用资源库进行专业教学的学时数占专业课总学时的比例达81.4%，100%的现代纺织技术专业学生使用本资源库，在合建院校对应的比例分别为52.3%和54.3%。与此同时，充分发挥资源库的示范效应，辐射带动本校的家纺、染整、服装专业等其他专业开展资源库课程的应用和教学改革。截至目前智慧职教平（含职教云）台用户达28016人，加上资源库的建设成果——织物分析与小样试织、纺纱工艺设计与实施、纺织品服用性能检测、机织工艺设计与实施、外贸跟单实物五门课程成为江苏省、陕西省精品在线开放课程，通过中国大学慕课、学堂在线上的用户，总数已突破50000人。进一步促进了职业教育"现代纺织技术"专业教学资源库的社会影响力。

4.2 依托学会/专指委会平台，开展资源库的推广和应用

中国纺织服装教育学会/高职高专纺织服装类专业教学指导委员会是职业教育"现代纺织技术"专业教学资源库建设的合建单位和指导单位，指导全国纺织服装类高职院校开展专业建设、人才培养工作。2015~2017年，职业教育"现代纺织技术"专业教学资源库建设均列为专指委会的重点工作加以推进，牵头院校多次在高职高专纺织服装类专业教学指导委员会各级各类会议上介绍并推广职业教育"现代纺织技术"专业教学资源库，介绍建设成果和教学改革经验，并通过中国纺织服装职教集团向更多开设有纺织类专业的高职院校开展资源库的应用推广。

4.3　以教育部各类会议为机，推广展示资源库建设成果

2015 年 ~2019 年，连续五年在教育部的职业教育专业教学资源库建设工作研讨会、高职校长联席会上，进行主题交流发言或进行展板展示，推广应用资源库建设成果。如在 2015 年湖北武汉召开的高职校长联席会议上，以"三精四用"建设"能学辅教"的教学资源库为主题，提出打造满足不同人群、众口可调的现代纺织技术专业国家教学资源库，以在线教育为纽带，服务行业发展，提升专业服务水平，以纺织文博为特色，打造纺织百科，推广纺织文化科技，以冗余资源为基础，以智慧职教平台为支撑，通过各种终端快捷访问，满足四类人群的需求，为纺织行业培养更多高端技术技能人才，进行宣传，受到热烈关注。如在 2017 年安徽合肥召开的全国职业教育专业教学资源库建设工作研讨会上，共有来自全国各地多达上百所高职院校 1300 多人出席了会议，项目负责人尹桂波在"智慧职教"平台应用交流中做"'现代纺织技术'专业国家教学资源库应用体会与反思"主题发言，获得了参会院校和人员的热烈反响，会后多家院校表达了交流学习的意愿。

4.4　通过专门会议和接待交流，进行资源库的推广宣传

自 2015 年的校长联席会开始，现代纺织技术资源库开始广受全国范围内诸多高职院校的密切关注，不少兄弟院校前往主持或合建单位进行交流或邀请项目组核心成员到校开展经验介绍，通过组织或参加相关会议，项目参与团队成员积极介绍项目建设情况、展示项目成果，对项目进行了有效宣传推广。以主持单位江苏工程职业技术学院为例，2015~2019 年合计有百余批次院校来校考察交流专业建设，促进了该项目的宣传推广。

资源库建设负责人尹桂波自 2017 年 3 月在安徽合肥召开的全国职业院校资源库建设研讨会交流发言后，受到全国关注，先后受邀到山东科技职业学院、济南工程职业技术学院、江西九州职业技术学院、广西壮族自治区教育厅教师信息化教学能力提升培训班、福建厦门信息化教师教学能力培训、江苏商贸职业技术学院、南通科技职业技术学院等 17 个院校或单位宣讲资源库建设理念，演示资源库建设技术，受到各院校一线教师的热烈欢迎，据不完全统计，达 8000 余人次。

"工商学用"四位一体螺旋上升式服装与 服饰设计人才培养的改革创新与实践

义乌工商职业技术学院
广东省卓越师资教育研究院

完成人及简况

姓名	性别	所在单位	党政职务	专业技术职称
洪文进	男	义乌工商职业技术学院	服装与服饰专业机构主任	讲师
陈桂林	男	广东省卓越师资教育研究院	院长	教授
苗钰	女	义乌工商职业技术学院	无	讲师
华丽霞	女	义乌工商职业技术学院	创意设计学院副院长	副教授
金红梅	女	义乌工商职业技术学院	创意设计学院院长	教授
薛川	女	义乌工商职业技术学院	党支部书记	副教授
包家鸣	男	义乌工商职业技术学院	无	助教
刘慧芬	女	义乌工商职业技术学院	无	助教

1 成果简介及主要解决的教学问题

1.1 成果简介

在国家战略和职业教育发展的新要求下，高中毕业生和退役军人、下岗职工等多元化生源结构带动了职业教育的供给侧结构性改革，高职服装与服饰设计专业教育改革势在必行。"工学商用一体化"产教融合人才培养模式的改革创新与实践，突破设计成果转化的瓶颈，畅通作品向商品转化的"最后一公里"，人才培养与就业创业无缝衔接，培养"擅创意、精设计、懂科技、通商道、厚人文"的复合型创新型技术技能人才，打造行业范式与标杆。

成果基于义乌商城设计学院（义乌工商职业技术学院与企业混合所有制办学产物）平台，采用"工商学用"四位一体螺旋上升式服装与服饰设计人才培养模式，即"工"——企业化，"商"——产业化，"学"——学徒化，"用"——商业化，以"四化"理念构建人才培养体系螺旋链（图1）。提出以"包产共建、多元开放"的"工商学用"一体人才培养新机制；"联产引导，实施市场为本的"多级项目"岗位课程新路径；跨产融合，实施创新共享的"创意优+"教法改革新模式；合产共赢，建设螺旋递进的成果转化新渠道。提升"产—校—专"紧密融合的服饰用品设计研发平台的职业能力进阶能力。

1.2 主要解决的教学问题

基于"共商学用"四位一体人才培养模式有效解决了如下问题：

（1）企校沟通不畅，供需结构单一，产学脱节，学生适应企业岗位幸福感低。

（2）课证融合不深，教学导向模糊，内容陈旧，教师教学效果时代感差。

（3）技能获得不全，岗位适应虚弱，满意短缺，学生岗位技能学习体验感弱。

（4）成果堆积量大，商业转化率低，路径单一，师生教学成就感小。

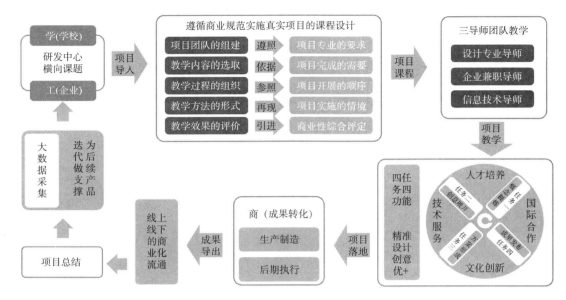

图 1 "工商学用"四位一体螺旋式人才培养模式

2 成果解决教学问题的方法

2.1 包产共建，构建多元开放的"工商学用"一体人才培养新机制

立足服装与服饰设计产业岗位群，以市场的产业需求确定项目的目标及任务，项目的能力需要确定模块课程，由专业教师和企业导师组成教学团队实施教学，依据服装产品开发的商业项目的流程和规范组织授课，以商业转化率为主要指标进行课程考核，实现课堂作品到流通商品的转化，打造"工商学用"一体人才的培养新机制。

2.2 联产引导，实施市场为本的"多级项目"岗位课程新路径

具体实施计划分 3 阶段推进：

第一阶段（第 1 学期）：以专业基础课程开展服装服饰创意基础素质的培养，完成专业群共享平台课、职业素养和岗位基础课程的学习。

第二阶段（第 2~5 学期）：引入企业真实项目驱动培养方式，在校内开展递进式的多级项目教学，工学交融，养成职业能力。

第三阶段（第 6 学期）：通过顶岗实习，学生独立完成企业真实项目，实现与就业岗位的无缝对接。形成"三二岗"（工作岗位\迁移岗位\发展岗位 + 岗位学习模块\岗位课程）递进式课程新体系。用细分与进阶方式层层递进岗位职责与任务，聚焦课程的"时效性"。

2.3 跨产融合，实施创新共享的"创意优 +"教法改革新模式

服装服饰创意设计作品的产生需要反复创新、打磨和优化。联合工业设计、数字媒体、网络直播营销等主流产业真实项目，基于大数据分析和客户需求进行精准设计教学，教学团队引导学生进行创意发散思维，形成初步设计方案，集中优选，形成阶段性设计成果，再不断循环推进，直至形成客户认同的服装服饰设计方案为止，培养学生优中选优、精益求精的工匠精神（图 2）。

2.4 合产共赢，建设螺旋递进的成果转化新渠道

成果转化第一课堂即是"创业工场"。项目制课程课堂教学内容源于市场需求，优秀的课堂创新作品被企业采用和购买，形成了学生创业的雏形；成果转化第二课堂设立"创客空间"。由创新创业导师和国家技能大师工作室选派项目导师，帮助学生孵化优质项目；成果转化第三课堂对接"中国义乌商贸城时尚创意谷"。成果转化第四课堂依托"中国义乌商贸城时尚创意谷"的技术支撑和线上、

线下营销平台，实现课堂作品到流通商品的成果转化。

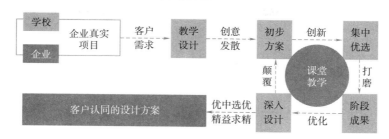

图 2 "创意优 +"教法改革

3 成果的创新点

3.1 理论创新

以市场岗位需求为导向，精准人才培养侧重点，以学生为中心，利益需求点为抓手，以"企业化、产业化、学徒化、商业化"四化利益为共同体，搭建"工商学用"四位一体螺旋式人才培养体系。基于企业利益相关需求，从专业技能、职业素养、创新能力等方面提升学生综合素养，实现服装与服饰专业高技能人才的培养（图 3）。

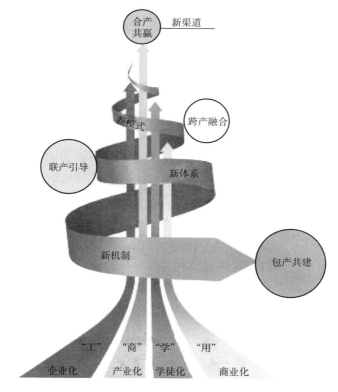

图 3 "工商学用"四位一体螺旋式人才培养体系理论框架图

3.2 实践创新

学生成果的多渠道转化是践行"工商学用"四位一体螺旋式人才培养体系实践应用的重要路径。通过发挥学生的主观能动性，利用自媒体向大众展示成果；借助学校创意集市平台，学生充当"商家"，向社会宣传并推广成果；作为企业合作项目成果，用企业品牌营销模式，促成成果销售转化；作为自主研发成果，在设计研究中心培育孵化应用；从创业实践渠道出发，将成果实践打造成创新创业的主要产品。

4 成果的推广应用情况

经过 3 年理论深化、实践探索和推广应用，取得了一些成效。

4.1 基于"商城设计学院""中国义乌服饰用品与设计研发中心"的建设，带动了服装与服饰专业师资团队高端技术技能的提升

创意设计学院服装与服饰设计专业教师通过与企业共同建设商城设计学院、中国义乌服饰用品设计研发中心，转变了传统教育教学模式，摒弃传统说课模式，一方面将课堂带入企业需求的真实岗位，另一方面在课堂中导入现代信息技术，从"线下操作、线上辅导"的混合形式，提高教师应对新技术、新方法做出的反应，从技能内容和实施手段提高教师教育教学能力和职业技能。2016 年，洪文进老师获得全国纺织服装信息化教学能力比赛中的优秀奖、浙江省信息技术教学能力比赛中的二等奖。同时，专业师资团队在浙江省教师教学能力比赛中获得三等奖、浙江省教师微课大赛中获得二等奖，在多项全国服装与服饰设计大赛中均获得入围奖。

4.2 通过"学徒化"与"商业化"建设，有效提升了学生专业技能学习能力，拓展学生技能培养范围

通过共建的混合式商城设计学院，根据商城集团下属企业岗位需求，学生成立市场化应用工作室，将所学的服装与服饰设计、工艺制作、直播营销、平面宣传等技能投入商业化运转中，先后为浙江蒂贝琳实业有限公司、苏州达菲过滤技术股份有限公司、义乌派特皮具有限公司设计产品、咨询直播销售业务。其中设计并生产服装 1000 余件，服饰用品 200 余件，企业盈利总额 300 余万元，苏州达菲过滤技术股份有限公司把学生工作室为其设计的春夏两款工装推向全国旗下 100 多家连锁公司。学生参与各类技能获奖率达 80.2%，获得省级以上获奖 10 余项，各类服饰创意设计大赛 20 余项。

4.3 作为义乌市时尚创意产业协会副会长单位、全国高等职业院校育人成效 50 强单位、中国纺织服装教育学会的主要成员单位，有效动"工商学用"人才培养体系外围构建

义乌工商职业技术学院作为第一主持单位与中国小商品城集团股份有限公司联合共建混合所有制商城设计学院，在商城集团下属企业，运营场建立基地，其中在义乌篁园服装市场基地全面推广项目课程教学、线上、线下岗位技能培训、服饰产品直播营销，直接受众服装服饰个体经营户、中小微企业 1000 余家。作为义乌市时尚创意产业协会副会长单位，2016 年以来，受多方邀请，在各大企业和相关职业院校进行服装与服饰用品设计与工艺，服饰用品网络直播营销、服饰用品线上平面视觉设计等专题讲座百余次。利用"中国义乌服饰用品设计研发中心"，结合信息化手段，改革服装与服饰设计专业课程体系和人才培养模式，建设高端服装与服饰品专业技能人才，得到了学生、学员、企业的一致好评，推动了职业院校服装与服饰设计专业教学改革和课程建设。在新闻调查、人民日报社、中国教育报等媒体也得到了好评报道。

全面发展视阈下"一二课堂"协同育人的探索与实践

杭州职业技术学院

完成人及简况

姓名	性别	所在单位	党政职务	专业技术职称
郑小飞	男	杭州职业技术学院	达利女装学院党总支副书记	副教授
祝丽霞	女	杭州职业技术学院	达利女装学院学工办主任	思政助教
章瓯雁	女	杭州职业技术学院	达利女装学院第一党支部书记	教授
崔畅丹	女	杭州职业技术学院	达利女装学院组织员	助理研究员
庄熊	男	杭州职业技术学院	无	辅导员

1 成果简介及主要解决的教学问题

1.1 成果简介

高校的任务是培养德智体美劳全面发展的社会主义建设者和接班人。在新时代改革开放和社会主义现代化建设的背景下，促进人的全面发展对教育和学习提出了新的更高要求，以人民为中心的教育必须致力于培养德智体美劳全面发展的人，要努力构建德智体美劳全面培养的教育体系，特别强调要在学生中弘扬劳动精神。达利女装学院多年来一直在探索构建全面育人的体系，构建以第一课堂为主渠道，第二课堂为延伸的育人体系，搭建以文化人、以体育人、以美育人、以劳育人的实践平台，完善了第一课堂成绩单和第二课堂成绩单的人才评价机制和评奖评优机制。形成一二课堂互为补充，相互促进的良好格局，构建全方位全过程深融合的协同育人新机制（图1）。

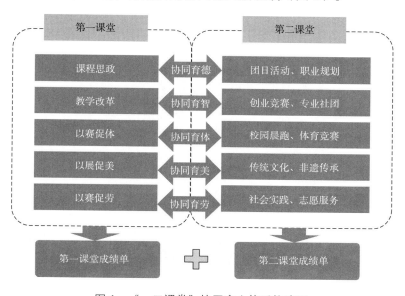

图1 "一二课堂"协同育人体系构建图

1.2 主要解决的教学问题

现阶段，部分高校师生对于第二课堂仍缺乏认识和了解，在第二课堂实施过程中，部分活动存在形式主义过重、设计粗糙、忽视学生真正需求等情况。本成果全面育人为导向，第一课堂和第二课堂相衔接，科学构建全面育人课程体系，较好地解决了第二课堂结构松散、育人功能不强问题。根据目前在育人评价方面方法单一，注重智育的评价，忽视了德、美、劳等方面的评价等现状，解决了全面育人的评价机制构建问题，通过第二课堂，大力推进传统文化进校园，解决了在高校中传统文化的传承和创新的问题。

2 成果解决教学问题的方法

2.1 构建协同育人的课程体系

强化类型教育思维，将思政教育、劳动教育、美育教育、工匠精神融入课程体系，通过"党课团课""团日活动"等融入思政教育，强化立德树人；通过"志愿服务""公益活动"等融入劳动教育，弘扬劳模精神；通过"艺术论坛""师生优秀作品展"等融入美育教育，提升学生美学修养和鉴赏能力；通过"技能比武""创意设计大赛"等融入工匠精神，塑造学生精益求精的职业素养。重构时尚特征凸显的专业群课程体系（图2）。

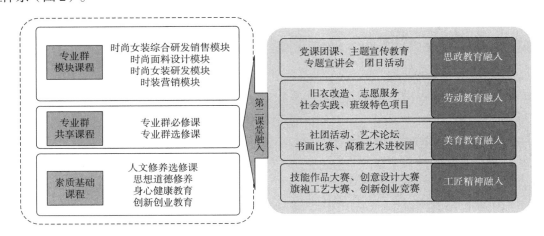

图2 服装设计与工艺专业群课程体系构建示意图

2.2 搭建协同育人的活动载体

配合第一课堂组织各种竞赛活动，结合平面设计课程开展"海报设计大赛"，结合服饰手工艺课程开展"创意作品大赛"，结合营销课程开展"展卖活动"等；结合育人目标成立教师工作坊，根据专业特点成立了"手工饰品工作坊""皮具制作工作坊"等，拓宽专业技能，为培养复合型人才提供支撑；依托学校主持建设的"传统手工艺（非遗）技艺传习与创新资源库"，开设"非遗"课程，通过学习让学生产生对传统文化的兴趣，参与非遗大师班线下进行深入学习和实践；成立"缝匠志愿服务"，利用第一课堂所学专业技能，开展旧物改造、美观修饰、搭配讲座等服务，融入美育、劳育等教育。

2.3 完善全面育人的评价机制

建立"以育人目标为导向、以学分建设为基础，以双向考核为保障"的评价机制。建立第二课堂学分机制，每个专业创设素质学分，制订分值表，规定不同类别、不同级别的活动赋分的，经过详细论证后实施。建立劳动成果激励机制，将劳动成果与评奖评优挂钩，将劳动分作为评奖评优和入党考察的重要指标。

3　成果的创新点

3.1　创新了一、二课堂协同的育人模式

紧紧围绕"培养德智体美劳全面发展的社会主义事业建设者和接班人"的育人目标，构建一、二课堂协同的课程体系，完善第二课堂的整体设计，从"思政教育、劳动教育、美育教育、工匠精神"四个层面搭建活动平台，改变以往第二课堂活动导向不明，结构松散无序的现象，使一、二课堂之间形成互为补充，相互促进的格局，在全面发展的复合型人才培养上发挥了重要作用。

3.2　创新性搭建构建了一、二课堂协同的评价机制

目前高校在人才评价上存在"重智育轻素质"的现象，不符合新时代德智体美劳全面育人的目标，本成果从评价理念、评价制度、评价方法进行了整体思考，创新了评价机制，第一课堂成绩单的构成融入素养评价，如诚信劳动、创新劳动等，对"不诚信"现象一票否决，第二课堂成绩单制定了完善了评价制度，实行信息化管理，客观公正地反映学生的参与情况和活动成果。进一步保障了育人质量（图3）。

图3　第二课堂实施情况

4　成果的推广应用情况

4.1　形成了以达利文化为核心的人文素质教育体系

全方位推进了职业素养教育，达利女装学院充分发挥校企共同体在工学结合、学做合一、师傅帮带、市场体验等方面的优势，将职业素养教育贯穿人才培养的全过程，在课程开发与实施、校园文化课题研究等方面结合达利公司和女装产业需求，通过课堂教学改革、达利大讲堂、企业实习锻炼、学生社团活动等形式，让学生在开放的、全真的、职业化的教学情境中感受达利公司先进的企业文化，不断熏陶逐渐养成良好职业素养。

创新了思政教育工作，制定了《思政课融入专业教学改革实施方案》，并在实践中结合达利特色，摸索出了一条适合达利思政教改长效推行的教改机制。在心理健康教育方面，学院团总支学生会心协每年都会定期举办各色各类的宣传普及心理健康知识的活动，编写了新生心理健康手册，引导学生积极参与社会公益服务活动。学院党总支通过创新党支部活动、学生公寓红色阵地建设等活动的开展，客观把握了不同阶段的发展特点与内在规律，切实把党组织的政治优势和组织优势转化为发展优势，努力构建和谐环境，促进学院各项工作顺利发展。

开展了具有专业特色的学生文化活动，坚持以人为本，强化育人意识，强调"全员育人、全方位育人、全过程育人"，遵循校园物质文化、精神文化、制度文化和行为文化的整体建设思路，结合达利实际，举办了"彩色周末文化剧场"、感恩的心、Cosplay大赛、彩虹周末等活动，开展了"三展一秀"（课程作品展、特色项目展、专业作品展、毕业设计作品秀）、演讲比赛、辩论赛、专业技能比赛等学生活动，培养学生爱岗敬业、诚实守信、团结合作的精神，形成颇具特色的达利校园文化。

搭建创业能力培养平台，成立了创业教育指导中心，通过对毕业生创业的调查分析，明确学生的

优缺点，扬长避短，制订了创业教育融入人才培养全过程的实施方案，建立了多种形式的校内外创业基地，开展了诸如校友创业经验交流会、创业大讲堂、创业模拟大赛等一系列的活动，举办了创业培训6期，编写了具有专业特色的创业教材1本，邀请了外聘创业导师8名，总计150多名学生参与了培训活动。通过这些互动交流的活动，很好地消除了学生在关于创业就业方面的疑惑，激发了学生的创业热情。

4.2 传统手工业（非遗）技艺传习传承与创新资源库运行良好，顺利通过验收

截至2019年3月，传统手工业（非遗）技艺传习传承与创新资源库用户总量达17711人，其中学生用户13544人。该项目的建设对人才培养和专业发展做出了很大贡献。一是资源库系统全面的课程体系，提高了职业教育专业建设水平，资源库开发了包含匠心素养类、技艺传习类和技艺创新类三种课程类别非遗技艺教学课程体系，在课程开发过程中，融入了创意设计、产品创新、展示推广和市场拓展等理念，除传统手工艺技艺传习外，更加注重匠心素养的熏陶及技艺创新能力的培养。比如服装设计与工艺专业师生，在旗袍非遗传承人韩吾明先生的带领下，坚持每周安排半天的时间进行传统旗袍制作的学习，学生通过传统旗袍工艺的学习，一来掌握了技术，提高了对传统文化的兴趣，二来通过大师手把手指导，感受到了非遗大师精益求精的专业精神，对学生的全面成长上起到很大的作用。这种影响反过来助推专业课学习，极大地提升了学生的专业水平，学生连续获得国家职业技能大赛一等奖3项。二是现代前沿的科技手段，赋予了非遗技艺传播的生命力。通过对金石篆刻、中国丝绸、中式旗袍、西湖油纸伞、剪纸艺术、全形拓、雕版印刷等传统手工业非遗传承人的技艺挖掘，利用科技手段，以电视制作、动漫设计、数字技术等新手段创新呈现形式，最大限度的丰富和放大非遗技艺的价值呈现平台，同时借助互联网技术打破了非遗技艺传习的时空和地域限制，可以让任何人在任何时候任何地点都能通过网络便捷地获得丰富立体的非遗技艺教学资源信息，实现非遗技艺优质资源得到最大限度的展示利用和共享，推动了中华传统文化的传播弘扬。三是多元路径的培养模式，培育了一批非遗技艺传承的职业人。资源库通过线上线下相结合的方式，为非遗手工技艺的学习者提供了互联网时代下的多元培养路径，线下建有非遗馆、传习创新基地和非遗体验中心，学习者可以获得更加直接的教学指导，线上采用"PC、APP、OTO"三种学习方式，突破了原来师徒手把手和培训班师傅讲学生听的传授模式，能够更加便捷地学习和丰富多样、先进实用的教学素材和信息，提高了非遗人才培养工作的针对性，实现了传统手工技艺传授模式优化，极大提升了非遗项目人才培养质量（图4）。

图4 传统手工业（非遗）技艺传习传承开展情况

4.3 人才培养成绩斐然，学生就业创业竞争力居全国前列

体制机制的创新，校企深度的融合，极大地提升了学生的创新创业能力和就业竞争力。专业群学生在2012~2018年全国职业院校技能大赛中连续7年获得一等奖11项，12名学生获全国技能标兵称号，15名学生获技师职业资格，处于全国领先水平（图5）。根据浙江省教育评估院的统计数据显示，服装设计与工艺专业群学生毕业一年后自主创业率为10.41%（全省为4.49%），学生毕业三年后自主创业率为20.48%（全省为7.44%）。每年的毕业生总是被企业提前预订，就业率始终保持在98%以上，

企业对毕业生满意度达 90%，专业群毕业生成为服装企业的招聘首选，用达利国际董事长林富华先生的话讲，"杭职院服装专业的学生有多少我们要多少，因为他们不仅能出色地完成岗位任务，而且在各自的岗位上总是能有这样那样的创新想法，这让企业受益良多"。

图 5 部分学生获奖证书

基于国际教育本土化的高职时尚设计专业群建设与实践

浙江纺织服装职业技术学院

完成人及简况

姓名	性别	所在单位	党政职务	专业技术职称
王成	男	浙江纺织服装职业技术学院	教务处处长	教授
侯凤仙	女	浙江纺织服装职业技术学院	无	副教授
于虹	女	浙江纺织服装职业技术学院	中英时尚设计学院副院长	副教授
毛金定	女	浙江纺织服装职业技术学院	人物形象设计中韩项目主任	副教授
张玉芹	女	浙江纺织服装职业技术学院	服装与服饰设计（中英）专业主任	讲师
杨威	女	浙江纺织服装职业技术学院	党委委员、副院长	教授

1 成果简介及主要解决的教学问题

1.1 成果简介

时尚是一种生活的方式，人民群众对美好生活的向往就是时尚产业发展的基础和动力。纵观国内外时尚设计教育，发达国家时尚设计教育已经成熟的背景下，而我国时尚设计职业教育远远跟不上快速发展时尚产业，如何构建与时尚设计产业链紧密对接的高职时尚设计专业群，是实现我国时尚设计行业高质量、国际化发展必须要解决的重要问题。在 2017 年浙江省党代会报告中把时尚产业列入八大万亿产业之一，而宁波是中国近现代服装业发祥地，拥有雅戈尔、杉杉、太平鸟等 26 个中国驰名商标和 20 个中国名牌。根据《浙江省时尚产业发展规划纲要（2014—2020）》宁波市政府提出"发展时尚产业，建设时尚名城"的具体实施方案中提出，重点支持我校开设时尚设计与时尚传播、时尚营销类专业，培养紧缺的时尚设计师、时尚买手、时尚传播人才、时尚与奢侈品管理、时尚品牌运营等人才。

本成果是浙江纺织服装职业技术学院（以下简称浙纺服院）从 2009 年起以立德树人为根本，坚持社会主义办学方向，立足中国本土办时尚教育、服务区域经济的国际化教育发展为宗旨，以培养符合中国纺织服装产业转型升级需要的国际化时尚设计复合型、创新型人才为目标，在服饰设计与工艺、服装陈列与展示设计、人物形象设计等一批极具时尚特色的本土化专业建设基础上，规划具有前瞻性的高职时尚设计专业群建设蓝图，先后通过与日本、韩国和英国等高校联合举办时尚类中外合作办学项目和机构，坚持"引进、吸收、融合、改革"的专业群建设理念，整合英国的创意教育、日本的服装制作工艺和样板技术、韩国的人物美学教育等优势，通过引进国外优质教育资源，融入中国元素和品牌文化，发展本土化专业。2015 年，构建起以服饰与服饰设计为龙头专业，服饰设计与工艺、服装陈列与展示设计、人物形象设计为骨干专业的与时尚设计产业链紧密对接的时尚设计专业群。通过 2016~2020 年连续四年不断建设和积累，该成果在国内高职教育中首创了具有国际教育本土化特色的高职时尚设计专业群架构，解决了国内高职教育中缺乏紧密对接时尚设计产业链的专业集群问题，在实践上为中国高职时尚设计教育提供了专业群建设样本和经验，打造国内时尚设计国际化人才培养的高地。

成果建设历程分成三个阶段。

（1）探索布局阶段（2009~2012年）。分析时尚设计产业链和岗位群，以国际化视角寻求合作院校，先后与日本杉野服饰学园、韩国大邱工业大学、英国索尔福德大学合作举办服装与服饰设计项目、人物形象设计项目、中英时尚设计学院。

（2）建设实践阶段（2013~2015年）。从理论上对时尚设计专业群的国际化和本土化融合创新进行探讨，从实践上不断完善专业群课程体系，建设国际化师资团队和国际化教学资源，多方合作搭建实践创新平台，积累国际教育模式的本土化改造经验。

（3）完善应用阶段（2016~2020年）。通过国际国内会议推广、学生作品国际展推介、主持时尚设计类专业标准、一带一路"走出去"办学和输出优势办学资源，不断完善和推广国际教育本土化的高职时尚设计专业群建设成果和经验。近年来，学校被评为浙江省国际化特色高校建设单位、宁波市国际时尚设计中心建设单位、学校国际化总体水平在全省高职院校中排名前五，中英时尚设计学院被列入宁波市首批特色二级学院，相关建设成果被英国卫报、新浪网、中国青年报等国内外多家媒体报道，在国内外产生重大影响。

1.2　主要解决教学问题

1.2.1　解决国内高职院校滞后的时尚设计人才培养体系与时尚产业快速发展不匹配问题

随着服装产业转型升级，时尚设计产业链不断延伸交叉，国内高职时尚设计专业与设置不适应时尚产业发展与技术进步需要。

1.2.2　解决时尚设计产业对复合型、创新型人才需求无法得到满足的问题

国内高职院校时尚教育未能形成成熟可推广的复合型、创新型人才育人模式。设计、品牌运作、供应链管理等方面的人才培养滞后，尤其是既懂设计和品牌运作，又熟悉市场营销管理的人才更为稀缺。

1.2.3　解决时尚设计专业群教育国际化和本土化缺乏融合创新机制的问题

中外合作办学项目需通过合作办学做强本土化专业、有效转化为产业发展助推力是目前国际化办学需要直面的重大问题。以国际化时尚设计教育为背景构建时尚设计类专业群融合协作机制非常必要。

2　成果解决教学问题的方法

2.1　聚焦国际教育本土化发展理念，构建具有国际化特色并紧密对接区域时尚设计产业链的专业群

2.1.1　以链建群，精准对接

通过分析时尚设计产业链，找准核心技术环节和岗位群，从时尚设计、时尚制造、时尚视觉营销等环节中，选取具有高职人才类型特征的14个对应岗位，按照"岗位描述、任务分析、能力定位、课程固化"的思想，组建以服装与服饰设计为龙头专业，服饰设计与工艺、服装陈列与展示设计、人物形象设计为骨干专业的与时尚设计产业链紧密对接的时尚设计专业群；以时尚设计领域为载体，重构专业之间的逻辑关系和专业群布局，实现高职时尚设计专业群人才培养供给侧和时尚设计产业需求侧的对接匹配（图1）。

2.1.2　中外融合，取长补短

时尚设计专业群聚焦时尚设计领域，所涉4个专业相互依存度高，具有"职业岗位相继、专业基础相通、中外资源相融"的专业共融基因。各专业对应的目标岗位和技术要素，均围绕时尚设计上下游产业发展。聚焦国际教育本土化发展理念，中外优势相互融合，取长补短，提升专业群的内部聚合力和外部竞争力。

时尚设计产业链、岗位群、专业群和人才链示意图

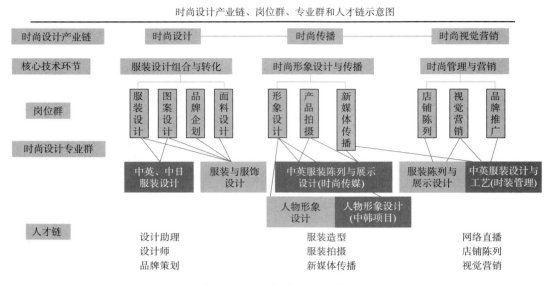

图1 时尚设计产业链、岗位群、专业群和人才链示意图

2.2 聚合时尚设计专业集群优势，打造时尚设计复合型、创新型人才培养高地

2.2.1 协同构建"四专业四平台多方向"时尚设计专业群课程体系

时尚设计类专业具有共性的课程，依据"基础共享、专技阶进、中外交融"的思路，建设专业群公共基础平台、专业基础平台、第二课堂平台的教学实施，集聚和扩大中外优势资源，多个专业方向下开设彰显特色、个性发展的专业技能平台课，优化时尚设计复合型人才的培养路径（图2）。

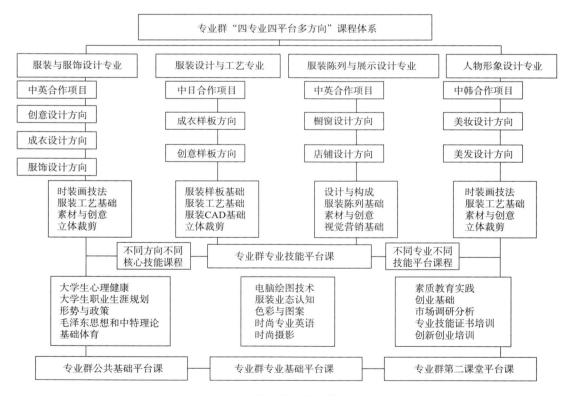

图2 时尚设计专业群课程体系示意图

2.2.2 协同建设国际化时尚设计专业群教学资源库

以省优质校建设为抓手，时尚设计专业群以国家教学资源库为建设标准，遴选时装专业英语、时

尚摄影等 8 个双语双能课程教学团队，中、日、韩、英等教师共同参与建设国际化时尚设计专业群教学资源库，目前已开发 10 门国际教育本土化专业技能课程、150 余个高质量双语微课视频，为时尚设计专业群复合型、创新型人才培养提供一流、前沿的时尚教学资讯。

2.2.3 探索构建国际标准的教学质量控制体系

时尚设计专业群实施教学过程点对点细节控制、学生作业多维度公开展示、教学质量三方检验的"333"专业课程教学质量控体系，通过"3 种作业本"对教学过程点对点细节控制、"3 种作业展"公开展示学生课程学习作业，"3 种考评形式"评价学生学习成绩和专业教学质量，检验复合型、创新型人才培养质量。服装与服饰设计中日合作办学项目通过了教育部组织的面向中外合作办学机构或项目开展的第三方权威认证——中国教育国际交流协会跨境教育质量保障与认证中心的认证（图 3）。

图 3　时尚设计专业群国际教育本土化课程及质量论证获批证书

2.3 聚力师资、实训、文化建设，探索时尚设计专业群国际教育本土化的融合创新机制

2.3.1 建设以高端引智、本土引培的人才培养培训机制，锻造双语双能国际化师资团队

按照专业群的要求，以课程团队的方式组建专业教学队伍，建立适应不同课程团队内在要求的中外教师队伍，发挥中外专业教师资源共享作用。学校获批 2018 年国家外专局"高端外国专家项目"，高端外国文教专家 Bashir 和 Adam 分别担任中英时尚设计学院英方教学副院长和时装设计与品牌顾问，以探索"英国创意思维与中国技术融合下的服装设计人才培养模式"为任务，建设中外教师协同的高层次时装设计创新团队、时尚传媒团队和时装管理专业团队。在内部管理方面借鉴合作院校的先进管理经验，创新国内外师资人事制度，实施外籍师资专业技术职务评聘改革，相继出台《关于外籍教师

薪资体系与年度考评的管理办法》《关于外籍教师专业技术职务聘用办法》（图4）。目前具有海外留学或三个月以上培训经历的达50%，专业教师双师双能比例达90.6%，具备英语授课能力的专任教师达76.3%，硕博士比例达到90.1%。

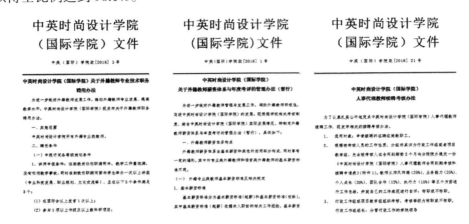

图4 时尚设计专业群国际师资建设相关制度

2.3.2 建设以跨专业、综合性项目开发的课程融通互动机制，打造时尚设计资源共享平台

按照时尚设计专业群所对接的产业链岗位职业技能和岗位能力内在要求整合资源，构建"四平台+多方向"的课程体系和"大综合+小项目"为特征的实训资源体系，以"一天快速设计"综合性项目（One Day Project）为载体，践行跨专业师生参与、综合性强、快速响应时尚变化的兼顾市场效益的实训项目训练（图5），锻炼学生团队合作能力、创新能力、快时尚响应能力。开拓创新，在不同方向的专业技能平台课中开发设计"3小时项目""半天项目""两天项目"等。

国际教育本土化综合实训项目：快速设计项目(One Day Project)

目标

探索尝试制作、展示小的浓缩型的系列作品，尤其是短时间内快速设计、完成服装设计、微电影拍摄、照片拍摄、成品展示、服装秀等。

任务

ONE COLOUR：通过一个关键词和一个颜色，创意设计制作最少5套系列服装&视觉灵感板
OUTCOME成果：
1 x capsule collection(minimum 5 outfits)
一个浓缩的系列（最少5套服装）
1 x Conceptual Fashion film(60～90 seconds)
一个表达概念的微电影(60～90秒)
1 x Capsule collection lookbook images
一个浓缩的系列搭配手册
1 x Fashion Show
一场时装秀

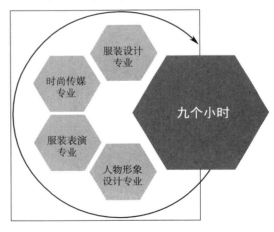

One Day(8:00～17:30)

图5 时尚设计专业群国际教育本土化综合实训项目示意图

2.3.3 建立以时尚经济和文化研究平台为智囊的研究协作机制，推动时尚设计国际化和民族性融合的强势文化成果走向全国、走出国门

时尚设计专业群师资团队主动融入宁波市时尚经济研究所和文化研究院，从本土城市时尚文化、中国传统经典、丝绸之路中西时尚文化交流三个维度开展围绕时尚内核的文化研究，成功申报市级社科研究基地——"宁波市时尚研究基地"，获批省部级课题36项，产生著作19部、论文26篇，相关成果在巴黎、俄罗斯发布亮相。2017年中国城市时尚指数在宁波文博会上与国务院发展研究中心的城

市文化发展指数同台发布，受到了中新网、百度、新浪等国内传媒的广泛关注。经过5年的研究积淀，时尚指数研究已在国内时尚研究领域有一定的知名度，形成了"中国城市时尚指数"的研究梯队和系统化的时尚指数研究成果。

3 成果的创新点

3.1 创新高职时尚设计专业群组建架构，打破专业界限，为中国高职时尚设计教育体系的完善贡献浙纺服院力量

服装与服饰设计和人物形象设计属于文化艺术大类艺术设计类、服饰设计与工艺和服装陈列与展示设计属于轻工纺织大类纺织服装类，基于时尚设计产业链的四个专业组合是中国高职专业目录跨学科组群的全新尝试，更是中国国际教育本土化的高职时尚设计教育体系构建的探索实践。

学校与英方共同举办中英时尚设计学院，借鉴英方的创新优势；与日方共同举办服装设计与工艺专业，学习日方严谨、追求匠心匠艺的工作态度和服装制板技术；与韩方共同举办人物形象设计专业，吸取韩方人物美学教育的先进理念。汲各家所长，发展我国时尚产业急需的新兴专业，构建聚焦"时尚"内核、与产业岗位对应的时尚设计专业群。

3.2 创新时尚设计专业群中外融通机制，聚力本土发展，为中国高职时尚设计国际教育本土化打造浙纺服院样本

围绕时尚产业链前后端需求，在精准对接岗位需求的同时，引入跨专业、综合性实践项目，以专业教学协同对应工作岗位共同，提高学生的技术技能应用能力和沟通合作能力，大力培养时尚设计复合型人才。推动课程改革，构建"四专业、四平台、多方向"专业群课程体系，促进国际化专业与本土化专业在保持个性同时又兼顾共性课程融通，实现时尚设计专业群各专业间协同教学。

国际化专业与本土化专业协同发展，师资和实训条件共享、协作研究形成成果。本土化专业给国际化专业提供强大的本土化师资、实训条件和深厚的校企合作基础支持，国际化专业的国际化资源又辐射本土化专业，加快国际化资源转化本土化资源的步伐，探索专业国际教育本土化的建设路径，实现协同发展。在优秀中华传统文化和国外多元文化交融交锋中，弘扬以我为主，兼收并蓄，创新优化。

4 成果的推广应用情况

4.1 引领辐射全校专业，建成"时尚纺织服装+""一体多元"专业体系

时尚设计专业群紧密对接产业链，毕业生就业率连续四年保持在98%以上，近两年专业群学生留甬就业比例平均接近60%，纺织服装龙头企业对时尚设计专业群毕业生的职业能力与创新能力满意度超过95%。学生在纺织服装行业类竞赛中获国家级奖项就有80项，斩获一等奖12项。

经过4年多实践，时尚设计专业群跨专业类组合建设经验在校内不断辐射推广。学校以时尚设计专业群为突破口和建设样板，先后重构时尚纺织、时尚商贸、时尚媒体、时尚智造等四个专业群，构建起"时尚纺织服装+""一体多元"专业体系，实现专业培养与产业需求的有效对接。学校成为"浙江省国际化特色高校建设单位""全国纺织行业人才建设示范院校""全国纺织行业职业技能鉴定先进单位"和"全国纺织行业金牌示范鉴定单位"。

4.2 精准对接省市产业，获得地方政、企对学校时尚设计育人的高度认可

服务区域经济，主动对接宁波"246"万千亿元级产业集群建设，快速响应、精准服务浙江及宁波纺织服装产业集群化发展需求，时尚设计专业群参与制订《宁波市时尚纺织服装产业集群发展规划（2019~2025）》。由时尚设计专业群团队组建的"宁波市时尚经济研究所"连续向社会发布《中国城市时尚指数报告》和《宁波纺织服装产业发展报告》。连续20年参与和服务宁波国际服装节活动，与

行业企业共同设立"全国童装设计研发中心"，并与申洲、雅戈尔、太平鸟、博洋、洁丽雅等中国纺织服装领军企业共建课程、共编教材、共同授课、共建共享实训基地。专业群2018年获批高职院校唯一国家外专局外国专家高端引智项目，为地方时尚设计产业打造"品牌孵化器"高端培训，辐射受益100多家企业和600多人次。"潘超宇工作室"获批教育部大师工作室、毛金定老师获得"中国化妆名师"和"技术技能大师"称号。地方政府高度肯定学校在纺织服装领域的办学定位和成果，给学校投入1.8亿元新建中英时尚大楼，助推地方时尚设计产业人才培养。

4.3 制定国家级专业标准，成为全国时尚设计类高职人才培养的顶层设计参与者

2016~2019年，时尚设计专业群先后主持完成《高等职业学校人物形象设计专业教学标准》《全国高职美容美体艺术专业教学标准》和《化妆师行为规范及服务规程》，参与制定国家职业技能鉴定标准《服装制版师》。北京财贸职业学院、常州纺织服装职业技术学院、重庆城市管理职业学院等中高职100余家学校应用标准。

4.4 唱响时尚高职教育，输出中国特色的时尚设计专业教育理念和成果

4.4.1 国际国内会议推广

学校先后承办"2014年全国美发美容职业教育指导委员会年会暨国际美容美发职业教育对接会"，"2019年时尚品牌发展国际研讨会""匠艺相生，协同育人"2019年学术研讨会；郑卫东校长参加国际纺织服装职业教育联盟大会，发表"中英时尚设计学院课程教学创新实践"专题报告；时尚设计专业群教师连续两届参加第三、四届丝路之绸研究联盟学术研讨会发布建设成果。累计辐射50余个国家、28所国内外院校、900多位学者和企业人士。

4.4.2 国际作品展亮相

时尚设计专业群2018、2019年连续两年参加中国国内顶级的大学生时尚发布舞台——中国国际大学生时装周，发布作品129套，辐射人数达2000多人次。时尚设计专业群毕业生优秀作品连续2年赴英参加索尔福德大学毕业时尚周并在英国"Open Eye Gallery"展出。《中国古代丝绸设计素材图系·金元卷》获得国家出版基金，在2018年中国文化遗产日登上央视一套《非遗公开课》，并在浙江省与巴黎中国文化中心合作打造的"法国·浙江文化年"重点项目——"再造：中国丝绸技艺与设计"巴黎大展上亮相展示。

4.4.3 共建丝路工匠学院

学校与罗马尼亚杨库学校合作成立"丝路工匠学院"，依托时尚设计专业群的国际化优势办具有中国特色的时尚设计国际化教育。时尚设计专业群10余位教师具备双语教学能力，赴英国、罗马尼亚等合作院校担任时尚设计课程教师。学校"一带一路"特色人才培养——国际化时尚纺织人才等4个项目被列为宁波市"一带一路"国家职业教育合作发展三年行动计划首批重点建设项目。专业群建设成果《丝绸史话》（中俄双语版）著作入选"丝路书香出版工程"，是中国新闻出版业唯一进入国家"一带一路"倡议的重大项目，作为"一带一路"特色读本对外推广。

4.5 专业群建设结硕果，受到国内外媒体关注与国际国内获奖认可

学校时尚设计专业群建设成果"333"课堂教学质控体系等改革项目屡获中国纺织工业联合会和宁波市教学成果奖，"五美一专、双轴联动"人才培养模式创新实践获全国美发美容教育教学指导委员会教学成果特等奖。学校获2018中国国际大学生时装周人才培养成果奖；"One Day Project"快速设计项目获英国"教育卓越奖"二等奖；服装与服饰设计中日合作办学项目成为浙江省示范性中外合作办学项目。专业群助力贵州脱贫，开展绣娘培训，共建土布产业园，受到了社会各界的广泛赞誉。学校办学成果得到了中国教育报、宁波日报、浙江工人报、英国卫报、新浪网、中国青年报等媒体报道，社会影响逐步增强。"中英时尚设计学院"国际合作办学项目在由泰晤士高等教育组织的全英国际合作高等教育奖评选中位列第五名。

科研反哺推进"德技并修"的
高职纺织染整专业人才培养探索与实践

常州纺织服装职业技术学院
常州旭荣针织印染有限公司

完成人及简况

姓名	性别	所在单位	党政职务	专业技术职称
曹红梅	女	常州纺织服装职业技术学院	教研室主任、党支部书记	副教授
袁霞	女	常州纺织服装职业技术学院	民盟宣传委员	副教授
曹怀宝	男	常州纺织服装职业技术学院	无	讲师
郭雪峰	女	常州纺织服装职业技术学院	校学术委员会副主任	副教授
刘建平	男	常州纺织服装职业技术学院	纺织学院党总支委员	教授
夏冬	男	常州纺织服装职业技术学院	教务处处长	教授
张国成	男	常州旭荣针织印染有限公司	副总经理	高级经济师、高级工程师

1 成果简介及主要解决的教学问题

1.1 成果简介

本成果以国家职业教育行动计划及职业教育发展和改革意见为指引，以"国家要求、社会需求、学生诉求"为导向，适应纺织染整行业提档升级需求，将教师在研或企业最新开发的科研项目转化为教学项目，营造职业情境；以解决项目问题达成目标为导向，构建能力递进的实践创新教学体系，在技术技能培养的同时，强化"课程思政"，"德技并修"协同培养学生的职业技能和职业精神。

本成果理论研究基础扎实，先后主持完成了校级教研项目1项、江苏省高校哲学社会科学研究项目2项，共发表本成果相关教研论文10篇。通过多年的研究和实践，培养的学生满足了长三角地区纺织印染行业逐步从"世界纺织加工基地"向"世界先进纺织制造基地"转变所需的一线"德技兼备"人才要求，对其他地区和相关纺织类院校具有示范辐射作用。

1.2 主要解决的教学问题

（1）本成果改革以教为主的教学方式，科教有效融合，科研反哺教学，将科研项目转化为教学项目，增强教学的实践创新性，培养学生的创新意识，极大提升了学生的创新实践能力。

（2）本成果改革技能至上、重技能轻素质的教学导向。"项目主导、德技并修"，协同培养学生的职业技能和职业精神，显著提升了学生的综合素质。

（3）本成果针对科研项目的前沿性特性，以及"课程思政"的需求，实施对教师、教材、教法的"三教改革"，以确保"科研反哺、德技并修"的人才培养的顺利实施，成效显著。

2 成果解决教学问题的方法

2.1 科研反哺，项目载体，能力递进，培养学生的职业技能

改革以教为主的教学方式，科教融合，科研反哺教学，增强教学的实践创新性，提升专业技能，培养学生的创新精神和实践能力。

将教师承担或企业最新开发中的科研项目转化成教学项目，对完成项目任务目标的能力需求进行梯度递进设计，设计"基础技能→专业技能→综合应用技能→创新技能"的能力递进任务链。以科研课题中"新助剂、新工艺、新技术、新产品"的研究开发为教学内容，具备应用性和前沿性，教学内容更为前沿化、精准化、个性化，同时在任务目标导向的驱动下，激励学生自主学习的自觉性和创造性。教研反哺教学，一方面可以克服科研与教学顾此失彼的尴尬，另一方面也可以将教师的科研优势转化为教学优势，培养学生的创新精神和解决实际问题的能力。

2.2 科研反哺，项目主导，课程思政，培养学生的职业精神

改革技能至上、重技能轻素质的教学导向，德技并重，营造职业情境，以科研项目为载体，构建能力、素质双递进的实践创新教学体系（图1），在技术技能培养的同时，强化"课程思政""德技并修"，协同培养学生的职业技能和职业精神；项目为主导，强化"课程思政"，将完成项目所必需的"责任担当、严谨务实、自信耐挫、追求卓著、团队协作"等品质、精神融入项目全过程的导教和考核。通过成功案例等树立"德技并修"的意识；通过项目实施激发进取意识，锤炼心智，培养良好的职业精神；通过综合考评保障职业精神的有效培养，以考核促进反馈与改进，避免空泛化倾向。通过职业精神的培养，促进学生建立科学的劳动价值观，培养职业幸福感，"真心喜爱、终身受益"，并为社会作出更多贡献。

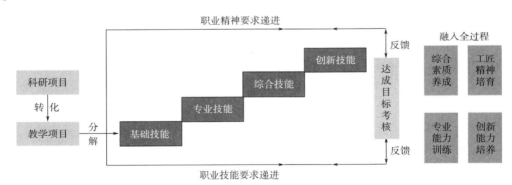

图1 科研反哺，能力素质双递进的专业实践创新教学体系图

2.3 配合"科研反哺、德技并修"人才培养的"三教改革"

教师、教材、教法是支撑人才培养质量的三要素，实施"三教改革"对"科研反哺、德技并修"的人才培养具有重要的意义。

2.3.1 教师改革

组建了生态染整、功能纺织两个科研型创新教师团队，团队成员以本校专任教师为主体，也包括企业工程师和外校知名教授，通过校企、校校合作，将教师个体科研优势，转化为教学优势，形成团队的知识能力体系，分工协作实施前沿化、精准化、个性化的模块化教学，团队协同育人，同时推动教师"课程思政"教育理念和教学观念的改变。打造了一支"懂技术、擅应用、会教学、能创新"的科研型教学团队。

2.3.2 教材改革

由于由科研项目转化而来的教学项目具有时效性，为将科研项目所涉及的新助剂、新工艺、新技术、

新产品的相关资料、信息、成果等及时快速融入教材，以实施精准化、个性化教学，在创新课程如染整新技术、印染产品工艺设计等课程的教学中采用活页教材；主干核心课程自编或采用了新形态一体化教材，"一书一课一空间"；同时，在教材中充分体现职业精神的考核要求。

2.3.3 教法改革

科研反哺，项目主导，德技并重，德技并修。同时基于科研项目转化而来的教学项目具有前沿性和时效性，"新助剂、新工艺、新技术、新产品"的"四新"精准教学需要基于信息技术手段查阅资料、构建虚拟模型等，同时教学过程利用信息平台进行远程协作、实时互动、移动学习等，充分运用"互联网+"的职业教育手段（图2）。

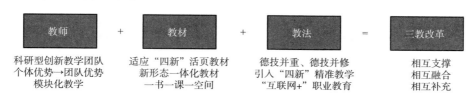

图2 配合"科研反哺、德技并修"人才培养的"三教"改革实施示意图

3 成果的创新点

3.1 科研反哺，能力递进，培养学生的创新实践技能

以"综合应用技能→创新技能"的能力递进任务链，将"新助剂、新工艺、新技术、新产品"的研发内容转化为教学内容，使教学内容更加前沿化、精准化、个性化，激励学生自主学习的自觉性和创造性，培养学生的创新精神，提升实践技能，提高解决实际问题的能力。

3.2 项目主导，课程思政，培养学生良好的职业精神

营造职业情境，以科研项目为载体，构建能力、素质双递进的实践创新教学体系，在技术技能培养的同时，强化"课程思政"，将完成项目所必需的"责任担当、严谨务实、自信耐挫、追求卓著、团队协作"等职业精神融入项目全流程的导教和考核，培养学生良好的职业精神，促进学生建立科学的劳动价值观，增进职业幸福感，为学生的职业可持续发展奠定基础。

3.3 实施"三教"改革，助力"德技并修"的人才培养

对支撑人才培养质量的三要素：教师、教材、教法进行改革。组建了生态染整、功能纺织两个科研型创新教师团队，将教师个体科研优势，转化为教学优势，形成团队的知识能力体系，实施模块化教学，协同育人。适应科研型教学项目的时效性，对创新类课程采用活页式教材，对主干核心课程采用新形态一体化教材。适应科研型教学项目的前沿性，充分运用"互联网+"的职业教育手段。同时，"三教"改革中赋予职业精神的内涵，强化"德技并重"的考核。

4 成果的推广应用情况

4.1 学生职业技能培养成果

科研反哺教学，科研项目转成为教学项目，构建能力递进实践教学体系，具备前沿性、创新性、挑战性，极大提高了学生的创新意识和专业实践技能，学生创新训练和技能大赛成果丰硕。学生与教师合作获授权国家发明专利2项（图3）、实用新型专利1项；获得江苏省优秀毕业论文一等奖1项（图4）、三等奖及团队奖4项；获得省部级技能大赛奖30余项；学生主持江苏省大学生创新实践训练项目6项；学生发表省级以上期刊论文12篇；2019年我校染整技术专业7名转本学生录取为全日制硕士研究生（图5）。

图 3　师生合作获授权国家发明专利　　　图 4　江苏省优秀毕业论文一等奖

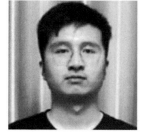

图 5　我校染整专业 7 名转本学生录取为 2019 级全日制硕士研究生

4.2　学生职业精神培养成果

营造职业情境，以科研项目为载体，构建能力、素质双递进的实践创新教学体系，在技术技能培养的同时，强化课程思政，培养学生良好的职业精神，学生综合素质明显提高，岗位适应性强，就业紧俏。染整 1731 班被评为江苏省先进班集体（图 6）；学生获得江苏省跨文化能力大赛特等奖（图 7）、长三角地区高校跨文化能力大赛暨全国邀请赛一等奖及最佳作品奖、中国日报网"我在江苏追梦，我为江苏点赞"优秀作品展播、染整 143 本班陈雨婕同学荣获国家奖学金。

图 6　染整 1731 评为江苏省省级先进班集体　　　图 7　江苏省大学生跨文化大赛特等奖

4.3 师资团队软实力提升

科研反哺，教科相融，实现了教学相长，锤炼形成了出色的师资队伍，在课程建设、科学研究及社会服务方面表现突出。近年团队成员主持了国家省市基金10余项，其中包括主持国家科技部中小企业创新基金，主持国家博士后科学基金项目（图8），主持江苏省科技厅及教育厅自然科学基金等，并获得多项学术奖励。团队成员主持企业委托课题9项，到账经费100余万元。团队成员发表教科研论文100余篇，申请或授权国家专利近20项。团队成员建设了国家级精品课程资源库《纤维化学与面料分析》（图9）；获得全国高校微课教学比赛优秀奖1项、江苏省微课比赛一等奖2项（图10）、二等奖1项、三等奖1项。团队成员获得省级以上青蓝工程、"333"工程培养对象等荣誉6人次。

图8 中国博士后科学基金　　　图9 国家级精品课程资源库　　　图10 江苏省微课比赛一等奖

4.4 示范引领作用

学生在全国性大赛中表现优异，获得社会好评，被上海教育电视台（图11）、江苏教育网、常州日报等传媒报道，是对"科研反哺，德技并修"人才培养理念的检验和认可。同时学生德技兼备，素质、技能过硬，工作适应能力强，如14级学生徐佳兰、徐志贤，15级学生张茜茜等毕业后很快承担了企业纺织染整关键技术岗位的工作，深受企业的好评。

专业建设得到了长三角地区行业企业的认同，2019年承接了"染色打样""纺织小样"两个工种长三角四省市纺织行业职业技能竞赛江苏省选拔赛的赛项工作（图12）。国家级精品课程资源库《纤维化学与面料分析》惠及上万名学校及企业学习用户。帮助常州爱生恩迪公司的成衣产品设计及数码喷印开发，培育了自主服装品牌"SCND"（图13），目前该品牌在国内外的影响力和销售力持续显著增加。据2020年金苹果中国高职院校各专业竞争力排行榜显示，我校"染整技术"专业的全国排名为第3名（图14、图15），专业建设在全国的知名度和认同度高。

图11 学生参加长三角地区跨文化大赛　　　　　图12 学生接收上海教育电视台专访

图 13　承办纺织行业职业技能江苏竞赛　　　　图 14　帮助企业培育自主服装品牌"SCND"

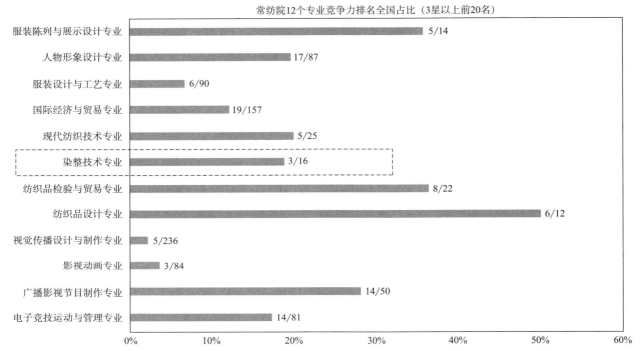

注：1.数据来源2020年金苹果中国高职院校各专业竞争力排行榜
　　2.常纺院在全国高职院专业竞争力3星以上前20名有12个专业
　　3.常纺院共有43个专业

图 15　2020 年金苹果中国高职院专业竞争力排行榜我校竞争力优势专业

基于新型师徒关系在纺织品检验与贸易专业开展现代学徒制校企合作育人模式的创新与实践

陕西工业职业技术学院

完成人及简况

姓名	性别	所在单位	党政职务	专业技术职称
潘红玮	女	陕西工业职业技术学院	无	副教授
赵双军	男	陕西工业职业技术学院	学生规划处副处长	副教授
徐明亮	男	陕西工业职业技术学院	纺织教研室主任	讲师
赵伟	女	陕西工业职业技术学院	化工与纺织服装学院教学办主任	讲师
杨小侠	女	陕西工业职业技术学院	无	副教授
裴建平	女	陕西工业职业技术学院	无	副教授

1 成果简介及主要解决的教学问题

1.1 成果简介

该成果是基于现代纺织技术省级重点专业、省级教学团队、省级重点实训基地三项省级重点建设项目。在教育部首批现代学徒制单位试点研究的基础上，2015~2019 年我院化工与纺织服装学院与西安纺织集团、东莞以纯集团有限公司西安办事处、陕西雅兰集团有限公司等深入开展现代学徒制试点及推广工作，实践并形成新的教育教学成果。

（1）校企合作，推进了招生招工一体化的招生模式，从而解决了企业和学校招工招生难的问题。

（2）校企合作，创新了"校企对接、工学交替"分层递进式人才培养模式，形成了"学生→学徒→准员工→员工"的人才培养总体思路，使学生就业与岗位"0"距离。

（3）校企深度融合，实施了"就业 + 创业"能力教育教学模块，提升了学生综合的职业素养。

（4）通过"一技能、双身份、三项目"工程，打造校企互聘、专兼结合的"双导师"优秀教学团队，提高了专业教师指导学生进行创新创业的实践能力。

（5）搭建了"选苗子、引路子、搭台子、树牌子"的"四阶段"纺织类专业创新创业实践平台，提升学生创新创业的实践能力。

（6）建成了"一督、二线、三主体"多阶段的动态质量监督管理评价体系，保障现代学徒制全过程实现高质量水平。

1.2 主要解决的教学问题

（1）解决了学生进校后无归属感，没有职业规划和人生规划的问题。

（2）解决了校内实训设施不全，不能有效激发学生学习的主动性和创新性问题。

（3）解决了生源质量逐年下降，单一评价模式不能满足职业大学生个性发展的问题。

（4）解决了教师专业实践与创新能力不足，难于培养出企业需求的技能型创新人才的问题。

2　成果解决教学问题的方法

2.1　携手企业，推进招工招生一体化的招生模式

根据企业发展规划和人才需求制订年度招生计划，制订联合实施招生招工一体化实施方案，由合作的企业直接参与，按企业的用人标准通过综合评价的形式录取学生。同时企业也可以把在职员工以学生身份送到学校或在岗组织学习班进行系统学习与培训，学校与企业联合实施招生招工一体化，从根本上解决招工招生难的问题。

2.2　联手行业龙头企业，创新和探索"校企对接、工学交替"分层递进的人才培养模式

依据企业的岗位标准，围绕学生综合能力培养和提升，以学生能力发展为根本，对整个教育教学过程进行全面系统的规划，形成了"学生→学徒→准员工→员工"的人才培养总体思路。校企联手深入研讨，以企业真实生产项目为引领，实现从纺织原料检验、产品开发、工艺实施与贸易跟单的"校企对接"课程体系和教学内容，通过"工学交替"，分层递进培养学生专业基础能力、专业专项岗位能力、专业专项拓展能力、专业综合岗位能力，培养过程如图 1 所示。

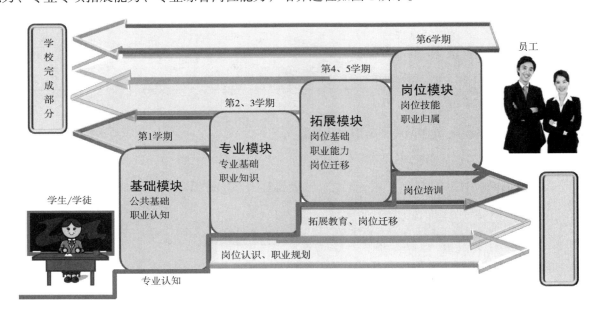

图 1　"校企对接、工学交替"分层递进的人才培养体系图

2.3　校企深度融合，实施"就业 + 创业"能力教学模块，提升学生职业素养

联合企业，在新生入学就开展专业教育，分阶段由企业开设职业生涯规划、创业教育、就业指导、纺织品市场营销、纺织企业管理等相关就业、创业理论课程，指导学生进行职业生涯规划和人生规划，使学生在校就找到归属感。校企深度融合，开展了就业模拟、创业设计等活动，形成全程式就业与创业教育培养体系。培养了学生自信、创新、担当、诚信、守法、合作等职业素养。

2.4　通过"一技能、双身份、三项目"工程，打造校企互聘、专兼结合的"双导师"优秀教学团队

通过专业教师每年至少掌握一项基本技能（一技能），至少在企业挂职锻炼一个月（双身份），至少承担一项教学大赛、申报一项教科研项目、指导一项"互联网 +"大学生创新创业项目（三项目）的"一技能、双身份、三项目"工程，专业教师实践能力和创新能力得以提升，实现了专业教师与企业间双向互聘、相互兼职，建成了一支专兼结合的"双导师"优秀教学团队，不断提高专业教师指导学生进行创新创业的实践能力。

2.5　优化整合教学资源，搭建"四阶段"纺织类专业创意创新创业实践平台

依托学校实训基地，拓展大学生创新社团，建设创新实验室，校企共同建立创新创业工作室，与陕西雅兰家居用品有限公司合作成立雅兰家纺设计创新中心，并创设大学生"线下"和"线上"双向结合的创业平台。从新生入学开始经"选苗子、引路子、搭台子、树牌子"四阶段，选择创新创业的苗子，指导其进行创新创业活动，并开展多形式创新创业交流、研讨和评比活动，对评比的学生进行奖励并授予相应的称号。以创带创，鼓励学生参加大学生基金项目，引导学生申报国家专利，协同企业实现科研与创新作品与技术和商品的转化，激发学生个性化创业潜能，有效提升学生创新创业的实践能力。

2.6　校企深度融合，建成了"一督、二线、三主体"多阶段的动态质量监督管理评价体系

由学院和企业人员共同构建协同育人监督管理小组，通过线上和线下收集、整理和定向反馈质量控制信息，建立了教师考核、学生评教和企业评价的多重监督评价机制，对学徒培养的全过程进行全面的动态监控，形成"一督、二线、三主体"的多阶段的动态质量监控评价体系，如图2所示。同时"双导师"对"学徒"从学业、素养、作品等多角度进行评价，促进学徒个性化发展，保障现代学徒制全过程实现高质量水平。

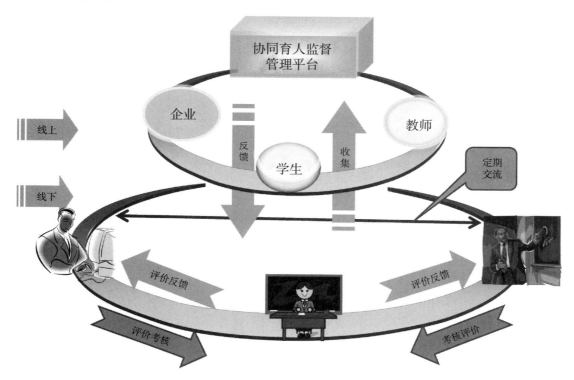

图2　"一督、二线、三主体"多阶段的动态质量监控评价体系图

3　成果的创新点

3.1　创新了"校企对接、工学交替"分层递进的人才培养模式

围绕学生综合能力培养，以学生能力发展为根本，系统的优化和整合了纺织类专业教育教学资源，创新了"校企对接、工学交替"分层递进的人才培养模式，形成了"学生→学徒→准员工→员工"的人才培养总体思路。

3.2　率先实施了"就业＋创业"能力教育教学模块

高职学生生源质量逐年下降，大部分新生入学后迷茫、懒散、没目标。针对这种情况，校企合作分阶段由企业开设相关就业、创业理论课程，指导学生进行职业生涯规划和人生规划，使学生在校就

找到归属感。同时开展就业模拟、创业设计等活动，全面提升了学生的职业素养。

3.3 首创了"一督、二线、三主体"多阶段的动态质量监控评价体系

校企协同，建立教师考核、学生评教和企业评价的多重监督机制。质量监控由学校和企业协同进行，对学徒培养的全过程进行全面监控，首创了"一督、二线、三主体"的多阶段的动态质量监控评价体系，同时"双导师"对"学徒"从学业、素养、作品等多角度进行评价，促进学徒个性化发展。

4 成果的推广应用情况

4.1 练就一支优秀教学团队，取得丰硕教学成果

自 2015~2019 年我院纺织品检验与贸易专业在与西安纺织集团、东莞以纯集团有限公司西安办事处、陕西雅兰集团有限公司等深入开展现代学徒制试点及推广工作过程中，练就了一支观念新、教育教学能力强的优秀师资队伍，课程改革和课程资源建设方面取得了显著成绩。近几年来，完成纺织类专业共享教学资源库 2 项；完成纺织品跟单实务、纺纱工艺与设备、机织工艺与设备等网络课程 12 门教学任务；开发《现代纺纱技术》《纺织原料及检验》理实一体化教材、实训指导书 12 本；主持《纺织品生产跟单实务课改》《纺纱工艺与设备》等教育教学建设项目 8 项。《细纱工艺与上车》获得学院微课比赛一等奖，纺织专业教学改革成果共获得中国纺织工业联合会教育教学成果奖一等奖、二等奖、三等奖 8 项。

4.2 历练了一批高素质纺织类创新人才，获得行业高度认可

与企业紧密联系，结合企业项目，开展丰富多彩技能竞赛、创新设计等活动，全面提升了学生的综合能力和职业素养。经过试点，学徒制学生在各级各类创新设计和技能竞赛中成绩优异。2012～2019 年在全国纺织品设计、纺织品检验、纺织品外贸跟单技能大赛中共计获得 7 个一等奖、16 个二等奖和 18 个三等奖；获得团体一等奖 3 个，团体二等奖 6 个，团体三等奖 10 个；10 名学生获得国家高级职业资格证书。

4.3 改革学生毕业设计，学生创新能力持续提升

充分调动"双主体、双导师"育人优势，将学生的毕业设计、创新设计和双导师制相结合，丰富了设计作品，提高了作品质量。近 3 年来，共开展学院大学生科技创新项目 39 项，师生共同申请外观专利 18 项。

4.4 工学交替的教学活动，使学生就业质量高，入职适能岗力显著增强

扎实进行专业、就业和创业教育，全力提升学生的综合能力和职业素养，学生的就业率、工作满意度、起薪点等稳步提高。尤其学徒制班的学生，学生综合能力获得很大提升，就业岗位好，起薪点明显提高。如纺织品检验 1102 班姚王强，毕业后创办了人力资源有限公司，公司年收入过百万元；纺织品检验 1201 班高雷雷，毕业后创办高小蕾网络科技有限公司，目前分公司已经遍布陕西各个市区；纺织品检验 1501 班朱美丽，毕业后就业于陕西雅兰集团有限公司，其良好的职业素养与处事能力深受企业好评；纺织品检验 1601 班刘杰，毕业后以较强的组织管理能力很快脱颖而出，现任东莞以纯集团有限公司新疆部经理。近三届纺织类毕业生就业率 100%，平均对口就业率达到 70% 以上，远高于全国平均水准 20%。

4.5 成果应用效果显著，在校内外得到广泛推广

我院纺织品检验与贸易现代学徒制试点工作得到了企业、社会媒体的广泛关注，据不完全统计，我院与西北以纯集团合作的相关新闻报道，已被中国高校之窗、陕西日报、陕西传媒网等关注，有效提升专业的影响力。

2017 年开始在化工、服装专业进行推广应用，我院与陕西益秦集团联合举办的服装技术与管理培训班，就应用的现代学徒制教学理念。收到了陕西益秦集团领导和学员的高度认可。该成果对高职其他专业人才的培养也具有一定的参考借鉴意义。2017 年该教学成果在陕西职业技术学院等兄弟院校得到推广应用，社会效应良好。

三课堂·三融合·三衔接——高职纺织专业思政育人体系的探索与实践

浙江纺织服装职业技术学院
宁波博洋家纺集团有限公司

完成人及简况

姓名	性别	所在单位	党政职务	专业技术职称
胡秋儿	女	浙江纺织服装职业技术学院	纺织学院党委书记、副院长	副研究员
朱远胜	男	浙江纺织服装职业技术学院	纺织学院院长	教授
殷儿	女	浙江纺织服装职业技术学院	纺织学院党委副书记	助理研究员
郑志荣	男	浙江纺织服装职业技术学院	纺织学院副院长	副教授
戚家超	男	浙江纺织服装职业技术学院	招生办副主任	助教
王斌毅	女	浙江纺织服装职业技术学院	纺织学院 e 党支部副书记	研究实习员
罗炳金	男	浙江纺织服装职业技术学院	无	教授
陈葵阳	女	浙江纺织服装职业技术学院	无	副教授

1 成果简介及主要解决的教学问题

1.1 成果简介

国务院颁发的《国家职业教育改革实施方案》明确提出,要落实好立德树人根本任务,健全德技并修、工学结合的育人机制。然而,当前高职院校思政教育存在理论化、空心化、真空化等问题。

学院依托 2015 年成立浙江省首批网络师生联合党支部——e 党支部的契机,在纺织专业群开展了系统的思想政治教育综合改革,形成了"三课堂·三融合·三衔接"的思政育人体系。该成果筑牢思政课堂主渠道、实践课堂大舞台和网络课堂新阵地,将思政教育与学生党建、专业教学以及创新创业深度融合,并实现了思政教育的高低年级衔接、高校企业衔接和线下线上衔接,在传授课程知识的基础上引导学生将所学知识和技能转化为内在德性和素养,帮助其在创造社会价值过程中明确自身价值和社会定位。

学院与"中国家纺第一品牌"(中国工业经济联合会评选)——宁波博洋家纺集团有限公司合作的"三课堂·三融合·三衔接"思政育人体系,面向纺织类专业 6500 名学生,经过五年多的理论研究、实践探索,取得了丰硕成果。轻工纺织大类全国排名第一(据武书连排行榜),获得 A++ 最高等级;所在党支部先后获评"全国党建样板支部"、全国党刊"红船杯"党建品牌案例。学生思政综合素养不断提高,近五年来人均志愿服务时间和申请入党人数实现翻番;学生在各类创新创业竞赛中获得包括"挑战杯"全国职业学校创新创效创业大赛特等奖在内的省级以上荣誉 100 余项,培养了全国纺织职业院校学生职业技能标兵陈驰等一大批"德技兼备"的优秀学子。毕业生广受企业欢迎,初次就业率在 98% 以上,中国最大的一体化针织制造商申洲集团评价学院毕业生:"思想政治素质好,专业技术能力强"。

1.2 成果主要解决以下问题

(1)学生思政教育"理论化"问题,表现为入耳不入心,动口不动手。

（2）学生思政教育"空心化"问题，表现为育人根本淡化、价值导向模糊。

（3）学生思政教育"真空化"问题，表现为离校实习即断线，思政育人易缺位。

2　成果解决教学问题的方法

"三课堂·三融合·三衔接"思政育人体系整体思路（图1）。

（1）针对学生思政教育"理论化"问题，完善思政教育"三课堂"，即思政课堂主渠道、实践课堂大舞台、网络课堂新阵地，引导学生学思践悟，知行合一。一是夯实"四类课程＋互动教学"的思政课堂主渠道。构建以思政理论课、综合素养课、专业教育课和素质拓展课"四类课程"组成的思政教育课程体系，引入案例式教学等"互动教学"方法；二是搭建"思政基地＋思政活动"实践课堂大舞台，建立10个"思政基地"，并在思政基地基础上配套系列"思政活动"，重点实施"七彩经纬"工程；三是构建"网络慕课＋经纬双微"网络课堂新阵地。依托超星学习通平台开设思政"网络慕课"，并开设微信公众号和微博平台，形成"经纬双微"品牌。

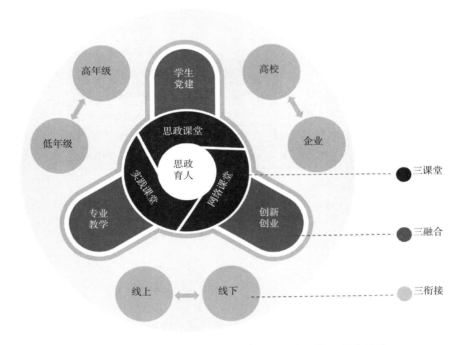

图1　"三课堂·三融合·三衔接"思政育人体系整体思路

（2）针对学生思政教育"空心化"问题，构建思政教育"三融合"，即融合学生党建、融合专业教学、融合创新创业，促进学生强基固本，德技并修。第一，"网络支部＋党建四化"实现思政教育与学生党建融合。以"网络支部"（e党支部）为核心推进学生党员思政教育机制的"四化"，即"党建·思政"网络化、课程化、矩阵化和数字化。第二，"工作室制＋新师徒制"激发思政教育与专业教学融合。依托"工作室制"将思政教育柔性嵌入至专业教学之中，并在工作室中创设"新师徒制"，以习得技能为核心、以修炼品性为导向。第三，"双创项目＋双创竞赛"助推思政教育与创新创业融合。以"双创项目"推动"双创竞赛"，并着力以赛促创、以赛促教、以赛促训，实施基于双创的思政实践。

（3）针对学生思政教育"真空化"问题，形成思政教育"三衔接"，即高低年级衔接、高校企业衔接、线下线上衔接，实现育人分层分段，贯通始终。首先，依托"三层递进＋朋辈互助"实现高低年级衔接。建立大一至三的"三层递进"思政教学体系，并组建"学生思政联络员"队伍，实施"朋辈互助"。然后，通过"产学联盟＋双元育人"实现高校企业衔接。与宁波维科集团等30余家纺织服装类企业建立联盟合作关系，同讲一门思政课，并实施高校和企业"双元育人"的思政教育模式。最后，基于"线上社群＋线下共学"实现线上线下衔接。依托钉钉、微信等软件搭建"线上社群"，发布思政教育任务，并依托岗位实习小组开展"线下共学"。

3　成果的创新点

（1）丰富课堂教学方式，使得思政课堂与实践课堂、网络课堂实现合力互补，让学生思政教育真正"入脑入心"。打破思政理论课堂这一传统的、单一的思想政治教育方式，拓展实践课堂和网络课堂，丰富了学生的学习模式，让思政教育从表面性嵌入推进至激发心灵认同的"腹地"。同时，在思政课堂主阵地上进行系列改革，让专业课程等其他第一课堂与思政理论课同向同行。

（2）重构协同育人机制，思政教育与学生党建、专业教学与创新创业深度融合，让思政与党建学科"同频共振"。坚持将思政教育与学生党建融合，为思想政治教育保证了正确的航向并提供了有力的组织保证，让思政教育不偏离"航道"。同时，促进思政教育与专业教学、创新创业融合，为国家和社会培养了大批"道德修养高、专业技能强"的纺织类专业人才。

（3）拓宽思政育人阵地，将思政教育延伸至实习企业、网络社群等新场景，助力学生思政教育实现"三全育人"。结合高职院校的育人特点，致力实现思政的"全员育人、全程育人、全方位育人"，使得思政教育"一个都不能少"。将思政教育推进至联盟企业，打破了学生顶岗实习期间思政教育盲区；同时，拓展网络育人新阵地，利用网络手段实现全覆盖、全时域。

4　成果的推广应用情况

4.1　思政品牌逐渐形成

成果先后获评全国高校培育践行社会主义核心价值观典型案例、教育部高校校园文化建设优秀成果二等奖、全国党刊"红船杯"党建品牌案例等。所在党支部先后获评"第二批全国党建工作样板支部"。涌现出"中国纺织行业职业教育突出贡献人物"罗炳金、"中国纺织服装人才培养先进个人"王瑄等一批优秀教师。

4.2　育人质量显著提升

近五年，学生人均志愿者时长和申请入党人数均实现了翻番；学生在各类创新创业竞赛中获得包括"挑战杯"全国职业学校创新创效创业大赛特等奖在内的省级以上荣誉百余项，培养了3名全国纺织职业院校学生职业技能标兵。毕业生广受企业欢迎，初次就业率保持在98%以上，中国最大的一体化针织制造商申洲集团评价学院毕业生："思想政治素质好，专业技术能力强"。

4.3　理论成果夯实丰厚

近五年，教师共计立项科研项目334项，其中教改项目173项；发表论文156篇，其中教学论文22篇；出版专著、教材16部；获得市级以上教学成果奖7项。此外，学院还出台了17项思想政治教育改革方向的文件。

4.4　示范引领效果明显

近五年，成果团队在30余场会议上介绍、推广该成果，金华职业技术学院等50余批次兄弟院校来校参观考察。常州纺织服装职业技术学院副院长张文明教授认为该成果："在国内高职院校思想政治教育领域具有典型的示范性，值得推广"。

4.5　社会各界高度评价

时任全国政协副主席王志珍、浙江省委副书记郑栅洁等领导视察学校时，高度评价该思政教育模式。相关成果在《光明日报》等主流媒体报道百余篇，其中《中国教育报》高度评价该成果："学生出现在哪里，思政工作平台就延伸到哪里；工作平台延伸到哪里，思政工作队伍就出现在哪里；工作队伍出现在哪里，思政工作创新活力就迸发在哪里。"

企业用人与学生就业双效拟合课程链的构建与实践
——以现代纺织技术专业为例

常州纺织服装职业技术学院

完成人及简况

姓名	性别	所在单位	党政职务	专业技术职称
陶建勤	女	常州纺织服装职业技术学院	无	副教授、高级工程师
陶丽珍	女	常州纺织服装职业技术学院	纺织学院院长	教授、高级工程师
刘俊丽	女	常州纺织服装职业技术学院	无	讲师、工程师
卞克玉	男	常州纺织服装职业技术学院	教研室主任	讲师
袁霞	女	常州纺织服装职业技术学院	无	副教授
郭雪峰	女	常州纺织服装职业技术学院	无	副教授

1 成果简介及主要解决的教学问题

1.1 成果简介

为提升高职人才培养质量，针对高职教育在课程体系、教学内容与培养方案方面所存在的问题，经过对高职教育服务于企业用人与学生就业双边需求策略的长期研究与实践，以现代纺织技术专业为例，提出了"企业用人与学生就业双效拟合课程链的构建与实践"方案。

本申报成果基于纺织产业的主流企业类型与现代纺织技术专业毕业生的就业岗位分布，结合应用型技术技能人才培养规律，根据企业用人需求布局专业课程门类结构，搭建专业课程基态链；同时，兼顾学生个体的兴趣、特长及其职业规划，根据纺织生产、设计与贸易3类岗位对高职人才的素质要求，构建生产型、设计型与贸易型3个课程链，供学生选择。专业课程链的构建拟合了企业用人与学生就业的双边需求，推动了产教融合式教学建设各项工作的开展，引领了科研反哺教学之路，确保与时俱进的专业内涵建设及其人性化培养过程，并为毕业生不可预测的岗位迁移或创新创业之未来选项储备素质基础。

应用本申报成果，将促进课程对接岗位、教学对接需求、科研对接教学、专业对接产业的产学研合作。

1.2 成果主要解决的教学问题

（1）解决高职教育课程体系缺乏主轴的结构性问题。

（2）解决高职课程内容与其岗位应用的错位性问题。

（3）解决高职人才培养方案的教学对象划一性问题。

2 成果解决教学问题的方法

2.1 解决高职教育课程体系缺乏主轴的结构性问题

通过搭建专业课程基态链，布局课程体系主轴。如图1所示，根据纺织产业链上不同企业的任务与衔接关系以及原料与产品的种类，并根据现代纺织技术专业毕业生的就业岗位分布，分割教学任务；

结合高职人才的专业技术技能从入门认知到综合应用的培养规律，设置由9门课程组成的专业课程基态链，确保教学内容的岗位辐射性，服务企业用人需求，由此推动产教融合式教学建设各项工作的开展。

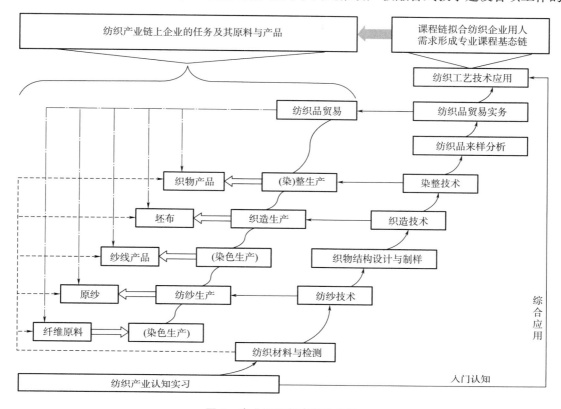

图1 专业课程基态链的构建

2.2 解决高职课程内容与其岗位应用的错位性问题

通过分层课程教学梯度，规范课程内容范围与教学程度。如表1所示，根据现代纺织技术专业毕业生在纺织企业的岗位工种及其对人才素质要求，将专业课程基态链上各门课程按专业知识层、岗位技能层与岗位技术层分隔成三个教学梯度，确保课程教学的岗位针对性与实施责任制。

表1 课程内容的教学梯度分层

专业课程基态链	纺织产业认知实习	纺织材料与检测	纺纱技术	织物结构设计与制样	织造技术	染整技术	纺织品来样分析	纺织品贸易实务	纺织工艺技术应用
第1梯度/专业知识层1	专业知识入门	知识积累	知识积累	知识积累	知识积累	知识积累	知识积累	知识积累	专业知识综合应用
第2梯度/岗位技能层2	行业信息收集	规格与质量检测	设备应用	小样试织	设备应用	染色打样	样品分析	样品管理	工艺实施
第3梯度/岗位技术层3	市场调研	—	工艺分析工艺管理	结构设计	工艺分析工艺管理	工艺分析工艺管理	—	函电写作生产跟单	工艺设计

2.3 解决高职人才培养方案的教学对象划一性问题

通过构建专业课程链组，为学生学习提供选项。如表2所示，根据纺织企业内高职人才的就业岗位类型，基于专业课程基态链分配各门课程的教学梯度与课时，形成针对生产、设计与贸易三类岗位的课程链组，如图2所示。学生根据自身兴趣、特长与职业规划选择其一，专业对学生分类培养，确保教学内容的群体针对性，从而实现服务于企业用人与学生就业的双边需求。

表2　专业课程链组的教学梯度与课时分配

专业课程基态链		纺织产业认知实习	纺织材料与检测	纺纱技术	织物结构设计与制样	织造技术	染整技术	纺织品来样分析	纺织品贸易实务	纺织工艺技术应用
生产型课程链	教学梯度	第1—2层	第1—2层	第1—3层	第1—2层	第1—3层	第1—3层	第1—2层	第1层	第1—3层
	课时分配	30	75	120	75	60	75	45	45	120
设计型课程链	教学梯度	第1—3层	第1—2层	第1层	第1—3层	第1层	第1—2层	第1—2层	第1层	第1—2层
	课时分配	60	75	90	150	60	60	45	45	60
贸易型课程链	教学梯度	第1—3层	第1—2层	第1层	第1—2层	第1层	第1—2层	第1—2层	第1—3层	第1—2层
	课时分配	60	75	90	75	60	60	45	120	60

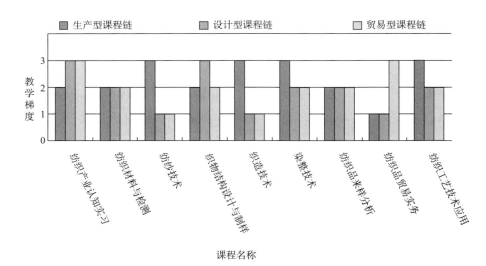

图2　专业课程链组的教学梯度分布

3　成果的创新点

创新点及其达成途径如图3所示。

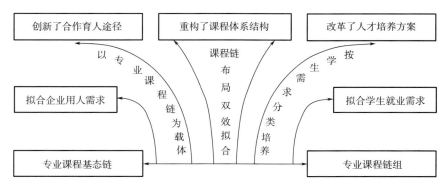

图3　成果的创新点与达成途径

3.1　重构了课程体系结构

以课程链布局专业课程体系主轴，迎合了企业与学生的双边需求。专业课程基态链拟合了纺织产业对人才的需求，有利于培养通知识、宽视野的高职纺织人才；专业课程链组拟合了学生的就业需求，有利于培养爱岗敬业、精技术技能的高职纺织人才。

3.2 创新了合作育人途径

以双效拟合专业课程链为载体，激活了产学研合作意愿，吸引了校企共谋共建共享优质教学资源，并有效集成主流企业技术信息与应用理念，增强课程资源的时代性、引领科研反哺教学之路。

3.3 改革了人才培养方案

形成"五维度三因素"高职纺织人才培养方案，如图4所示，第一维度是就业岗位类型，辐射三类岗位；第二维度是专业课程链组，提供三个选项；第三维度是专业教学对象，据学生需求分成三类；第四维度是课程教学内容，据岗位要求分成三个梯度；第五维度是教学实施管理，分成三个层面。

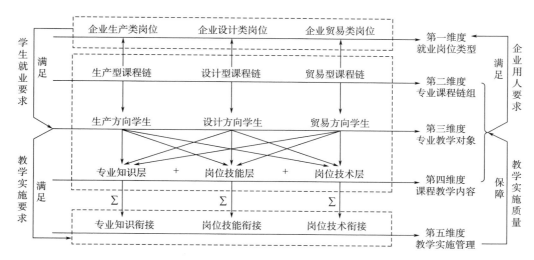

图4 五维度三因素培养方案

4 成果的推广应用情况

本申报成果基于现代纺织技术专业的毕业生就业岗位群，兼顾纺织产业链上的企业用人与在校生就业，服务于产业发展与学生个体发展的双边需求，使专业教学在力求紧贴产业发展对高职人才需求动态的同时，力求符合学生个体的就业取向及其职业发展规划。本申报成果于2015年9月起应用于本校现代纺织技术专业，在构建与实践过程中，是一个持续建设、实践、完善、改革与创新的演变过程；成果应用专业——现代纺织技术专业，在2012年5月获得江苏省高等学校特色专业的基础上，于2017年9月获得江苏省高等职业教育高水平骨干专业建设项目。

本申报成果属于教学建设类，如表3所示，其校企共建完成的省级以上教学资源包括：课程链上的优质课程、配套高等级教材、技能培训与职业资格考证项目、省级实训基地、教学研究论文、基于课程内容的微课获奖作品、科研反哺教学的专业技术研究论文、基于课程内容的发明专利（仅限发明人应用于本申报成果中关于纺织材料与检测课程的教学），除发明专利之外，其他资源均通过线上线下的开放而得到共享。本申报成果专业课程链所含课程的教学内容岗位应用功能明确，也直接为企业的员工培训提供了选项并落实服务，如纺纱技术、织造技术、染整技术课程曾分别为江苏新光纺织有限公司、江苏箭鹿集团、江苏丹毛纺织股份有限公司等国内知名企业进行员工培训，纺织品来样分析课程近年来面向常州地区纺织企业，在纺织品创新实训基地多次开展职工岗位技能培训，并主持针纺织品检验工职业资格考证项目。

表3 本申报成果所含课程的省级以上教学资源建设情况

课程与实践环境	建成的省级以上教学资源	授予单位/时间
纺织材料与检测	教学研究论文：基于高职纺织人才职业能力基础的"纺织材料"课程的开发与实践	纺织服装教育，2013.01
	微课1：紫外猛如虎 面料怎靠谱（一等奖）	江苏省高校微课教学比赛组委会，2019.12
	微课2：面料的起毛起球性测定（一等奖）	江苏省高校微课教学比赛组委会，2015.12
	微课3：纺织面料的察言观色（二等奖）	江苏省高校微课教学比赛组委会，2015.12
	微课4：缎纹织物的组织模拟与绘制（三等奖）	江苏省高校微课教学比赛组委会，2017.12
	微课5：测试纱线捻度（三等奖）	江苏省高校微课教学比赛组委会，2016.12
	论文1：毛纱捻缩率的预测模型	纺织学报，2016.05
	论文2：以品质指数为导向的精梳纯毛纱条干质量控制	纺织学报，2014.11
	论文3：羊毛交叉长度的数字化测试方法	纺织学报，2014.10
	论文4：光照激发对夜光纤维余辉和热释光特性的影响	纺织学报，2013.03
	论文5：基于红外光谱的涤/棉混纺比定量分析	纺织学报，2010.02
	发明专利1：一种毛型织物坯布厚度的预测方法（专利号：ZL 2017 1 0229517.1）	国家知识产权局，2020.02
	发明专利2：一种毛型纱线合股捻缩率的预测方法（专利号：ZL 2017 1 0735736.7）	国家知识产权局，2020.04
纺织工艺学（纺纱技术、织造技术）	江苏省普通高等学校一类精品课程——苏教高[2006]13号	江苏省教育厅，2006
	国家级精品教材《棉纺工程》（第四版）——教高司函〔2008〕194号	教育部，2012
	高职高专部委级规划教材《毛纺工程》	中国纺织出版社，2010
织物结构设计与制样	纺织面料设计师职业技能培训与资格考证项目	劳动和社会保障部职业技能鉴定中心
染整技术	染色打样工职业技能培训与资格考证项目	劳动和社会保障部职业技能鉴定中心
纺织品来样分析	江苏省高等学校重点教材《纤维鉴别与面料分析》（第二版）——苏教高函〔2018〕3号	江苏省教育厅，2018
	针纺织品检验工职业技能培训与资格考证项目	劳动和社会保障部职业技能鉴定中心
纺织工艺技术应用	江苏省普通高等学校精品课程——苏教高〔2010〕19号	江苏省教育厅，2010
	江苏省高等学校重点教材《纺织工艺设备实训》（第2版）——苏高教会〔2019〕12号（江苏省教育厅委托）	江苏省教育厅，2019
实训基地	江苏省纺织品创新实训基地	江苏省教育厅，2012

专业课程链的构建，使专业主干课程的岗位功能清晰、内容衔接有序、管理分合有方。应用本申报成果，将为精准教学奠定基础，也将为校企深度合作打开局面。以双效拟合的专业课程链为载体，更有利于增强校企合作动力、推近校企合作距离、丰富校企合作内容，从而有效拓宽产学研合作育人途径，确保"企业布局及岗位工种"与"课程设置及能力培养"的协同性，同时确保"课程设置及能力培养"与"学生需求及素质基础"的针对性。分类培养懂消费市场的生产型人才、懂生产技术与消费市场的设计型人才、懂生产技术的贸易型人才，有利于为纺织产业提供适应时代发展的应用型技术技能人才，并符合目前我国纺织行业基于增品种、提品质、创品牌的"三品战略"对高职人才的素质要求。

基于产教融合的服装新零售复合型
人才培养的探索与实践

浙江纺织服装职业技术学院
雅戈尔集团股份有限公司
太平鸟集团股份有限公司

完成人及简况

姓名	性别	所在单位	党政职务	专业技术职称
张芝萍	女	浙江纺织服装职业技术学院	商学院院长	教授
魏明	女	浙江纺织服装职业技术学院	商学院副院长	教授
郑琼华	女	浙江纺织服装职业技术学院	无	副教授
仲瑜	女	浙江纺织服装职业技术学院	无	讲师
裴晓雯	女	浙江纺织服装职业技术学院	市场营销专业主任	副教授
陈斌丁	男	宁波雅戈尔服饰有限公司	市场部副经理	中级经济师
应利萍	女	宁波太平鸟电子商务有限公司	人力资源总监	高级人力资源师

1 成果简介及主要解决的教学问题

1.1 成果简介

随着国家"互联网 +"及制造业高质量发展战略的深入实施，服装行业数字化转型不断推进，新商业模式不断涌现。作为国内服装龙头企业，雅戈尔、太平鸟一直是服装行业发展的风向标，是新零售转型的典型样本。我院作为全国纺织服装职业院校的排头兵，主动服务企业转型升级，与服装龙头企业雅戈尔、太平鸟开展新零售复合型人才培养。2012 年 6 月，雅戈尔出资 1500 万元与我院共建雅戈尔商学院，11 月又与太平鸟共建"电商人才培养基地"，累计受益学生 1.6 万人。通过与龙头服装企业的深度合作，联合培养成果显著。学生综合素质得到提升，新零售专业群就业率达 100%，学生成功自主创业 60 余家。专业办学水平提高，荣获"浙江省新零售双师型教师培养培训基地""网店运营与推广 1+X 证书试点""全国跨境电商专业人才培养示范校""浙江省现代学徒制试点""浙江省时尚商贸生产性实训基地"等证书或称号。服装行业影响力加强，陆续有 20 余家企业主动寻求合作，联合开展新零售人才培养。

1.2 主要解决的教学问题

（1）解决了高校新零售岗位群认知滞后于企业转型需求的问题。

（2）解决了校企"双元"育人体制不完善、学校人才培养与企业需求脱节的问题。

（3）解决了新零售人才实战技能培养缺乏企业真实项目载体的问题。

2 成果解决教学问题的方法

2.1 跨专业创立新零售专业群，校企共建新零售岗位人才培养体系

精准把握人才需求变化，开拓新零售人才培养目标，打破专业界限，以市场营销、电子商务、连锁经营三个专业为主体，跨专业创建"新零售专业群"。从最初"店长班"到"双十一""6.18"电商活动的大规模合作，校企双方深刻剖析企业数字化转型中出现的新零售岗位变化，认识到其重要性和人才供需之间的矛盾，利用专业群培养具有复合能力的新零售人才。

2.2 校企三方共建新零售专业群育人机制，企业全过程参与育人环节

构建从招生到就业的企业全过程参与机制，校企双方从招生开始，就按照企业新零售岗位需求设定标准，共同制定人才培养方案和课程体系，共同参与育人的各个环节，大二设立"雅戈尔志愿班""太平鸟志愿班"。构建"平台模块 + 方向模块 + 选修模块"的新零售专业群课程体系。企业岗位任务对接教学项目，岗位标准对接课程标准，以雅戈尔、太平鸟线上线下的真实岗位任务作为课程项目，开展项目化教学，课程案例均来自企业。

2.3 "企业 + 基地"两个载体，实战培养新零售线上线下核心技能

学院与雅戈尔共建"雅戈尔新零售实训基地"，与太平鸟共建"太平鸟—纺院电商基地"。学生在两个基地中可得到产品采购、陈列、营销策划、数据分析、网店运营等一系列新零售实战技能培训；同时，新零售专业群的所有学生在校期间均有两次以上机会，到雅戈尔、太平鸟公司参与"双十一""6.18"的大型电商活动。通过"公司 + 基地"两个载体，极大提升了学生新零售实战技能。

3 成果的创新点

（1）在校企合作中精准把握人才需求趋势，创建了新零售人才培养专业群。

校企长期合作发现新零售岗位的巨大需求和高职院校没有对应人才培养的矛盾，首创了新零售人才培养定位。与一流服装企业深度合作，对接岗位需求、培训标准、职业标准，突破专业壁垒培养新零售复合型人才。

（2）创新了与服装新零售龙头企业合作的校企"双元"育人机制。

通过经费支持、组建理事会、共议合作的方式，健全了校企"双元"育人合作机制，保证企业从人才培养方案制定、招生、课程体系、师资、教材、就业等全方面、全过程参与育人。

（3）全员参与实战项目的方式塑造和检验核心岗位能力，实现了新零售核心岗位技能培养方式的创新。

新零售岗位群对学生核心岗位技能的要求依靠课堂学习和模拟实训远不能达到。通过一流企业合作，建立"企业 + 基地"的新零售核心技能培养模式，两家企业均能接纳大量的在校生进行实战，双方在实战合作中探索出了一套实用、管用的培训和上岗管理模式。

4 成果的推广应用情况

4.1 成为校内学习典范，整体专业办学水平得到有效提升

与一流服装企业联合培养新零售人才的新模式，在校内得到广泛认可，受到校内其他分院的借鉴和学习，覆盖校内学生近 5000 人。其中时装分院与博洋、华羽金顶（童装）等企业也仿效开展服装设计人才培养，且其服装与服装设计专业也因此获批浙江省现代学徒制试点专业；机电与轨道交通分院与宁波地铁等仿效校企育人方式培养轨道交通人才。

雅戈尔商学院在学校推行的目标考核中连续 5 年获得第一名，承担与成果相关的市局级以上教改课题 19 项，其中省部级课题 7 项，发表相关论文 16 篇（SCI、EI2 篇），相关成果获奖 12 项。近 3 年，

学生获得全国竞赛特等奖 1 项、一等奖 7 项、二等奖 2 项，省级一等奖 12 项、二等奖 21 项、"互联网 +" 大赛金奖 1 项，成绩名列同类院校前茅。

4.2　教学经验在国内外教育领域交流推广，影响力不断增强

项目负责人在 20 余次会议上应邀介绍与一流服装企业新零售人才培养的教学改革经验，其中全国性会议 10 次，受益达万人以上，慕名而来主动学习成果经验的院校 50 余所。近年来，已有台湾铭传大学、台湾德明财经科技大学、苏州经贸职业技术学院、三明职业技术学院、绍兴职业技术学院、宁波大学、宁波城市职业技术学院等兄弟院校师生先后来我校参观、学习，其中台湾铭传大学、台湾德明财经科技大学和绍兴职业技术学院三所院校专门输送学生到我校驻点学习电商技能。

由于在全国高职院校的推广，我校获首批"全国跨境电商专业人才培养示范校""浙江省现代学徒制试点"，与一流服装企业共建的校内实训基地获"浙江省时尚商贸生产性实训基地"称号。

4.3　受纺织服装行业高度认可，成为新零售人才培养示范基地

基于本成果的良好效果，学校在行业内的声誉显著提高，并连续 9 年编写出版 9 本宁波纺织服装产业发展报告（2010~2019 年），连续 4 年发布"全国时尚指数"，项目负责人主笔宁波市 246 时尚纺织服装产业集群发展专项规划。鉴于推广应用的卓越成效，我校成果获得"中国纺织服装产业校企合作专业优秀案例""中国纺织服装产业研究优秀成果"，获批成立"宁波时尚经济研究所"。

与雅戈尔和太平鸟的成功培育人才模式受到了其他服装企业和纺织服装行业的认可，近年来陆续有 20 余家企业来我院主要寻求合作，雅戈尔商学院复制上述成功模式，与企业开展新零售人才培养。2012~2019 年，累计 6063 名学生参与雅戈尔、太平鸟企业的电商"双十一"实战，完成销售额 42.78 亿元，中国教育报、宁波日报、浙江新闻、新浪网、浙江工人日报、现代金报等各类媒体对我院"双十一"企业实训进行了宣传报道，这给学校和企业带来了巨大的社会影响力。

本成果与一流服装企业共同开发培训项目，针对纺织服装企业开展了新零售领域的技能培训 4500 人次，针对高校教师开展新零售领域培训 200 人次。由于成效显著，获"浙江省新零售双师型教师培养培训基地""网店运营与推广 1+X 证书试点院校"。

智慧工坊，匠师互融，生徒一体的服装专业教学改革创新与实践

常州纺织服装职业技术学院

完成人及简况

姓名	性别	所在单位	党政职务	专业技术职称
庄立新	男	常州纺织服装职业技术学院	省品牌专业带头人、校学术委员会副主任	教授
卞颖星	女	常州纺织服装职业技术学院	专业负责人	副教授
潘维梅	女	常州纺织服装职业技术学院	教研室主任	讲师
王淑华	女	常州纺织服装职业技术学院	无	副教授
马德东	男	常州纺织服装职业技术学院	教研室副主任	讲师

1   成果简介及主要解决的教学问题

本成果基于服装专业一体化系列教学改革和江苏高校品牌专业建设工程一期项目，聚焦行业企业转型升级发展的新要求，分析智能制造、工匠精神和现代学徒制在高素质服装技术技能人才培养方面存在的问题，依托政校企行的深度合作、开展了服装专业的新一轮教学改革，产出了一系列基于"智慧工坊"工作室人才培养模式的"匠师互融"，"生徒一体"的服装专业教学改革创新与实践成果。培养了一大批适应智能制造，具有自主品牌意识和原创设计能力，具备创新创业潜质的"智创时尚"型高素质服装设计技术技能人才，示范引领了国内兄弟院校的服装专业建设，2019年顺利通过江苏高校品牌专业验收。

本成果对标中国服装原创自主品牌人才战略，主要解决高职服装与服饰设计专业不断提升理实一体化的人才培养及相关的教学问题。解决问题的主要路径是：通过创设"明清服饰文化馆"，师生共研传承推广中华优秀服饰技艺，弘扬工匠精神；通过"江苏纺织服装产教联盟"，结合智能制造，校企共建共享了覆盖现代服装企业大类产品的系列化智慧工坊工作室14个，混编"校企互通""匠师互融""中外专兼"的教学团队，打造"理实一体""生徒一体"的、融"产、教、学、研、创、赛"一体的智慧工坊工作室育人模式；通过"中国大学生时装周""江苏国际服装节"和校"领秀时尚文化节"等各项目的系列服装设计、展演和比赛，开展"师生结对""生徒组队"的"服装设计师领路工程"，充分而有效地实践了"智慧工坊，匠师互融，生徒一体"的服装专业教学改革，在创新培养模式、提升教学团队、建设课程与资源等方面为人才培养提供了有效的路径。

2   成果解决教学问题的方法

随着我国服装行业智能制造技术的广泛应用，自主品牌创设及原创产品研发进入新的发展阶段，服装企业急需大量高素质技术技能人才。因此，高职服装与服饰设计专业在不断提升理实一体化的人才培养方面，面临着从"思路理念""模式目标"和"方法措施"上进一步深化改革和探索创新的问题。

本成果通过探索和实践人才培养的目标、平台、团队、模式和路径,实践了新时期高素质技术技能人才培养的一体化改革,为高职服装专业建设发展提供了有效举措和现实案例。

2.1　适应人才培养新要求

中国服装企业发展对高职服装专业人才的最新定位是:了解和掌握服装智能制造技术、方法、流程,能胜任原创自主品牌及"互联网+"模式下各类时尚服装产品设计。

我们的方法是:培养"善设计、通工艺、能策划、会管理"的高素质服装技术技能人才。一方面,坚持人才可持续发展,对标服装智能制造及"互联网+"的人才规格;另一方面,对标品牌战略和原创产品研发,通过校企共建"明清服饰文化馆",师生共研传统技艺,弘扬工匠精神,汲取创意灵感,创新中国时尚。

2.2　创设实践教学新平台

校企合作共建共享实验实训平台是服装专业学生了解和掌握先进智能制造技术、方法、流程的有效途径,也是培养适应不同品牌风格的个性原创服装设计师的摇篮。

通过校企共建,建成了共享型智慧工坊系列服装服饰工作室14个,打造了"互联网+"原创产品研发项目为引领的,服装智能制造技术、方法和流程为实训内容的,高素质高技能人才培养为目标的产教融合实践教学平台,2016年,"纺织服装智创实训平台"获得省级建设立项。

2.3　组建专业教学新团队

"学高为师,技高为傅",组建由"教师兼技师""教师+技师"的"校企互通""匠师互融""中外专兼"教学团队,集约行业企业和国际教学团队资源共同育人。

我们通过各智慧工坊工作室,将专任教师、企业技师和外籍教师,按照项目课程、专题任务内容进行组合,混编组建"匠师互融""校企互通"和"中外专兼"的教学团队,使"学术和技术""理论与实践""传统技艺与国际视野"互通互融,在教学中发挥了积极的作用。

2.4　实践智慧工坊育人新模式

通过校企共建共享的融"产、教、学、研、创、赛"一体的智慧工坊系列工作室教学平台,以原创产品设计引领项目课程,实践"理实一体化"服装教学;因材施教,启发引导学生学习兴趣,探索个性化设计技术技能培养的"生徒一体"育人模式,促进学生成人成才和差异化竞争。

2.5　项目示范引领新路径

2015年,服装与服饰设计专业立项江苏高校品牌专业建设工程,建设成果引领了项目示范的新路径。我们立足中华优秀服饰文化,融合国际时尚,连续参加"中国国际大学生时装周""江苏国际服装节",展演了享誉中国服装设计界的原创作品专场,连续获得"人才培养成果奖"。同时,发挥专业服务产业能力,近五年为国内大中型服装企业在职培训4573名技术骨干,到账经费三千余万元,示范引领了国内同类专业建设。

3　成果的创新点

3.1　创设"产、教、学、研、创、赛"智慧工坊工作室平台

通过校企共建改革传统课堂教学和实验实训模式,创设融"产、教、学、研、创、赛"为一体的智慧工坊系列工作室群。通过项目课程贯通"教、学、做",打造了"互联网+"原创产品研发项目为引领的,服装智能制造技术、方法和流程为实训内容的,高素质高技能人才培养为目标的产教融合实践教学平台,创新了项目引领的智慧工坊工作室教学模式,开拓了本专业学生认知并掌握当前服装企业智能制造流程和技术方法的有效途径,为自主品牌及"互联网+"模式下原创服装产品的个性化设计人才培养提供了实体支撑。

3.2 创建"匠师互融""校企互通""中外专兼"的教学团队

"学高为师，技高为傅"，以智慧工坊系列工作室为依托，各工作室根据项目课程、专题任务或专项技能混编组合专任教师、企业技师和外籍教师，创建了的一支"匠师互融""校企互通""中外专兼"的教学团队，集约国际国内、行业企业技术资源和时尚资讯共同育人，使"学术和技术""理论与实践""传统技艺与国际视野"互通互融，持续地提升教师教学能力和专业技能，在智慧工坊工作室教学中发挥了显著作用。

3.3 创制"生徒一体""理实一体""学做一体"的育人模式

通过校企共建共享的智慧工坊系列工作室群，以原创产品设计项目引领课程教学，融学生和学徒为一体；融理论和实践为一体；融学习和制作为一体，创新了因材施教，寓教于乐，培养、尊重学生学习兴趣，促进个性化发展"生徒一体""理实一体""学做一体"的育人模式，提升了学生的专业技术技能和差异化竞争能力。

通过传统服饰技艺师生共研项目，参加"中国国际大学生时装周""江苏国际服装节"发布原创设计专场，连续获中国服装设计师协会"人才培养成果奖"；发挥专业服务产业能力，近五年为在职培训 4573 名技术骨干，到账经费三千余万元，示范引领了国内兄弟院校同类专业建设。

4 成果的推广应用情况

本成果对标服装行业转型升级的自主品牌战略和服装企业现代智能制造技术及原创设计人才需求，通过"智慧工坊，匠师互融，生徒一体"的服装专业教学改革创新与实践，为高素质服装设计技术技能人才培养和国内同类高职院校服装专业建设提供了示范举措和成功案例。

（1）立足行业发展企业需求，培养了"智创时尚"的高素质服装技术技能人才。我们确立了"善设计、通工艺、能策划、会管理"的高素质服装技术技能人才培养的目标。通过"智慧工坊，匠师互融，生徒一体"的服装专业教学改革创新与实践，培养了一大批了解和掌握服装企业智能制造技术方法流程的，具有自主品牌意识和原创产品研发能力的，具有服饰文化传承、创新创业等可持续发展潜力的"智创时尚"的高素质服装技术技能人才。

2017 年以来，连续参加"中国国际大学生时装周""江苏国际服装节"，展演了享誉中国服装设计界的原创作品专场，连续三年获得中国服装设计师协会"人才培养成果奖"；同时，在中央财政项目支持下，我们发挥专业建设服务产业发展的能力，近五年来为国内 20 多个省市自治区的大中型服装企业在职培训了 4573 名技术骨干，到账经费三千余万元，示范引领了国内同类高职院校服装专业建设，在国内服装行业中获得了良好的声誉。

（2）通过动态项目混编优化，打造了"匠师互融、校企互通、中外专兼"的教学团队。通过智慧工坊系列工作室，在教学实践中将专任教师、企业技师和外籍教师，按照动态化的项目课程、专题任务内容进行混编优化组合，打造了"匠师互融""校企互通""中外专兼"的教学团队，使"理论与实践""学术和技术""传统技艺与国际视野"互通互融。

2018 年王淑华主持的服装立体裁剪课程获得教育部认定成为国家精品在线开放课程；2018 年王兴伟主持《男装设计》获得教育部验收通过成为国家教学资源库子项目；2017 年马德东指导学生获得江苏省高校优秀毕业设计（论文）一等奖；2016 年王淑华获得江苏省高职院校信息化教学大赛一等奖；2018 年马德东获评"江苏省十佳服装设计师"称号。通过动态项目混编优化教学团队，有效地促进了专任教师整体教学水平和专业能力的不断提升。

（3）创设智慧工坊系列工作室，示范引领了"生徒一体"的育人新模式。通过创设校企合作共建共享的智慧工坊系列工作室群，融"产、教、学、研、创、赛"一体，引导学生探索"互联网+"服装智能制造技术、方法、流程，智慧工坊实施项目课程，融学生学徒为一体；融理论实践为一体；融学习制作为一体，形成了因材施教，寓教于乐，培养兴趣，促进个性发展的"生徒一体""理实一体""学做一体"人才培养新模式，促进了学生技术技能快速提升和设计风格的个性发展，提升了学生的专业技术技能和差异化竞争能力。2016年"纺织服装智创实训平台"获得"江苏省高等职业教育产教深度融合实训平台"建设立项，2017年获得江苏省教学成果一等奖、二等奖各一项，2017年以来连续获得中国服装设计师协会中国国际大学生时装周"人才培养成果奖"。

"零距离"对接纺织服装检测市场
——高职《纺织材料检测》课程项目化全新改革与实践

盐城工业职业技术学院

完成人及简况

姓名	性别	所在单位	党政职务	专业技术职称
钱飞	男	盐城工业职业技术学院	无	副教授
赵磊	男	盐城工业职业技术学院	无	副教授
王前文	女	盐城工业职业技术学院	无	副教授
姚桂香	女	盐城工业职业技术学院	无	教授
位丽	女	盐城工业职业技术学院	无	副教授
刘玲	女	盐城工业职业技术学院	无	副教授
施建华	男	盐城工业职业技术学院	无	讲师、高级工程师

1 成果简介及主要解决的教学问题

1.1 成果简介

2019 年 3 月 5 日，李克强总理在政府工作报告中，首次提到 2019 年要对高职院校实施扩招，人数是 100 万人，提出让更多青年凭借一技之长实现人生价值，涉及 1418 所高职院校，加上之前高职院校一直在扩大招生规模，显然，目前高职在校学生的数量已占大学生总数的一半之多。这种高职教育大背景下，机遇与挑战并存，一方面满足了广大考生升入大学接受高等教育的愿望，给高等教育发展带来千载难逢的机遇；另一方面，原有的课程设置与企业脱节严重、单一的教学模式、实训平台的落后无疑给高职教育的发展，教育教学质量的提高带来严峻的挑战。

随着人民生活水平的提高，舒适性纺织品、生态纺织品市场越来越受到人们的青睐，这就需要越来越多的专业检测技术人员对这些纺织品的服用性能进行精准的判别，在纺织检测技术及职业教育的迅速发展的势头下，纺织行业对产品进行准确检测的市场人才迫切需求，必须提高人才培养质量，加快改革和创新步伐，建设适应纺织服装产品检测专业人才培养的纺织材料检测课程显得尤为重要。

纺织材料检测课程是我校江苏省高校品牌专业——现代纺织技术的专业行业通用能力（技能）基础核心课程，三年来，课程组老师致力于将该课程打造成能"零距离"对接纺织品检测行业、企业（质量管理部门）工作岗位的精品课程，在项目教学内容、教学资源的建设、信息化教学方法、教学手段、校企产教融合等方面取得了一定的成效。

1.1.1 秉承"精、全、够"之原则，校企共同整合项目教学资源

所谓"精、全、够"是指纺织材料检测课程的项目内容设置不需要面面俱到，重要的是要精选现阶段纺织企业或检测机构中经常触碰或使用的检测技能内容，使其能覆盖全岗位所需的检测项目，学生学完后足够满足今后的工作岗位，完全没必要让学生学会所有纺织材料所有的检测技能，如果这样反而适得其反，可能形成"需要的没学精，不需要的也没学到位"的现象。基于此，课程前往校企紧

密型合作企业如江苏悦达纺织集团、盐城市纤维检验所,以及苏南大型纺织企业如无锡第一棉纺织有限公司的质检部、权威的检测机构如苏州中纺联检验技术服务有限公司进行检测工作岗位的调研,形成纺织材料检测课程新的教学项目与建设标准,使项目化教学内容的设置完全满足检测市场对纺织检测专业人才技能的需求,学生也能学会从事纺织服装检测工作所必备的理论知识,具备一定分析问题和解决问题的能力,最终达到本课程培养纺织检测高技能专门人才的目的。

1.1.2 依托纺织服装云实训平台,实现学生个性化自主学习

《纺织材料检测》课程采用的是"教、学、做"一体化的教学模式,即老师示范讲解和学生模拟完成技能操作,但要想使学生学会的操作技能水平能达到纺织材料检测市场岗位的标准还是有很大的差距,即学生的动手能力提高不明显,且创造力得不到改善,因此,充分利用纺织服装云实训平台云检测中心内先进的纺织检测设备,同时由于纺织服装云实训平台与江苏悦达棉纺有限公司质检平台、盐城市纤维检验所形成有在线网络连接,可以在线采集产品检测案例,部分用于教师的课堂教学案例,部分用于学生的技能升华拓展学习,让学生参与到实际检测工作中去,结合企业生产以及各商业检测部门实际检测工作,激发学生的个性化学习,提高学习主动性。

1.1.3 集多种信息化手段于一体,提高"理论技能"的学习效果

将校企合作共同开发的《纺织材料检测》系列碎片化教学资源—项目单元教学设计、多媒体课件、任务书、检测报告、检测标准、题库等,以及制作的基于项目化课程开发的技能操作与理论知识讲解微视频,还有相关的纺织材料检测原理动画,直接上传于纺织材料检测课程的手机 app 学习通平台,依靠学习通平台可以完成课堂签到、课堂教学、课堂讨论、课堂测验等活动,有助于及时掌握学生的课堂任务完成情况,同时,建成的《纺织材料检测》微信平台也能发布相关的核心检测技能判断图等内容。通过这些信息化手段的综合运用,一方面摆脱了纸质材料的运用,另一方面摆脱了学习时间与空间的限制,以面料定性鉴别为例,教师借助学习通平台进行教学,发布通知、各教学资源,以供学生进行课前预习准备、课中学习、课后深化,通过课堂讨论、课堂测试活动最快地掌握学生理论知识学习情况,学生也能通过反复观看学习通平台上面料定性鉴别的技能操作视频,并辅以微信平台,结合企业产品检测真实案例,进行线上线下的技能操作反复观摩与训练,学生的学习兴趣度与参与度提升,大大提高了学生"理论、技能"的学习效果。

1.1.4 课程建设反哺师生发展,促师生获各级类成果

纺织材料检测课程建设促进教师使用信息化教学水平的能力,教师积极参加省信息化教学大赛、省微课教学大赛、省级课程设计大赛,并多次获得二等奖以上的好成绩;促进教师在教学的过程中提炼新型纺织材料、新型纺织检测仪器的研究,授权纺织材料的相关发明专利 5 项,授权纺织检测相关的实用新型专利 10 项,发表多篇省级以上科研论文,近两年教师指导学生申报获批省大学生创新课题 10 多项。

纺织材料检测课程一直以技能大赛为引导,以检测市场需求为宗旨,使学生的技能水平相比以前的学生有很大的提升,促使学生参加纺织面料检测技能大赛屡获大奖,并积极参加各级各类大学生创新大赛获得市厅级以上奖项多次;学生也能以本课程所学的专业知识为主发挥奇思妙想,积极开拓新的毕业论文课题研究方向,论文的选题独到具很高的创新性,获得省级优秀毕业设计二等奖、三等奖、省级优秀毕业设计团队。

1.2 主要解决的教学问题

纺织材料检测课程涉及由纤维到纱线到面料到服装整个加工过程中成品相关性能的检测理论及技能所组成的课程体系。经过调研发现,现有《纺织材料检测》课程教学存在以下问题。

(1)课程标准未能根据检测市场的直接要求来制订,培养出的学生职业能力未能达到检测企业或行业的要求。

（2）课程项目设置内容过多，典型性不强，且内容更新较慢，教学内容的实用性、可操作性和创新性不足。

（3）教学模式简单，信息化教学技术手段不够，不利于培养学生课程检测理论的自主学习能力及分析能力。

（4）理论联系企业检测真实项目的实践教学环节薄弱，不利于培养学生的纺织品检测技能和解决实际问题能力。

因此，充分利用我校现有的江苏省生态纺织研发中心、生态纺织品检测中心及纺织检测中心的优异条件，对纺织材料检测课程进行项目化全新改革，"零距离"对接纺织服装检测市场，整合课程项目与任务，建设出能培养具有全面的纺织品检测技能人才的纺织材料检测精品课程是十分必要的。

2 成果解决教学问题的方法

2.1 从企业视角建课程，解决企业参与课程积极性不高的问题

目前大部分学校在专业、课程建设时一般都将自己作为主导者，在需要企业合作时才去寻求企业的帮助，这种做法在很大程度上使学校专业与课程的建设越来越与企业的人才需求相脱节，降低了企业的参与积极性。本课程在建设过程中，一直从企业视角出发，企业作为课程建设的全程重要参与者，以企业或检测机构（盐城纤维检验所、盐城悦达纺织集团质检部等）提供的真实工作岗位为依据，构建课程培养标准，校企共建系列化课程教学资源（实训场所、多媒体课件、微视频、动画等），使学生培养与企业的人才需求完全对接，这在很大程度上减少学生在毕业后到企业工作企业对其进行的培养力度，因此，也就提高了企业参与本课程建设的积极性。

2.2 构建技能菜单式项目化课程实施体系，解决企业技能需求达不到的问题

调研采集纺织企业检测部门和专业纺织检测机构的典型工作岗位技能，形成技能菜单式项目化的纺织材料检测课程实施体系，由企业提出技能评价标准规则，以点带全，各个项目任务单元教学设计按"任务导入、检测方案讨论与决策、企业真实检测项目实施、检测指标分析、结果评价"的过程组织实施，完全模拟企业或检测机构的检测工作岗位，学生在完成项目单元教学任务后，形成产品质量第一的职业意识和职业素质，突出了理论与实践、职业技能与职业情感的融合，并在任务实施过程中提高学生的创新能力，使学生在学完本课程后掌握的检测技能与素养完全能达到企业工作岗位需求。

2.3 建成纺织服装云检测实训平台，解决教学案例与企业脱节严重的问题

我校现代纺织技术专业是江苏高校品牌专业，目前拥有建成的江苏省纺织服装产教融合实训云平台，其中重要的一个分支是"云检测中心"，能实时更新发布企业检测信息，供教师在线采集企业（检测企业如悦达纺织检测中心、盐城市纤维检验所）纺织服装产品检测案例、标准、方法与数据，因此，在纺织检测课程的教学中教师利用此平台将产品案例随时更新，学生利用云平台内先进的纺织检测设备进行纺织服装检测虚拟仿真实训操作，完成检测技能的反复训练，这样就保证了课程的技能实训案例与企业完全一致，即学校培养就是企业培养，促进学生职业能力的提升。

2.4 组建结构合理的专兼职教学团队，解决师资技能操作水平不高的问题

纺织材料检测课程教学团队始终按照"专职与兼职结合，内培与外引结合"的原则，将课程建设的师资队伍建设放在首位。课程建设过程中采取了一系列政策，如鼓励青年教师出去读博、鼓励青年教师参加江苏省高校师资培训中心举办的国培和省培项目，以提高教师的理论水平；针对自己的任教课程，课程建设要求青年教师每两年必须下企业实践锻炼半年，以提升自己的技能操作教学水平。目前，课程教学团队拥有硕士学位职称教师占专任教师比例达75%，企业兼职教师占比例达25%（引入盐城纤维检验所两位高级工程师），高级职称比例达75%，硕士学历比例达到50%，形成了一支素质优良、

结构合理、专兼结合的师资队伍，有效地解决了课程教师团队技能操作水平不高的问题。

2.5　融合多种现代信息化教学方法，解决学生课程参与积极性不高的问题

以前纺织材料检测课程教学以多媒体课件讲解为主，辅以大量的纸质作业强化理论，且技能实训单一枯燥，学生参与积极性较差，基于此，课程建设的过程中信息化教学技术逐渐加入，如制作了 40多个以理论知识点或技能操作为主题的微视频，以及 10 多个原理动画；开通手机 app《纺织材料检测课程》学习通平台（图 1），用于课堂的签到、课堂讨论、在线作业发布、课堂测验、在线答疑等，且学生可以随时在线学习各种教学资源；开通了《纺织材料检测》微信平台（图 2），教师可以发布一些关键性的图片资源，学生观看一目了然。这些信息化教学手段的融合大大提高了课堂教学效率，解决兼职老师无法长期到场上课的难点，更重要的是学生课堂参与积极性明显提高。

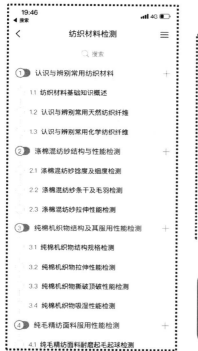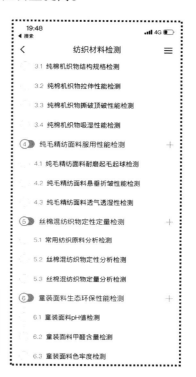

图 1　《纺织材料检测》学习通平台

图 2　《纺织材料检测》微信平台

3 成果的创新点

3.1 形成以"七步法"为特色的单元任务教学法

依托江苏省纺织服装云产教融合实训平台内的云检测中心，以企业产品检测案例作为单元教学任务，全面推进"七步法"（图 3）。在每个单元任务实施过程中采取"七步法"教学方法，即：

（1）集资（对在线搜集的企业产品检测案例进行岗位分析）。

（2）定案（对产品检测项目进行具体分析，制订详细的检测方案）。

（3）准备（对检测试样进行预处理、实训场所与检测仪器的调试）。

（4）解标（借助学习通平台，详细阅读相关检测标准、确定检测步骤及注意事项）。

（5）互导（由教师示范检测步骤及要点，学生再进行相互的指导，也可观看技能操作微视频）。

（6）师导（教师巡回指导发现问题并纠正）。

（7）结案（学生对单元任务进行自我总结，教师针对检测技能重、难点总结强调，并结合学习通平台完成学生本单元任务的学习评价）。

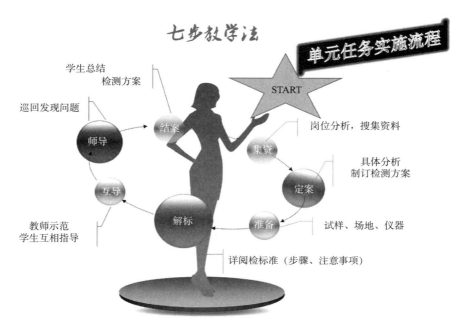

图 3 单元七步教学法

3.2 形成"六个注意点"为特色的课程评价方法

纺织材料检测课程考核根据"六个注意"：即注意激励性、自主性、综合性、实践性、全程性、开放性原则，从挖掘每个学生潜能，展现每个学生优势，培养每个学生职业素质，提升每个学生学习能力出发，结合本课程的特点，构建多元化主体、多维化评价内容和多样化评价方式的评价体系，教学效果的评价采取平时每个项目学习中平时的学生表现即过程评价（包括出勤、作业、提问等）、学生小组互评及对应的技能考核评价（组内学生将另外一个学生操作过程用手机拍成视频并上传到学习通平台上，任课教师要求企业兼职教师对他们的操作技能进行评分）相结合的方式，并采取最后抽查的方式，从知识、技能、态度三个方面综合评价学生的职业能力（图 4）。

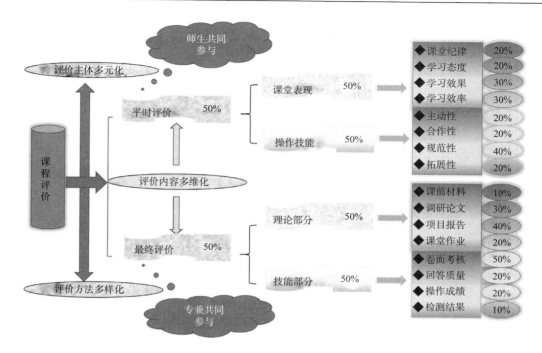

图 4　课程评价方法

4　成果的推广应用情况

（1）在纺织材料检测课程教学改革过程中，使课程团队师生发现并延伸出新型纤维材料、新型纺织检测仪器开发等科研课题，已先后在《棉纺织技术》《上海纺织科技》《纺织导报》等国内外公开学术核心刊物上发表新型纺织材料、纺织检测仪器等相关的教学、科研论文 20 余篇，开发并联合南通三思正式投产出三种新型纺织检测仪器（图 5）；近 1 年与射阳华宏丝绸有限公司、中恒集团、江苏悦达棉纺有限公司等企业合作获得省产学研项目 10 余项；获得市厅级以上科技成果奖励多项；纺织材料检测课程的学习也为毕业班学生选择纺织材料与检测相关主题课题研究奠定坚实的基础，选题为纺织材料与检测相关的毕业论文撰写质量逐年提高。

纱线（可回收）线密度检测装置　　　机织物织缩率自动测试仪器　　　纺织品定量分析检测仪

图 5　师生共同产业化开发的三种新型纺织检测设备

（2）纺织材料检测课程教学"零距离"对接企业检测工作岗位的真实需求进行项目化内容的重改，以技能菜单式项目作为引导，使学生学会的检测技能完全满足社会需要，这种做法受到纺织检测行业的高度认可，近三年毕业生在检测企业或公司的工作能力得到了社会的认可；另外，近三年本课程建成的课程平台资源材料也用于为无锡庆丰（大丰）纺织有限公司、江苏今达实业有限公司等企业员工进行纺织材料检测相关的培训达200人（图6）。

无锡庆丰（大丰）纺织有限公司纺织检测技能培训　　　　江苏今达纺织实业有限公司纺织检测技能培训

江苏腾龙纺织有限公司检测技能培训

图6　教师为企业员工进行纺织检测技能相关培训

（3）纺织材料检测课程在2016、2017、2018级现代纺织技术专业教学中全面实施与应用，该课程改革方案在我校纺织服装学院其他专业课程中起到很好的推动和引导作用，为新课程——新型纱线产品开发、新型机织产品开发等专业课的建设提供了课程改革范本；同时本课程"零距离"对接企业或检测机构真实工作岗位进行技能人才的培养方式受到了江阴职业技术学院、江苏工程职业技术学院、南通纺织职业技术学院等高职院校的高度评价，盐城工学院、南通大学等本科院校也应邀作交流学习经验，对本课程的建设成果予以高度肯定（图7）。

与盐城工学院纺织服装学院教师交流课程建设经验　　　　与江苏工程职业技术学院专业带头人交流课程建设经验

图7　与同类高职院校、本科院校交流课程建设经验

"专创融合、特色引领、实践积累、展赛出新"四轮驱动传统工艺创新实践

常州纺织服装职业技术学院

完成人及简况

姓名	性别	所在单位	党政职务	专业技术职称
许晓婷	女	常州纺织服装职业技术学院	教务处副处长、创意学院副院长	讲师
徐静	女	常州纺织服装职业技术学院	无	高校讲师
徐风	男	常州纺织服装职业技术学院	无	研究员级高级工艺美术师
刘青峰	男	常州纺织服装职业技术学院	教研室主任	讲师

1 成果简介及主要解决的教学问题

1.1 成果简介

立德树人是教育的根本任务。高等职业教育不仅要教授当代主流技术技能、未来先进智能智造技术，也肩负着对优秀地方传统工艺技能的传承与创新的使命。

我校产品艺术设计专业自 2008 年将常州地方传统工艺课程植入专业课程体系，并将技艺传承与大学生创新能力训练、大学生暑期社会实践、学生社团活动等融合，以产品艺术设计专业为依托，导入赛教融合教学手段，整合学校社会有效资源，开展项目化教学，经过十余年积累，逐渐形成基于"专创融合、特色引领、实践积累、展赛出新"的四轮驱动传统手工艺传承创新实践教学模式，学生获得省市级设计类竞赛奖项五十余项，专业教师也取得不俗成绩，其中徐风教授获得"亚太地区竹工艺名匠"称号、徐静教师获得江苏省首批紫金文化创意优秀青年人才称号。我校产品艺术设计专业逐渐形成基于地域文化研究的创意产品设计教学特色。

1.2 主要解决的教学问题

本成果解决的教学问题就是促进中华优秀传统文化的传承创新与现代艺术设计类专业的有机融合发展。通过在艺术设计专业课程体系中植入地方传统手工艺作为专业技能课程，并将传统手工艺传承与大学生创新思维、创新能力训练、大学生社会实践等社团活动对接，结合赛教融合的教学手段，整合学校、社会有效资源，开展项目化教学，促进文化传承的同时塑造本校专业文化特色，作为提升大学生文化素养、专业实践能力、训练多种创新能力的一种有效模式，可借鉴推广。

2 成果解决教学问题的方法

学校产品艺术设计专业从 2008 年起实施将传统技艺融入专业教学的改革，通过建设，形成传统技艺创新"1244"人才实训体系，即基于一个平台（传统工艺创新平台）、通过两个措施（校企合作、项目化实施）、实施四个步骤（实践、融合、再实践、创新）、利用四个阶段（专业课程、社团活动、大学生创新实践训练、暑期社会实践动），开展四项活动（文化体验、技艺传习、产品研发、技能参赛），使学生的专业技能、创新能力得到螺旋式提高，如图 1 所示为产品艺术设计专业建设路径图。

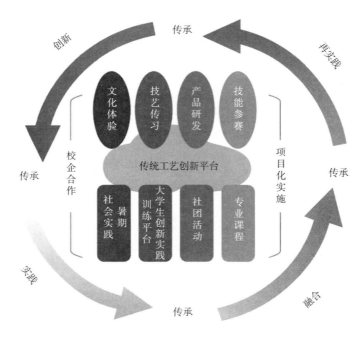

图 1　产品艺术设计专业建设路径图

2.1　将地方传统手工艺植入现代设计类专业，助力文化传承，促进专业特色发展

自 2008 年，我校产品艺术设计专业陆续引入常州地方传统工艺——乱针绣、仿景泰蓝掐丝画、留青竹刻，并将地方旅游纪念品开发作为培养学生职业技能的核心训练项目，逐渐将传播地方传统文化作为本专业的特色发展之路。

课程体系中将传统工艺技能训练与现代设计思维训练、现代设计工具运用课程合理规划设计，形成基于地方特色旅游纪念品研发项目引领的"实践—融合—再实践—创新"课程体系，其中，"实践"指：现代设计思维、方法训练实践、传统工艺技能实践、现代设计工具（各类计算机绘图软件）运用实践；"融合"指传统工艺技能与现代设计思维、方法的融合训练；"再实践"指基于传统工艺技能创新运用及转化的实践；"创新"是指上述实践—融合—再实践的反复积累，从量变到质变的传承创新。专业教学体系的整体设计强调现代设计与传统工艺的交融共通，将传统文化内涵、现代设计思维有机浸润于学生的学习过程中，从而为地域特色文化创意产品设计培养专门性人才。

2.2　依托专业工作室，打造四位一体传统工艺传承创新平台

有效整合课内外资源，我们设立专门工作室，如时尚礼品研发制作工作室、留青竹刻工作室、琉璃制作工作室等，由校内教师与行业内手工艺大师、企业技术人员、商业开发负责人等共同组成导师团队，将学生第二课堂活动：学生社团、大学生创新实践训练项目、暑期社会实践项目融入传统工艺传承创新融入其中，开展传统手工技艺学习、传统手工技艺装饰研究、基于传统手工技艺的产品研发、创新创业项目训练、校企合作项目训练、面向社区的传统手工艺宣传与推广活动等，形成集"技艺传习、产品研发、技能竞赛、文化体验"四位一体传统工艺传承创新平台。

2.3　实践积累，融合现代技术与时尚生活，重构教学内容，促进手工艺传承的与时俱进

传统手工艺在历史发展中不断积累演化，在传承中将融入不同时代的审美趣味、设计理念、科技发展等不断创新。基于现代设计教育体系下的传统工艺手课程教学，既要尊重传统，继承蕴含其中的传统文化人文精神、工匠精神，同时又要结合时代特色，融入时尚元素，结合现代设计理念、现代人的审美趣味及当代科学技术的发展，对制作材料、制作工具、工艺技术、表现题材等进行多种尝试，将现代设计理念下的形式美感、材料语义、技术美感等不断与传统工艺融合，实现从工艺制作到材料运用、再到创作题材、产品应用等多方面的创新实践，促进传统工艺的创新性发展与创造性转化，让

传统手工艺融入当代时尚生活，有效促进传统手工艺的传承。

2.4 展赛出新、结合地方文化特色发展，促进专业教学改革

教学中注重"赛教融合"。产品艺术设计专业教师结合专业特色，选择各类文创设计竞赛，以专业竞赛项目引领课程，训练学生根据赛项主题综合运用所学的专业知识技能，全面提高专业水平，积累设计实践经验。

参与设计竞赛是一项全过程提高学生综合能力的实践过程，在竞赛的准备过程中，学生需要围绕大赛主题确立自己的设计理念，收集资料，构建知识体系，提炼自己的设计概念体系，并围绕其开展设计规划与设计制作；在竞赛作品的展示过程中学生既可以展示自我的实践能力、创新能力，开阔专业眼界，发现自身不足，同时也可以展示学校的教学特色与能力，有效促进教学改革。

3 成果的创新点

3.1 本成果基于人才培养规律出发创新课程体系，培养学生的原创精神

本成果强调传统手工艺与现代设计专业的深度融合，基于人的认知与技能训练规律，通过"现代设计思维训练—传统手工艺学习实践—现代设计方法训练、现代设计工具运用训练—传统手工艺创新实践—传统工艺创造性转化实践"课程体系设计，通过"实践—融合—再实践—创新"模式开展实践训练，将现代设计思维与传统工艺的学习交替开展，逐渐融合，在反复实践过程中训练学生手、眼、脑的协调发展，对中华造物智慧的感悟能力，不断激发学生的原创精神。

3.2 本成果打造基于传统工艺传承创新的"四位一体"实践平台，创新实践育人模式

依托学校专业工作室，融合专业核心技能训练课程、校企合作项目、学生社团活动、大学生实践创新训练项目、大学生暑期社会实践项目为一体，定位"技艺传习、产品研发、技能竞赛、文化体验"四项功能，充分利用学校、社会有效资源开展基于传统手工艺传承创新的实践能力训练，提高学生的技艺水平，丰富学生的实战经验，塑造学生的专业自信，传播地域文化特色，充分发挥学校在技艺传承与文化传承中的积极作用。

3.3 本成果基于实践项目的积累进阶训练促进学生创新创业能力的发展

实践是创新的源动力。传统手工艺是活态文化，其本身的传承就是基于与时俱进的发展理念，工艺技术通过实践不断发展；造物智慧与情感表达也通过实践以物化形式流传于后世。本成果将"实践、积累、创新"理念贯穿于专业教学的全过程。一是传统手工艺传承的实践活动与高职教育强调技术技能的实践训练结合，成立实践教学工作室，开展基于传统工艺传承的各项实践项目训练，在实践中大胆尝试，从量变达到质变，激发学生创新思维；二是通过设计竞赛展示项目与专业课程的融合，着重于传统工艺的创新性表达与创造性转化训练，强调创新、创意思维与传统工艺结合的实践训练；三是在创业训练项目中，结合传统工艺转化为商业项目开展创业训练，培养学生的创业能力。

4 成果的推广应用情况

4.1 学生作品突出传统工艺的创新性应用及创造性转化，实践创新能力获得认可

学生作品特色明显，彰显地域文化与生活美学的结合，多次获邀参加省市级展览，在省市级专业设计竞赛、创新创业竞赛中屡获奖项；部分学生作品已进入商业销售渠道，并已获得商业价值。

4.2 专业建设融入地方文化，彰显不同高职校同类专业的地域特色

在各高校同类专业追求差异化发展的情况下，我校产品艺术设计专业将独具地域文化特色传统手工艺项目"乱针绣、留青竹刻、仿景泰蓝掐丝工艺"引入专业技能课，并与常州孙燕云乱针绣艺术创作中心、常州梳篦厂、徐氏枫艺竹竹木刻博物馆、常州市邢粮梳篦有限公司等企业建立紧密型合作关系，重新构建专业技能课程体系、梳理教学内容、创新实践教学模式，开展教学改革，以"传承传统造物智慧，

延续中华美学精神"为宗旨，研发基于传统手工艺创造性转化开发的个性化时尚生活用品，传播和塑造专业的地域性教学形象。

4.3 传承中华文化基因，培养文化自信，塑造学校文化特色，得到社会认可

传统手工艺从学习到传承再到创新的过程中，学生体会中华传统造物智慧的同时增加了文化的参与感、获得感和认同感，进而在认同的基础上提升其成就感，感悟优秀传统文化精髓，逐步建立文化自信。学校在传播优秀地域文化的同时也塑造了自身的文化特色。我校对优秀传统文化的传承项目获得高等职业教育创新发展行动计划技能大师工作室称号，并成功申报江苏省青少年特色科学工作室，每年接待来自社会各界的参观、交流活动上百次，还曾受到本地常州晚报、武进日报的报道。

高职院校基于文化事业和产业双重维度
传承创新丝绸文化的探索与实践

山东轻工职业学院
淄博海润丝绸发展有限公司

完成人及简况

姓名	性别	所在单位	党政职务	专业技术职称
杨公德	男	山东轻工职业学院	无	讲师
张玉惕	男	山东轻工职业学院	副院长	教授
杨永亮	男	山东轻工职业学院	学生工作处处长	副教授
燕锋	男	山东轻工职业学院	无	讲师
贾长兰	女	山东轻工职业学院	1960 丝绸文化创意园主任	讲师
樊婷婷	女	山东轻工职业学院	无	讲师

1　成果简介及主要解决的教学问题

近年来，山东轻工职业学院一方面在人才培养领域，基于文化事业的维度，注重社会效益，通过教材开发、课程设置、专业建设、文化育人等途径，把丝绸文化编进教材、引进课堂、融入专业、植入校园；另一方面在社会服务领域，关注经济利益，借助"1960 丝绸文化创意园"和校城融合两大平台，通过技术咨询、产品设计、技能培训、社区教育等途径传承创新丝绸文化。成果根植于学院深厚的丝绸文化底蕴和丰富的传承创新实践，以文化具有事业和产业的双重属性以及职业教育具有市场性、经济性、社会性的特有属性为理论基础，以《传承丝绸传统文化与培养学生职业道德的关系》《丝绸文化在职教层面传承与创新的实证研究》《中国丝绸文化教育融入校园文化建设的途径研究—以山东轻工职业学院为例》等课题为依托，是对教育部、文化部、国家民委出台的《关于推进职业院校民族文化传承与创新工作的意见》（教职成〔2013〕2 号）的具体落实，是高职院校基于文化自觉，承担文化传承创新功能的具体体现。经过多年实践，成果显著提升了相关专业的建设成效及学院育人成效，共获得省级教学成果一等奖两项；省级教学团队一个；两个专业（群）被评为省级特色专业（群）；五门课程被评为省级精品课程；省级优秀教材二等奖 1 项；相关研究课题 6 项，论文十余篇；学院被评为淄博市丝绸行业职业技能培训鉴定基地。学生在各类国家级、省级大赛中获得一等奖近 20 项，涌现出以全国优秀共青团员、中国大学生自强之星丁姣为代表的一批先进典型。成果解决了高职院校在传承创新丝绸文化方面存在的以下问题：

（1）重自身力量，轻校企合作，主体单一的问题。

（2）重社会效益，轻经济利益，难以持久的问题。

（3）重内部传承，轻外部辐射，覆盖面窄的问题。

（4）缺整体设计，未系统构建，不成体系的问题。

2　成果解决教学问题的方法

2.1　实施校企合作，变学校单主体为校企双主体

引入淄博海润丝绸发展有限公司、上海赛特丝绸有限公司合作共建"1960 丝绸文化创意园"，打造融产学研为一体的丝绸文化传承创新高端平台；引入淄博舜唐家纺布艺文化有限公司成立"舜唐中式服饰文化研究院"，打造传统服饰文化传承创新平台。校企双方充分发挥各自的智力、技术、资源、信息、市场等优势，合力传承创新丝绸文化，实现 1+1 大于 2 的资源聚合优化效应。

2.2　实施产教融合，实现社会效益和经济利益双赢

依托"1960 丝绸文化创意园"、丝绸文化中心和织物设计与打样中心，积极运用市场思维和经济手段，充分发挥学院资源优势，开展技术咨询、产品设计、技能培训等各类社会服务，实现传承创新丝绸文化社会效益和经济利益的双赢及丝绸文化事业和产业的良性循环。

2.3　实施校城融合，由内部传承创新拓展到外部推广普及

成立淄博市纺织服装职业教育集团，依托集团加强与外部企业、社会在丝绸文化领域的双向、开放、多元合作和交流；借助校城融合和社区学院平台，开展职业教育进校园、进城务工人员培训、社区宣讲等活动，让社会大众尤其是青少年学生通过植桑养蚕、设计制作、参观展览、知识讲授等方式走进丝绸、了解丝绸，扩大受众群体，提高覆盖面和辐射度。

2.4　注重顶层规划，畅通路径，构建体系

学院把传承创新丝绸文化纳入发展规划、专业建设规划和校园文化规划；在文化事业维度畅通教材开发、课程设置、专业建设、文化育人等传承创新路径，在文化产业维度畅通技术咨询、产品设计、技能培训、社区教育等传承创新路径；整合课程专业、产学研平台、学生社团、丝绸博物馆、文化广场、专题网站、学生活动等资源，构建了七个"一"的丝绸文化传承创新体系。

3　成果的创新点

3.1　建立了"一主线两主体，双维多元"的丝绸文化传承创新机制

"一主线"指以传承创新丝绸文化为主线；"两主体"指学校和企业两个主体；"双维"指文化事业和产业两个维度，学校和企业都要既立足文化事业维度，坚守丝绸文化的公益性，又立足文化产业维度，注重丝绸文化的经济性；"多元"指通过教材开发、课程设置、专业建设、文化育人、技术咨询、产品设计、技能培训、社区教育等多种途径、方式传承创新丝绸文化。

3.2　构建了七个"一"的丝绸文化传承创新体系

即打造"一课程"，将丝绸文化作为公共基础必修课纳入美育课程体系，开发丝绸文化系列校本教材，实现学生"全覆盖"；搭建"一平台"，即产学研合作平台，依托"1960 丝绸文化创意园"，研发设计丝绸文化创意产品；成立"一社团"，即丝绸文化艺术社团，让学生通过社团实践活动，切身感受丝绸文化的魅力；建设"一博馆"，即丝绸文化博物馆，为了解、传播丝绸文化提供情景环境，进而弘扬丝绸文化精神；创设"一广场"，即大学生文化广场，通过挖掘丝绸元素，建设文化长廊，提升环境育人效果；建立"一网站"，即丝绸文化教育网站，为传承丝绸文化提供资源平台。开展"一节日"，即依托每年一度的校园文化艺术节，打造弘扬丝绸文化的活动载体。

4　成果的推广应用情况

4.1　融入学院精神，提升育人质量

学院把"精、细、高"的丝绸文化融入自身精神建设，先后形成了源于丝绸的卓越、精细、亲和、久远的精神以及"一蚕一茧"的奉献精神、"一梭一丝"的工匠精神和"一带一路"的开放精神。广

大学生深受熏陶和影响，自觉坚守匠心，不断追求卓越，近年来先后在全省职业技能大赛、全国高职高专院校纺织面料实物设计、花样设计大赛、"鲁泰杯"齐鲁大学生服装设计大赛等各类国家级、省级大赛中获得一等奖近 20 项，涌现出以全国优秀共青团员、中国大学生自强之星丁姣、"感动淄博"年度人物黄浦振为代表的一批先进典型。

4.2 开展社会服务，辐射明显扩大

学院先后参加了毛主席纪念堂大型纤维艺术壁毯《祖国大地》的制作横向科研课题；参与了教育部组织的《丝绸工艺》等四个中等职业学校专业教学标准的制订；主持完成了第 11 届、12 届中国（淄博）国际陶瓷博览会"丝绸之路·淄博起点"丝绸展馆的设计与丝绸文化创意产品的展示项目；承办了 2018 年全国化纤面料名优精品评审会；接待天津科技大学艺术设计学院、山东青年政治学院艺术系、山东建筑大学艺术设计学院、长春工程学院等大学的 800 余名学生来校开展实习和毕业设计创作；承办周村区教育联盟暨社区教育学院，开展各类丝绸文化宣讲、技艺培训 60 余场（次），涉及人员 1.5 万人（次）。

4.3 媒体广泛报道，影响显著提升

2013 年 4 月 3 日《鲁中晨报》专题报道了学院丝绸文化中心主任任光辉教授；2018 年 5 月，淄博电视台《小语访谈》栏目以"织梦未来"为题专访学院党委书记牛圣银；2018 年 7 月 30 日和 2019 年 7 月 16 日，《淄博日报》先后发表"培育'三种'精神，传承'丝绸'文化"和"传承丝绸文化绽放时尚光彩"的文章；2019 年 4 月 9 日，《淄博晚报》发表"校企联手淄博丝绸创新花开"的文章，对学院丝绸文化传承创新工作进行专题报道。

"产、赛、研、创、证"多维立体
协同实践教学体系构建与应用

盐城工业职业技术学院

完成人及简况

姓名	性别	所在单位	党政职务	专业技术职称
靖文	男	盐城工业职业技术学院	无	副教授
孙立香	女	盐城工业职业技术学院	无	讲师
邢娟	女	盐城工业职业技术学院	无	讲师
陈杰	男	盐城工业职业技术学院	机电工程学院党总支书记	讲师
贲能军	男	盐城工业职业技术学院	机电学院副院长	讲师
王春模	女	盐城工业职业技术学院	无	教授
董荣伟	男	盐城工业职业技术学院	无	讲师

1 成果简介及主要解决的教学问题

1.1 成果简介

成果针对高职人才培养实践能力和创新能力不足，实践教学体系陈旧，实践内容与需求脱节，产教融合不深入等问题，依据多维立体组织与协同理论，以纺织机电专业实践教学改革为突破口，构建了基于"产（产教融合）、赛（赛教融合）、研（科研反哺）、创（创新驱动）、证（学证融通）"的多维立体协同实践教学新模式与新体系，建立岗位胜任素质模型，确立岗位创新能力与实践教学环节的映射关系，并转化为体现创新能力培养的"三创"项目化实践课程，构建了多层次、开放式、交叉互动的协同实践平台，采用"产教融合、赛教融合、校企协同、岗位协同、科研反哺、创新驱动、项目承载、学证融通"的实践教学理念、方法与路径，培养高职复合式创新型人才。经过八年的教学改革与探索，突破传统单个专业实践教学的框架限制，重构了纺织机电专业实践教学标准和教学内容，改革实践教学模式，创新实践教学技术与手段，并建立与之相适应的实践教学质量保障系统、管理和评价机制，形成了1~3年级全程覆盖，创新能力为导向、多维立体协同，时空环环相扣，能力稳步提升的纺织机电专业实践教学体系（图1），培养了大量具有较强实践能力、创新精神和可持续发展能力的机电行业优秀人才。

该成果的主要依托是:《两融双赢型院校级职业技能竞赛平台的构建与探索》《基于"定、点、制、品、评"菜单式现代学徒制人才培养模式探究与实践》等省级教改课题研究成果，该成果具体以研究报告、发表的系列论文和纺织机电专业人才培养方案等系列建设成果来体现。以盐工院纺织机电专业为实践研究对象，进行了八届（2011~2018级）学生人才培养的实践探索，第三方麦可思报告反馈人才培养效果明显提升。

成果实施以来，纺织机电专业学生获得全国职业院校技能大赛一等奖1项、二等奖1项、三等奖1项；获省级技能大赛一等奖3项、二等奖5项、三等奖4项，编写赛教融合、产教融合项目化教材11

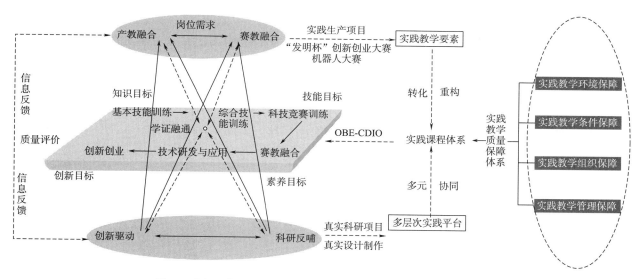

图1 "产、赛、研、创、证"多维立体协同实践教学体系架构

部，其中省级规划教材 4 部，师生获发明专利授权 12 项，省级科研课题 7 项，市厅级科研课题 20 项，开展横向课题研究 15 项，以纺织机电作为核心专业的现代制造专业群被确定为 2017 年省骨干专业、江苏省高校"十二五"重点专业群，机电一体化实训基地被确定为中央财政支持的实训基地。

1.2 主要解决的教学问题

本成果主要解决高职复合式创新型人才培养过程中的实践教学问题：

（1）解决纺织机电专业实践课程体系陈旧，课程内容与需求脱节，课程之间缺乏交叉互动，无法满足纺织机电产业对复合型应用技术人才需求的问题。

（2）解决人才培养中实践能力和创新能力不足，难以适应纺织机电产业发展创新型人才需求的问题。

（3）解决实践教学缺乏育人环境的问题，解决教师自身实践能力与社会需求脱节的问题。

2 成果解决教学问题和方法

2.1 "产教融合、赛教融合、学证融通"，构建实践教学多维立体架构与复合内容体系

汇聚优质实践教学资源，纺织机电专业人才培养对接产业群需求，按照认识→能力→创造的培养规律，践行产教融合的理念，由学校、企业、行业协会等组织共同实施教学，实践教学内容和教学资源全部来自企业生产的实际要求，采用"基本技能训练→综合技能训练→科技竞赛训练→拓展能力训练→技术研发与应用→创新创业能力训练"梯级递进的实践教学新思路，根据全国大学生科技作品竞赛、全国职业技能大赛相关内容，采用 OBE-CDIO 融合的项目设计方法，设计和实施实践教学项目，重构大赛项目，并转化为实践教学课程资源，真正实现赛课融合、赛证融合、以赛促学、以赛促教。

职业技能等级证书是学生职业技能水平的凭证，也是学习成果的认定。职教 20 条举措中鼓励学生在获得学历证书（即"1"）的同时，积极取得本专业所需或相关的各种职业技能等级证书（即"X"）（图 2），该证书可以体现岗位群能力要求，反映职业活动和个人职业生涯发展所需要的综合能力，学校通过引导以社会化机制建设的职业技能等级证书，加快学历证书和职业技能等级证书互通衔接，有序开展学习成果的认定、积累和转换，有利于增强人才培养与产业需求的吻合度，培养复合型技术技能人才，拓展就业创业本领。学生可以自主选择参加职业技能等级证书的相关培训和考核，考核通过后即可获取对应的职业资格证书。

2.2 "科研反哺、创新驱动"，多元协同培养创新能力

科研创新团队进行应用研发反哺教学，将科研团队研发的智能农业装备关键技术转化并应用于实践教学。通过创新项目驱动，分阶段实施"创新、创意、创业"三创课程协同培养创新能力，支持平台研发成果转让和学生创业，多种形式服务于产业。重组高水平科研创新平台等实践教学载体，形成具有"产、赛、研、创、证"五位一体功能的多维立体协同实践教学平台（图3），具有专业实训室＋技能大师工作室＋科技研发工作室＋学生社团工作室＋行业协会办公室"五室合一"特点的跨界学习中心，开展教学、生产、大赛、应用研发、创新创业等各项活动。

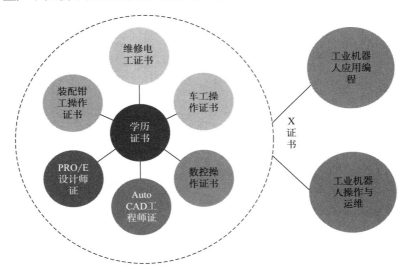

图 2　1+X 证书构成

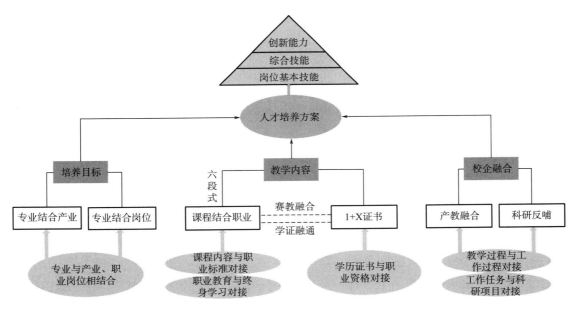

图 3　"产、赛、研、创、证"多维立体协同实践教学体系思路

2.3 构建配套实施的实践教学保障体系和实践育人环境

建设完成江苏省工程技术研究中心 1 个、江苏省重点实训基地 1 个、江苏省大学生校外实践基地 3 个、盐城市纺织机电实训基地 2 个、协同创新中心 1 个、稳定的纺织机电校外实践基地 24 个。提出了实践教学的六段式关键控制点与监控方法，规范了实践教学运行过程。

3　成果的创新点

本成果在产业协同发展、多维立体协同实践教学体系、多层次实践平台建设、产教融合、赛教融合、科研反哺教学的途径、多维立体实践教学方法与质量保障体系等方面具有创新之处。

3.1　实践教学体系、模式、方法的创新

3.1.1　实践教学体系的创新

构建了纺织机电专业产教融合、赛教融合、科研反哺、创新驱动、学证融通为基本构架的网状实践教学体系，立足"开放式、多元化、信息化、互动式、共享型"的定位，践行"以学生为本、为产业服务"的实践教学理念。

3.1.2　实践教学模式的创新

开拓了"基本技能训练→综合技能训练→科技竞赛训练→拓展能力训练→技术研发与应用→创新创业能力训练"梯级递进的实践教学新思路，创新了"校企协同、岗位协同、产教融合、赛教融合、科研反哺、创新驱动、项目承载"培养复合式应用型人才的实践教学新模式，实践教学全方位、多渠道、多形式展开和梯级化推进，形成了学校与企业共定人才培养目标、共建产学研创多层次交叉互动实践平台、共解技术难题的良性联动机制。

3.1.3　实践教学方法的创新

实践教学方式灵活多样，结合岗位胜任力模型，采用案例教学、情景模拟、虚拟仿真、项目制作、OBE-CDIO等手段，有效地培养了学生的职业素质、创新精神和实践能力。打破传统模式，建立起由教室到实训室、由课内到课外、由基础到进阶、由进阶到创新、由学校到企业、由学习到生产、由虚拟到真实的全方位多维立体化实践能力培养模式，扩展学生的学习空间，使学生学习与实际工作氛围更加贴近，实现无缝对接。

3.1.4　创新了教学模式

改变了专业课程教学完全依靠课堂的教学模式，教学过程中实现了课堂教学与专业社团的"双线并行"，通过课内项目和企业自主项目并行教学，更好地培养学生解决工程问题的能力。根据学生能力发展规律，创新设计以专业社团为载体的第二课堂活动，如图4所示的纺织机电专业第二课堂培养路径，与第一课堂相互呼应，互为补充，解决了第二课堂对专业人才培养支撑不够的问题。

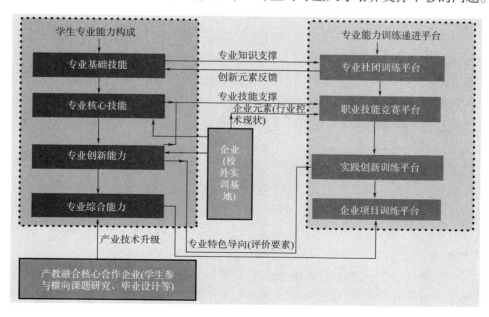

图4　"产、赛、研、创、证"纺织机电人才第二课堂培养路径

3.2 多维立体协同式实践教学体系应用路径创新

（1）深入分析国内外机电产业发展特点与多元需求，将区域产业与纺织机电专业实践能力培养紧密结合，建立胜任素质模型。

（2）从校企对接途径、长效合作机制、实践平台构建、实践课程开发模式、多维立体协同实践教学方法等多方面入手，对协同实践教学体系深入研究与探索，找出适合区域产业协同发展的复合式创新型高技能高素质人才培养实践教学解决方案。

（3）以多层次协同实践平台为基础，在"产、赛、研、创、证"等方面的深入对比分析，借鉴国外职业学院办学的成功经验，结合中国的实际，找出合适中国职业技术教育培养复合式创新型技术应用人才的实践教学解决方案。

4 成果的推广应用情况

4.1 校内应用

4.1.1 专业实力明显增强

依托"产、赛、研、创、证"，夯实学生专业核心技能，培育学生创新能力，优化人才培养方案，使专业建设成效明显，培养了高水平的纺织机电技能型人才。纺织机电专业教师主编规划教材 4 部，参编规划教材 2 部。师资能力提升明显，获江苏省青蓝工程培养对象 3 人，"333"人才培养对象 1 人，2015~2019 年主持省市级以上教科研课题 20 余项。

4.1.2 人才培养质量明显提升

据麦可思公司调研数据，我校纺织机电人才在 2015 届毕业生就业竞争力指数位居全省高职院校第八；毕业半年后的就业率高于全国高职院校平均水平 3.3 个百分点，月薪高于全国职业院校平均水平 2.8 个百分点。

2015 年以来，本专业学生荣获国家级职业院校技能大赛一等奖 1 项、二等奖 1 项、三等奖 1 项；省级技能大赛一等奖 3 项、二等奖 5 项、三等奖 4 项，江苏省高校本专科优秀毕业设计 4 项；学生获江苏省大学生创新性训练项目 15 项，形成了一批体现专业特色的高水平创新训练项目，参加省市科技创新创业大赛获奖 6 项。

4.2 校外推广与辐射

4.2.1 人才培养模式应用

"产、赛、研、创、证"人才培养的创新与实践受到了省内外多所大专院校的关注与认同。近三年来，为盐城机电高等职业技术学校、明达职业技术学院、启东中等专业学校、建湖中专等周边院校师生进行了相关培训；与铜川职业技术学院开展了纺织机电专业中西部教育扶贫对接，培养纺织机电类人才。

4.2.2 课程资源及教材推广

本专业与合作企业江苏悦达纺织集团、江苏江动集团有限公司、江苏高精机电装备有限公司开发了《纺织机电设备维护与管理》《机械图样识读与绘制》等校企合作教材，近五年共有 5 本教材列为十二五国家规划教材，2 本列为十三五国家规范教材，并被多家高职院校所采用。

4.2.3 服务企业

本专业承担了江苏悦达纺织集团、江苏江动集团股份有限公司维修电工、机械制图等专项技术培训，形成了一定的品牌效应，近三年，累计培训达 1000 多人次。我校纺织机电专业的毕业生也得到包括江苏悦达纺织集团有限公司、无锡一棉等在内的用人单位的高度肯定。近三年，教师获得了专利授权 60 件，其中发明专利授权 15 件，省级以上科研课题 6 项，市厅级科研课题 20 项。

4.2.4 媒体报道

"产、赛、研、创、证"的高职教育改革经验，受到了教育行政部门的重视和高职教育界同仁的普遍关注，《中国高校之窗》《江苏教育网》《盐阜大众报》等新闻媒介刊登《盐城工业职业技术学院实施"双教融合"出实效》《技能大赛创佳绩双教融合育人才》等文章，并向全国推广。

基于非遗传承的服装设计专业"专创融合"教学实践

江苏工程职业技术学院

完成人及简况

姓名	性别	所在单位	党政职务	专业技术职称
高月梅	女	江苏工程职业技术学院	无	副教授
魏振乾	男	江苏工程职业技术学院	纺织服装学院党总支副书记	副教授
马昀	男	江苏工程职业技术学院	纺织服装学院院长	副教授
张姝	女	江苏工程职业技术学院	无	讲师
王军	男	江苏工程职业技术学院	服装工程教研室主任	讲师
邢颖	女	江苏工程职业技术学院	无	副教授
钱晋	男	江苏工程职业技术学院	招就处副处长	助理研究员
张娟	女	江苏工程职业技术学院	无	副研究员

1　成果简介及主要解决的教学问题

1.1　成果简介

本成果依托江苏省服装设计与工艺骨干专业建设项目和《高等职业教育创新发展行动计划（2015~2018年）》项目；基于非物质文化遗产项目开发创新、创业训练项目融入课程教学，实现专业课程和创新创业课程教学内容的共融；通过重构课程体系，将创新创业课程的教学目标融入专业课程教学体系，以及专业课与创新创业课教学资源的共享，打破专业教育和创新创业教育的界限，探索服装设计专业"专创融合"的教学实践；学生在各类创新、创业活动和技能竞赛中取得优异的成绩，创新思维能力、创业能力大幅提升，人才培养质量得到显著提高。

1.2　成果主要解决的教学问题

（1）常规情况下专业课教学强调专业知识体系教育，缺乏创新创业教育理念引导；零散分布在人才培养方案中的创新创业类课程缺乏有效系统设计和激励机制，很难达成既定目标。

（2）传统创新创业课程过于强调创新创业方法、流程等教学，教学案例脱离实际、忽略历史人文对人才培养的内在动力、使命担当、企业家精神的激励，从而导致创新创业教育流于形式。

（3）传统的创新创业教育以讲授式的知识灌输为主，训练项目缺乏专业知识和技能的支撑；专业课教师不具备创业教育知识储备，创新创业课教师不懂专业知识运用。

2　成果解决教学问题的方法

2.1　以文化为载体，提高创新创业项目的训练价值

在中国服装产业转型升级大背景下，弘扬发展"衣被天下"中国优秀传统纺织染文化，将"工匠精神""非遗文创"注入高职人才培养质量工程是江苏工院一直在思考和践行的。通过梳理与专业教学内容契合度高、地域型优秀非遗文化项目，例如南通蓝印花布技艺、南通色织土布技艺、南京云锦

织造技艺等，对照服装设计、原创服装设计与制作、工作坊研修、毕业设计等课程的课程标准，以"非遗文化传承与创新"为主题设计教学项目，引导学生树立科学的艺术创作观，训练学生创新思维能力；在创意思维训练、工作室项目实践等创新创业课程中以"文创项目""大学生创新创业训练项目"引导执行，增强创新创业教育的文化内涵。

2.2 以共享为桥梁，增强创新创业课程的教学效果

本专业构建时尚创意空间、师生工作室、非遗时尚创意工坊、地域非遗文化基地等共享实践平台；采用"体验式教学"方式，培养和挖掘学生的创新能力；组建专业教师、创新创业教师、校外专家、非遗大师的"专创融合"师资团队；共同进行专业课、创新创业课授课及项目指导，补齐师资在知识和技能方面的短板，实现资源共享和人才联合培养。

2.3 以竞赛促提升，构建创新创业教育的激励机制

本专业将创新创业教育的目标分解、逐级排序，对应专业课程体系的不同阶段，实现创新创业教育目标的系统化设计；同时，本专业对照人才培养目标，以高级别竞赛为引领，以大学生创新创业实践项目、校内学生技能竞赛周、毕业设计大赛为抓手，构建创新创业技能竞赛体系；实现竞赛体系与创新创业教育目标系统化对接，提升"专创融合"的实施成效。

3 成果的创新点

3.1 更新了创新创业教育的理念

充分发掘专业课程的创新创业教育功能，对于服装设计这类本身就注重学生创意思维培养的专业，其培养目标与创新创业教育的培养目标具有很强的一致性，两者具有相互融合的天然优势。传统的创新创业教育注重方法和技能的训练，忽略人文素养在人才培养中的重要作用，基于非遗传承的专创融合教学较好的解决创新创业教育过程中文化底蕴缺失的问题。

3.2 拓展了创新创业教育的资源

鉴于创新创业教育的结果具有较大的"不确定性"，学生需要更多的平台、通过更多的途径、在专业的指导下尝试更多的项目来进行创新创业体验；专创融合的教学实践整合了专业教育和创新创业教育在平台和师资方面的资源，实现了资源共享。

3.3 重构了创新创业课程的体系

通过将创新创业教育的教学目标融入专业课程的教学体系，以参加各类创新创业技能竞赛为激励机制，实现了专业教育和创新创业教育在目标、内容和资源方面的有机融合。

4 成果的推广应用情况

4.1 校内应用情况

4.1.1 创新创业技能竞赛成果显著

（1）2016~2019年，学生参加全国职业院校技能大赛高职组服装设计与工艺比赛，获得一等奖6项、二等奖一项；学生参加江苏省高等职业院校技能大赛服装设计赛项比赛，获得一等奖11项；2016年，学生参加第一届全国职业院校学生针织服装设计技能大赛，获得二等奖1项、三等奖2项；2019年，学生参加第九届全国职业院校高职制版与工艺技能大赛，获得二等奖2项、三等奖3项。

（2）2016~2019年，学生参加紫金奖文创设计大赛、中英一带一路国际青年创新创业技能大赛中国区总决赛、第四届GET WOW互联网时尚设计大赛、2019中国麻纺设计邀请赛、石狮杯中国大学生服装专业毕业设计大赛、"旭化成"杯中国未来之星设计创新大奖赛、第13届中国新生代时装设计大奖、南通市高职高专大学生毕业设计作品展览、"一带一路"国际防染大会展览、第七届中国（虎门）国际童装网上设计大赛、江苏省大学生创业项目大赛、南通市文创大赛等众创新创业大赛等众多高级

别创新创业大赛，获高级别奖励 20 余项。

4.1.2　专业建设成果丰硕

（1）2018 年，服装设计与工艺专业立项江苏省高等职业教育高水平骨干专业。

（2）2019 年，服装设计与工艺专业、纺织服装类专业"双师型"教师培养培训基地通过江苏省《高等职业教育创新发展行动计划（2015~2018 年）》项目认定。

（3）2018 年，《依托技能大赛平台促进高职产教融合研究与实践——以服装设计专业为例》获中国纺织工业联合会教学成果一等奖；《基于成果导向理念的服装设计课程改革及其应用实践》获中国纺织工业联合会教学成果二等奖。

4.2　校外辐射及社会影响

（1）举办"纺织非遗传承与服饰艺术设计"教师企业实践国培项目，获评江苏省优秀国培项目，培训经验在江苏省国培总结会议上进行交流。

（2）2017 年完成全国高职教育中国美术非遗传承与创新专业教学资源库建设项目——百工录—南通蓝印花布课程建设并进行使用和推广；2018 年完成国家级高职服装专业资源库项目——服装款式图电脑绘制课程建设，受益学生超过 3000 人。

（3）自 2016 年以来，服装专业将毕业设计环节与企业开发产品结合，为华艺集团、联发集团、蓝丝羽家纺、美罗家纺等企业进行新品发布，设计作品得到企业的高度认可与评价；多位大学生创新创业项目的学生团队（传统草木染色、编织工艺、东方古风服饰设计、南通土布创意、手工皮具等）入驻学院致用楼创意空间，进行创意实践与市场运营，并积极参加南通市文化创意集市等活动，助力传统非遗文化推广；2019 年，毕业设计作品走上中国国际大学生时装周，得到新浪时尚、人民日报海外网、搜狐网、扬子晚报、南通日报、南通电视台新闻频道、江海晚报等多家主流媒体的广泛报道，引发强烈的社会反响。

（4）为江苏省职业院校、全国高职院校开展教师培训 160 余人，为新疆维吾尔自治区培训服装设计师资 40 余人，赴肯尼亚为该国开展服装师资培训超 20000 人时，筹建了江苏工院—柬埔寨服装学院。多批次意大利、荷兰留学生来校交流学习和实践。

（5）毕业生供不应求，深受企业好评，江苏工院纺织服装学院被行业企业誉为"江苏服装专业人才的摇篮"；据第三方教育评估机构麦可思的跟踪调查，服装专业学生的就业质量连续多年在国内同类院校中居于前列，学生就业率连续多年保持 98% 以上。

服装与服饰设计专业"3+2"
对口贯通分段人才的培养研究与实践

山东科技职业学院
德州学院

完成人及简况

姓名	性别	所在单位	党政职务	专业技术职称
徐晓雁	男	山东科技职业学院	纺织服装系主任、党总支副书记	副教授
刘蕾	女	山东科技职业学院	专业主任	讲师
王秀芝	女	德州学院	纺织服装学院副院长	教授
李公科	男	山东科技职业学院	专业主任	讲师
梁玉华	女	德州学院	教务处副处长	副教授

1 成果简介及主要解决的教学问题

1.1 成果简介

山东科技职业学院与德州学院"3+2"服装与服饰设计专业对口贯通分段培养试点项目于 2015 年立项并开始招生，经过五年的专业实践与探索，在培养目标定位、课程体系构建、教学组织与实施、管理体制等人才培养全过程实现专本贯通和衔接，突出以职业能力提升为主线，不断深化人才培养内涵，逐步形成了专业特色鲜明的专本对口贯通分段人才培养改革方案，取得了显著育人成效。

1.2 主要解决的教学问题

围绕高素质应用型人才培养，成果主要解决了三方面的问题

1.2.1 解决了高职专科和应用型本科人才培养定位不能有效衔接的问题

3+2 对口贯通分段培养不是高职、本科两者人才培养阶段的简单衔接，而是突出高素质应用型人才培养目标定位，以职业能力提升为主线，提高应用型人才的培养质量。

1.2.2 解决了高素质技术技能人才成长渠道不畅通的问题

很长一段时间以来，高职学生的成长渠道只有专升本这一唯一途径，"3+2"专本对口贯通分段培养项目为高素质技术技能人才成长提供了新渠道，有利于推动现代职业教育体系建设。

1.2.3 解决了人才培养过程中长效沟通机制的问题

"3+2"专本对口贯通分段培养，不是分别培养，而是贯通培养，通过双方共同组建对口贯通分段培养校际联合工作领导小组，有效整合双方优质资源，确保工作有效开展，提升贯通人才培养质量和水平。

2 成果解决教学问题的方法

2.1 加强组织领导，建立贯通培养长效沟通机制

成立了以双方分管校领导为组长，教务处、财务处等部门负责人为成员的工作领导小组，负责相关工作的总体协调、工作推进、质量评价。

2.2　对接产业发展，制定贯通人才培养方案

基于产业发展需求，在深度调研的基础上，明确贯通分段人才培养目标，融合优化，多方参与制定贯通人才培养方案，确保有效实施。

2.3　基于工作过程，构建专本衔接课程体系

对接产业需求，分析典型职业岗位及能力，遵循高素质技术技能人才成长规律，基于典型工作任务，确定培养目标，构建专本两个学段相衔接的贯通培养课程体系。

2.4　以职业能力提升为主线，创新实践"工学交替、两学段五贯通"人才培养模式

突出职业素质、职业能力、创新和研发能力的培养，充分利用双方优势，采取"学训结合、学赛结合、产学结合"，实现"教学做一体化"，提高贯通人才培养质量和水平。

2.5　以学生为中心，实施"线上、线下，职场化"混合式教学模式改革

依托国家级服装设计专业教学资源库及其优质校内职场化环境，实施教与学方式的变革，推动课堂革命，实现信息化与职场化深度融合，培养符合企业标准的高素应用型人才。

2.6　校企深度融合，建设专业职场化教学环境

依托国内一流的校内生产性实训基地，全面构建"项目工作室＋服装设计中心＋教学工厂"产学研三位一体育人平台，打造职场化教学环境，强化实践能力培养。

2.7　优势互补，建设高水平、结构化贯通培养教学团队

聚焦产业高端人才需求，引培结合打造一支师德高尚、业务精湛、专兼结合的高水平、结构化贯通培养教学团队，以双师素质提升为主线，整体提升教师专业能力。

3　成果的创新点

3.1　创新构建培养目标一体化衔接的贯通分段人才培养方案

聚焦高素质应用型人才培养，融合职业院校与本科双方优势，组织教师和企业专家共同制定人才培养方案，明确不同学段的人才培养目标与要求，实现高素质应用型人才培养的一体化衔接。

3.2　创新实践"工学交替、两学段五贯通"人才培养模式，探索出高素质应用型人才培养的新路径

按"工学交替、两学段五贯通"培养模式来构建实践教学体系，充分利用和发挥双方的优势条件，提高人才培养效率和教育教学水平。突出职业能力、创新和研发能力的培养，采取"学训结合、学赛结合、产学结合"三结合的实施模式从不同层面保障实践教学体系的有效实施。

3.3　打造了一支高水平、结构化贯通培养教学团队，保障了高素质应用型人才培养需求

"本科、高职、企业"三方共同构建专兼结合教学队伍，引进企业技术人员为兼职教师，教学内容贴近企业工作实际，增强人才培养的针对性，以双师素质提升为主线，整体提升教师专业能力。

4　成果的推广应用情况

4.1　成果在校内外广泛推广和应用

4.1.1　成果在全院范围推广

专业作为"3+2"专本对口贯通分段培养试点项目建设的典型，成果在学院 4 个专本对口贯通分段培养专业进行推广和应用。

4.1.2　成果在兄弟院校推广

成果组应邀赴 15 所院校做经验介绍；宁夏职业技术学院、深圳职业技术学院等省内外近 100 所职业院校到校学习。

4.2　成果在业内产生一定影响

成果组应邀在中国服装教育学会职业教育经验交流会等进行经验交流，应邀到武汉软件职业技术

学院、山东服装职业学院等兄弟院校交流专本对口贯通分段人才培养经验，得到高度评价。

4.3 贯通培养学生具备文化课基础强、专业能力强优势，在大赛及考研中凸显优势

"3+2"贯通培养的学生在专科课程体系设置中针对培养方案重视文化课的学习，奠定了较好的文化课基础，高职重技术技能，培养的学生动手能力强。本科重综合素养，又进行了专业的强化。学生在全国服装设计大赛中获奖 20 余项，2015 级学生研究生理论考试上线率达 33%，研究生面试合格考入北京服装学院、天津工业大学等知名院校共计九人。达到了预期培养高素质的工程型、高层次技术性以及其他应用型、复合型人才目标。

基于"五融、四点、三维"的高职服装专业群课程思政 教学改革的探索与实践

杭州职业技术学院

完成人及简况

姓名	性别	所在单位	党政职务	专业技术职称
程利群	男	杭州职业技术学院	党委委员、宣传部部长	教授
张崇生	男	杭州职业技术学院	人文社科部主任	副教授
王天红	男	杭州职业技术学院	党委宣传部副部长	高校讲师
章瓯雁	女	杭州职业技术学院	达利女装学院第一党支部书记	教授
商雅萍	女	杭州职业技术学院	宣传部文化干事	记者
沈琼芳	女	杭州职业技术学院	人事部经理	无

1　成果简介及主要解决的教学问题

1.1　成果简介

推进高职服装专业群课程思政整体构建，实现了专业、课程全覆盖，基本形成了独具特色、协同育人的课程思政模式。

1.1.1　理论上实现两大创新

一是创造性地提出了课程思政"543模式"（图1）；二是创新性地厘清了服装专业群课程思政内在机理和基本规律。

1.1.2　实践上创新三大举措

一是修订服装专业群专业人才培养方案；二是融入思政元素丰富课堂教学内容；三是增加职业素养成效评价，完善了人才培养评价指标。

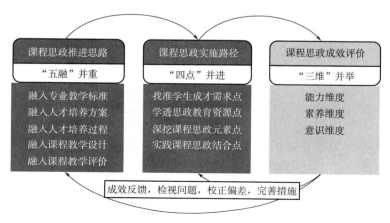

图1　服装专业群课程思政教学改革"543模式"示意图

1.1.3 成效上彰显引领价值

学校入选获得"国家职业院校人文素质教育基地"，课程思政纳入学校全国高职师资培训课程体系；在教育部等组织的重要会议上作典型介绍。

1.2 主要解决的教学问题

聚焦专业技能教育和思政教育"两张皮"问题，有效解决三大教学难题：

（1）学院领导、专业教师理念模糊、认识不到位问题，缺乏主导和落实。

（2）推进路径不清晰，无从下手问题。

（3）专业教学内容的思政元素挖掘不深、融入度差等问题。

2 成果解决教学问题的方法

2.1 推进思路"五融法"

2.1.1 融入专业教学标准

将服装专业教学标准中的"素质项"具体化、操作化，充分体现《中国学生核心素养》培养要求。

2.1.2 融入人才培养方案

实现培养目标和规格充分体现思政素质要求，每一门专业课充分挖掘和融入思政元素（图2）。

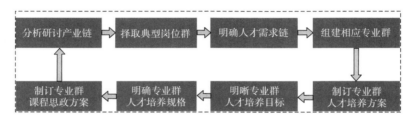

图2 服装专业群课程思政教学改革方案制定流程图

2.1.3 融入人才培养过程

将思政元素有机融入始业教育、课堂教学、实训实习、毕业教育等大学教育全过程。

2.1.4 融入课程教学设计

思政元素全面融入专业课程教学设计内容，思政教育充分体现在专业课程教学全过程。

2.1.5 融入课程教学评价

增加职业素养内容，学习效果评价充分体现思政教育成效要求。

2.2 实施路径"四点法"

2.2.1 找准学生成才需求点

对标专业人才培养目标，找准对学生成长成才过程中职业素养方面的薄弱点，重点强化相应措施。

2.2.2 学透思政教育资源点

组织教师认真学习思政教育资源和专业课程中蕴含的"工匠精神"等思政元素，提高融入有效性。

2.2.3 深挖课程思政元素点

深入挖掘专业课程中蕴含的思政元素，研究分析服装行业企业尤其是"校企共同体"合作企业文化价内涵。

2.2.4 实践课程思政结合点

认真总结教学实践经验，从点名、讲解、示范、作业、评价等各环节，探索、创新融入的结合点，务求覆盖教学全过程。

2.3 成效评价"三维法"

从能力（认知能力、思维能力、方法能力）、素养（学生素养、职业素养、公民素养）、意识（世界意识、家国意识、使命意识）三个维度对学生专业学习的成效进行综合评价，职业素养作为重要评价内容，占总分的 30%。

3 成果的创新点

3.1 创造性地提出服装专业群课程思政教学改革的"543 模式"

"543 模式"中"5"即"五融"：融入专业教学标准、人才培养方案、人才培养过程、课程教学设计和课程教学评价；"4"指"四点"：找准学生成才需求点、学透思政教育资源点、深挖课程思政元素点、实践课程思政结合点；"3"是"三维"：从能力、素养、意识三个维度开展课程思政成效评价。

3.2 有效破解了服装专业技能教育与思政教育"两张皮"难题

首先从领导到教师都重视，制度和举措并进；其次各专业教师在教学全过程中有机融入思政元素，且企业高管、技术骨干深度参与，师资力量得到加强；在第三人才培养方案、专业教材中增加思政元素，教学过程融合思政教育，教学例会、督导工作并进，课程思政常态化；第四，优化学生专业成绩的考核评价，增加职业素养内容等，有效破解了专业技能教育与思政教育"各自为政"的"两张皮"问题。

3.3 成功构建了服装专业群"三全"特色鲜明的课程思政工作体系

"三全"即服装专业群课程思政主体（专业课、思政课和通识课教师以及校企共同体合作企业常驻学校教师）"全员化"；载体（专业课、思政课、通识课、企业文化课）"全课程化"；实施（始业教育、课堂教学、实训教学、企业实习、毕业教育）"全过程化"。

4 成果的推广应用情况

立足专业群优势，制定《服装专业群课程思政实施方案》，实施"五融四点三维"的课程思政教学改革，创新理念、思路、路径和方法，务求实效。学校在 2016 年开始提出实施课程思政教学改革，在部分二级学院试行，达利女装学院作为杭职院的重点建设学院，服装专业群先行先试，经过近 5 年努力，取得了良好成效。

4.1 服装专业群课程思政教学改革"543 模式"引领全校，辐射全国高职

实现达利女装学院服装专业群 4 个专业课程思政全覆盖。全校 8 个二级学院 34 个专业以服装专业群课程思政为标杆，结合各自专业或专业群特点，构建各具特色的课程思政实施方案。达利女装学院负责人和服装专业负责人参加学校专题研讨并向其他二级学院介绍经验，得到高度肯定。人文社科部课程思政教学改革负责人以服装专业群为典型案例，应邀为温州职业技术学院、山西电力职业技术学院等省内外高校介绍杭职院课程思政教学改革经验做法交流 10 余场。

4.2 服装专业群课程思政教学改革研究成果的示范引领作用愈趋显现

中国职教学会和教育部文化素质教指委向全国职业院校推介杭职院课程思政教学改革的研究成果（文化素质教育系列丛书 9 本）等，诸多兄弟院校前来学习取经，达利女装学院作为样板和典范是参观考察的必选之地。《课程思政教学改革的杭职实践》等 5 本丛书即将出版，服装专业群课程思政教学改革是其中的典型案例。如 2019 年服装专业教师徐卉把思政融入课程设计参加全国鞋服饰品教师专业能力大赛荣获银奖。

4.3 基于课程思政与思政课程协同育人的人才培养质量明显提高

实施课程思政教学改革以来，服装专业群人才培养质量提升明显。学生的团队精神、工匠精神、集体荣誉感明显加强，2018、2019 年的全国职业院校技能大赛分别获得团体一等奖和团体二等奖；毕业生综合职业素养高，毕业生就业率持续提升，2019 年超 98%，专业对口率 80% 以上。用人单位满意度达 95% 以上，所有指标均位列全校所有专业群前列。

4.4 专业教师的思想政治素质不断提升，培养了一批"双优"教师

　　思政元素融入服装专业课程，服装专业课程包含思政教育，通过不断地强化和融合，服装专业群的专业教师的政治站位不断提升，思想素质不断加强，涌现出一批政治素质高、工作热情足、深受学生欢迎与信任的优秀专业教师，其中，获得"全国优秀教师"荣誉称号1名、"浙江省高校优秀教师"2名、"杭州市优秀教师"2名、黄炎培优秀教师1名、杭州市属高校领雁计划优秀支部书记1名；2020年，服装设计专业所在的达利女装学院第一党支部获"全国高校样板支部"，"达利现象"引领杭职院的课程思政建设。

技能大赛背景下促进中职
服装专业产教深度融合的实践研究

郑州市科技工业学校
河南千顺实业有限公司

完成人及简况

姓名	性别	所在单位	党政职务	专业技术职称
花芬	女	郑州市科技工业学校	服装系主任	高级讲师
支德银	男	郑州市科技工业学校	校长	正高级讲师
朱昀	女	郑州市科技工业学校	服装设计工程教研组组长	讲师
王伟宏	女	郑州市科技工业学校	服装表演教研室组长	讲师
王明飞	男	河南千顺实业有限公司	总经理	技师

1 成果简介及主要解决的教学问题

1.1 成果简介

郑州市科技工业学校服装专业群以技能竞赛为突破口，深入推进"四室九段"人才培养模式改革，构建"六类四型 CDIO"课程体系。在技能竞赛的引领和推动之下，搭建了"工学结合校外实训基地"实训教学平台，建设了"艺工结合创新型"的师资队伍，推行了"五方联动"校企合作运行机制，大赛推动了教育教学改革与产业转型升级衔接配套，突出职业院校办学特色，强化校企协同育人。人才培养质量得到显著提升，2019 年该专业群被评为河南省首批"双高"示范专业，为区域服装产业和社会经济发展提供了强有力的支撑。

1.2 主要解决的教学问题

1.2.1 大赛推动了"四室九段"人才培养模式改革，构建了校企合作新平台

服装设计与工艺专业充分发挥技能大赛的引领作用，构建了"四室九段"人才培养模式，对人才进行分段、递进式的教育与培养。其中的"四室"分别指的是车间、教室、工作室以及实训室，而"九段"指的是将学校三年时间的每个学期都进入四室开展实习。

1.2.2 大赛检验"六类四型"专业课程体系的构建，促进产教深度融合

服装设计与工艺专业将以国赛为代表的各类技能竞赛的比赛内容引入课程，以技能竞赛的评价标准作为学生课程作业的评价标准，实现了竞赛内容与教学内容的有机对接，扩大了学生的受益面；构建了公共必修课、公共限选课、专业必修课、专业技能方向课、公共任选课、专业任选课六类课程类型，分别组成了知识学科类、技术学科类、项目课程类及通用技术类四类课程。

1.2.3 大赛提高了教师能力水平，推动建设了"艺工融合创新性"的教师团队

技能大赛使得传统职业教育教师面临着更多的挑战与压力，现代职业教育教师除了要进行教书育人以外，还要自己成长为高水平、高素质的教师。左手理论教学，右手裁剪缝制；既能上三尺讲台，又能实践指导，技能大赛背景下，这样的教师才是职业学校的"刚需"。加大培训力度，以技能大赛

课程开发带动师资团队，建设"艺工融合创新性"的教师团队。

1.2.4 大赛培育了优秀项目团队，增强了团队核心竞争力

通过大赛项目，任务与比赛和教学内容相结合，实现了工作过程与学习过程的无缝对接，促进团队建设；通过独特的大赛文化、制度文化带动团队建设；通过大赛"工匠精神"——兢兢业业的工作态度、一丝不苟的大赛精神带动团队建设；通过大赛的平台交流，促进优秀同行之间的交流，培育优秀项目团队，增强了职业教育服务地方经济发展的能力。

1.2.5 大赛促进了与企业合作共建"工学结合、学做合一"校外实训基地，实现集教学、培训、技能鉴定、研发与生产一体化

建成一家集教学、开发、生产、销售于一体的校内实训基地服装实训基地。为"工学结合、产教一体"人才培养模式探索与搭建校园实践平台。使之成为学生校内职业技能实践区和创意活动场所，学生根据教学计划安排，有计划、分阶段到基地参加实习，熟悉现代工厂的生产程序，掌握服装工艺操作规范，适应现代企业管理制度。

1.2.6 大赛推动了"政、行、企、协、校"专业合作办学建设改革升级，五方联动，合体推动职业教育专业建设发展

按照"学校围着市场转、专业围着产业转、人才培养围着岗位需求转"的发展要求，强化政府、行业、企业、协会、学校五方联动，坚持产教融合发展，推动职业教育融入经济社会发展和改革全过程，推动专业设置与产业需求、课程内容与职业标准、教学过程与生产过程对接、实现职业教育与技术进步，生产方式变革以及社会公共服务相适应，促进经济增效。

2 成果解决教学问题的方法

2.1 以技能竞赛为引领，构建的技能大赛"立体化"体系

以"世赛""国赛""省赛"、行业大赛为引领，与校内学生技能大赛、学生毕业设计大赛共同构建了立体化、多层次的技能大赛体系。制订技能竞赛参赛制度和技能竞赛年度计划，让技能竞赛覆盖所有核心课程和学生，形成常态化、全覆盖的技能竞赛机制。组建技能竞赛训练和教学研究团队，实现竞赛项目与教学内容的融合、竞赛资源与教学资源的共享、竞赛过程与教学过程的同步、竞赛评价与课程标准的对接。

2.2 以技能竞赛为指南，深化"四室九段"人才培养模式改革

服装设计与工艺专业以竞赛为指南，通过与工作室、企业合作实施"四室九段"人才培养方案。"四室九段"人才培养方案实施过程的第一段，服装专业一年级学生学期初深入合作企业各部门，了解服装行业及专业岗位，塑造职业认知；第二、三段回归校园，以专业基础课程对接企业训练专业技能的学习，夯实工匠基础；第四段，企业一线，参加生产实践，体会专业岗位技能需求，培养职业精神。服装专业第二年整个学年，即第五段至第八段，这是"四室九段"人才培养方案的核心所在。第五段及第七段，根据技术递进的专业课程为主线，开展主题式教学，设定一个大主题，从服装企划设计、数码印花、电脑绣花、结构设计、立体裁剪到服装工艺，学生分组到不同实训室轮训，有不同教师指导，提高职业素养；第六段及第八段，服装专业不同方向，兴趣不同，学生到合作企业综合创新技术岗位，实现技术递进；第九段，服装专业三年级学生到合作企业首先开展半年岗位能力培养，之后半年进行顶岗实习，期间所有参与的学生遵循自愿报名、家长同意、购买保险等原则，学校配备一名专职教师负责学生在合作企业实训基地的管理工作。

2.3 以技能竞赛为抓手，创建"CDIO"教学课程体系

服装设计专业以大赛为抓手，大赛项目植入课程，形成项目课程，带动课程改革，课程改革带动人才培养模式改革，最终将参赛选手选拔培训、参赛作品培育与实训教学任务紧密结合，落地课堂，

把技能大赛的赛点与常规项目教学有机融合，使得学生的学习内驱力得到增强，对学生的求知兴趣进行不断激发，使得学生能够主动且积极地去训练相关的技能，最终达到提升学生技能操作水平的目的；同时将技能大赛赛点与企业实际生产相结合，让学生通过训练找到职业认同感，从而增强学习的自信心，综合素质得到提升。CDIO 代表构思（Conceive）、设计（Design）、实现（Implement）和运作（Operate），它建立在真实世界的产品基础上，以产品研发到产品运行的生命周期为载体，让学生以主动的、实践的、课程之间有机联系的方式学习，着力培养他们的基础知识、团队协作能力和综合运用能力。服装专业以"适宜的产品开发"为课程内容选择，以产品"构思（C）、设计（D）、实现（I）、运作（O）"为课程内容组织，以产品"全面质量"为课程学习评价，建立"CDIO 课程"开发模式，并作为专业课程的基本模式。

2.4 以技能竞赛为纽带，推行"五方联合"校企合作运行机制

服装设计专业群通过"五方联合"校企合作运行机制，建机制、搭平台、进圈子、压担子，校企联合内培"赋能"。以技能竞赛为纽带，校企双方进一步探讨校企合作育人方案，成立了"红动商贸"订单班、现代学徒制模式"千顺班"等校企合作育人平台。以技能大赛为引领，推进校企合作深入开展，学校和企业实现资源共享、优势互补、共同发展。通过灵活多样合作运行机制，实现多层次、多梯度、多方向培养，使学生毕业后具备"一广三强"的特点，即知识面广，动手能力强、适应能力强和应变能力强，具有明显的复合型人才特征。形成"校内有厂、厂内有校、校企合一"的人才培养特色途径。

途径一："四位一体"办学模式——以培养服装研发经营人才为主体。
途径二：校企联姻深度合作——以培养服装设计与制版人才为主体。
途径三：订单培养模式——以培养服装营销人才为主体。
途径四：工学交替模式——培养服装展示与形象设计人才为主体。

3 成果的创新点

3.1 对接"世赛""国赛"，完善人才培养方案建设，凸显产教融合专业特色，提升整体办学水平

在全员化竞赛机制背景下，推进一体化教学实训的改革，组织各主干专业对人才培养方案进行重新编写和定位，从课程结构、教学规程、岗位要素、工艺标准、操作流程、综合评价等各角度进行整合与重建。另外，在学校组建人才培养改革领导小组，将行业专家聘请到学校来，参与指导企业技术人员的培养。首先开展了服装相关专业教学标准的制定和主干专业人才培养方案的制定编写工作。与大赛要素相结合，对相关特色课程建设与专业核心能力建设实施有针对性的强化，重新定位与更新了综合模块、专业模块以及基础模块等方面内容，实现大赛相关的专业技能与理论知识的完美结合，构建出相对完整的赛训一体化教学体系，与此同时，其他各专业也开展了围绕大赛要素、企业岗位需求、生产标准等方面的调研论证、修订等工作，逐步对具有科工特色的各种人才培养方案进行构建与完善。目前，各专业已经形成了目标明确、架构合理、手段多样、效果显著的局面。

3.2 建立完善大赛选拔制度和产教融合机制的融合，形成全员参与、全员关注、重点培养的格局

将技能大赛视作实现人才培养目标的重要突破口，并高度重视技能大赛，从而认识到技能大赛的推广价值与引领作用，对其机制进行了不断完善，促进技能大赛与教育教学的融合。首先，建立从校级到国家级的层级式选拔制度体系，将各级竞赛的技术、工艺、标准植入日常教学及实习实训中；其次，正视竞赛的引领作用，保障正常教学的稳步运行，避免"精英教育"误区；最后，树立"竞赛模式引领教学改革，教学改革提升竞赛能力"的观念，把竞赛要素渗透进教学各个环节，通过大赛的参与和最终效果促进学生综合技能水平提高。通过校企联合举办技能大赛，将技能"竞赛项目"与"企业任务"相结合，为企业进行新品开发和产品发布，学校和企业共同培育"时尚空间""项目团队""时尚品牌"

和学生的创业能力，实现了技能竞赛机制与校企合作运行机制的融合。

3.3 通过技能竞赛和企业的深度融合，实现了学生艺术审美能力、团队精神和工匠精神的培养

3.3.1 艺术修养和审美能力

服装专业技能大赛要求选手们必须具备设计时对艺术的热爱、对创意的追求和对立体造型的专注等，而这些精神的塑造都要经过长期训练，在日常教学中潜移默化地来培养学生。首先，设置了部分课程来对学生的审美能力与艺术修养进行提升。如服装设计赏析，教师通过对设计的解读和元素分析来提升学生眼界，联合企业为学生发布任务，学生根据企业发布的研发任务完成设计，并投放市场来检验学生的设计成果；其次，组织学生走出去参观专业服饰博览会，时装周及企业产品发布会，学生在轻松的学习氛围中，获得了大量的设计素材，进而对学生的创作热情进行激发。通过大赛提高学生的艺术审美能力。

3.3.2 团队合作和协作能力

技能大赛对过程评价比较重视，特别是对其工作过程与团队合作过程的评价，工作任务和企业任务对接，促进学生培养团队精神。2017年全国中职院校技能大赛开始加入了团体赛项，任意团队的成员数最多两名，他们还必须要来自同一所学校。团队的两位成员都参与理论考核，具体分工与任务为，成员一，负责模块一中的设计电脑款式拓展，还有模块二中设计立体造型与服装纸样；成员二，负责模块三中的设计成衣的CAD结构、推板以及样板制作，还有模块四样衣的制作与裁剪。团队中的各个成员，他们不仅有分工，还有合作，他们需要对知识与技能进行合理利用，共同决策与协同作战，这样才可适应错综复杂的环境，从而获得较为满意的比赛成绩，最终将团队目标实现。通过大赛提高了学生的团队合作和协作能力。

3.3.3 心理素质和应变能力

无论是在赛前还是赛场，技能大赛参赛选手的一言一行都代表着学校的教育成效和自身的职业素质。技能大赛所展示的不单是技能，更是一种职业风采和行业风尚，而要塑造良好的心理素质和应变能力，则必须在赛前的训练和管理中予以加强和规范。为了更好地培养出学生的应变能力和过硬的心理素质，在日常的训练中采用"五定"的竞赛训练方式，即固定时间、固定地点、固定教师、固定内容、定期检查。固定时间：学生平时训练时间做到和比赛时间一致；固定地点：学生平时训练设备做到和比赛一致；固定教师：每位选手每个项目对应一位教师；固定内容：学生每个时间段训练内容与比赛内容一致；定期检查：规定时间进行自评互评。我们根据竞赛内容和时间制定可行的训练计划表，旨在让学生在日常的训练中为选手营造紧张的氛围，通过反复练习让选手充满自信，通过和行业赛和行业的精英一起比赛交流，使他们形成强大的心理素质和良好的应变能力。

4 成果的推广应用情况

4.1 校内应用情况

4.1.1 专业竞赛成果

（1）2012~2020年，学生连续8年参加全国职业院校技能大赛中职组服装设计（制板）与工艺技能大赛，获得金奖（一等奖）10个、银奖3个、铜奖4个。连续七年获得河南省级技能大赛金奖（一等奖）32个、银奖4个。

（2）1名同学获得"全国纺织服装专业学生职业技能标兵"荣誉称号；1名同学获得国家高级技师证书，8名同学获得国家高级职工证书。

（3）连续三年参加河南省服装行业协会制板与工艺技能大赛均获团体一等奖。

（4）2017年参加中原国际时装周，2018~2019年师生作品参加河南省服装行业协会组织的"河南省大学生时装周"，获最佳育人奖。

（5）2017~2019 年参加全国中职毕业设计联秀，均获一等奖。

（6）2017 年全国教师组服装立体裁剪大赛技能大赛三等奖，2019 年全国教师组服装立体裁剪大赛技能大赛二等奖 2 名。

4.1.2 专业建设成果

（1）河南省职业教育重点课题《技能大赛对中职服装专业师资队伍的建设影响研究》通过验收。

（2）河南省职业教育重点课题《基于技能大赛背景下的工匠精神培养实践研究——以服装专业为例》通过验收。

（3）2017、2019 年承接了河南省"双师型"服装专业师资培训。

（4）2016 年承接了中国纺织服装教育学会全国职业院校服装专业教师师资培训。

（5）服装设计专业群被河南省列为双高专业群；师生作品连续两年登上河南省大学生时装周。

（6）2016 年与河南省千顺实业有限公司联合举办了河南省服装行业人员高端培训。

（7）2018 年主编教育部"十三五"规划教材《服装概论》中国纺织出版社出版。

（8）2019 年主编《服装款式设计技能大赛指导手册》，由中国纺织出版社出版。

4.2 产业对接应用情况

（1）师生先后为河南千顺实业有限公司、郑州领秀服饰、郑州逸阳集团等 10 家行业主导企业开发新品 500 余款，制作样衣 400 余款。

（2）2019 年与河南千顺实业有限公司、郑州若宇服饰有限公司签订了新型学徒制项目，培训企业员工 400 人。

4.3 社会影响与辐射情况

（1）获"河南省服装专业骨干教师培训基地""河南省职业技能大赛先进单位"称号。连续 7 次承办河南省职业院校技能大赛。

（2）为河南省职业院校、全国中高职院校开展教师培训 300 余人。

（3）连续两年将毕业设计环节与为服装企业开发产品融合，为企业进行新品发布。毕业生设计作品得到企业的高度认可与评价，并受到郑州教育电视台新闻频道、河南日报、大河报、凤凰网等多家媒体的热烈追捧和跟踪报道。

（4）毕业生供不应求，深受企业好评，服装专业学生的就业质量连续多年在国内同类院校中居于前列，学生就业率连续多年保持 98% 以上。

（5）洛阳新安职业中学、黑龙江绥芬河职业教育中心等多所省内外中高职院校前来学习取经，突显了教改成果的应用推广价值。

（6）2014~2015 年牵头主持《河南省服装设计与工艺专业教学标准》《河南省服装制作与生产管理专业教学标准》的制定。

（7）2019 年主办河南省第十一届"河南省技能大赛全员化主题论坛暨第一届服装专业技能大赛全员化专题论坛"。

产教融合背景下纺织类校企共建在线课程建设 与教学模式改革的探索与实践

江苏工程职业技术学院

完成人及简况

姓名	性别	所在单位	党政职务	专业技术职称
陈桂香	女	江苏工程职业技术学院	无	讲师
洪杰	男	江苏工程职业技术学院	纺织服装学院副院长	副教授
隋全侠	女	江苏工程职业技术学院	无	副教授
黄旭	女	江苏工程职业技术学院	无	副教授
李朝晖	男	江苏工程职业技术学院	无	副教授
莫靖昱	女	江苏工程职业技术学院	无	讲师
陆艳	女	江苏工程职业技术学院	无	讲师
龚蕴玉	男	江苏工程职业技术学院	无	副教授

1 成果简介及主要解决的教学问题

本成果依托国家"现代纺织技术"专业资源库建设、江苏省高校品牌专业建设工程资助项目，校企深度合作，将纺织企业前沿的纤维产品、工艺参数、检测标准融入纺织工艺、纺织品设计、纺织品检测等专业课程中，创建碎片化、趣味性的在线课程 12 门。2017 年"织物分析与小样试织"等 4 门课程获得了江苏省教育厅的省级精品在线开放课程的立项。

授课时，强化课程学习与岗位实践相结合。课程学习校企协同，企业教师参与部分教学，创新六步法教学与 O2O 混合式教学法相结合的教学模式（图 1）。采用三段式的"翻转课堂"教学方式，将课堂教学主要分成课前、课上、课后三个阶段，在教学设计中将教师活动和学生活动两部分有机结合起来，按照"任务引领、项目驱动"实施"资讯、计划、决策、实施、检查、评估"六步教学法，学校老师—企业导师共同育人，实现"一课两师"制。

岗位实践校企共管，构建"工学交替—育训结合—德技并修"校企协同培养模式，实现人才共育、共管。依托实训基地和双师型教师，形成"校企联合、校内外共管、二师四生一基地"为特色的学生企业实践模式，即在一个实训基地实习的 4 名学生配置校内外导师各一名，实现精细化培养。

校企共建在线课程，实践校企协同育人的培养模式，有效解决了教学难点中比较抽象晦涩的知识的理解吸收问题；解决了实践教学资源不足的问题；解决了传统课上教师一对数十人无法兼顾学生个体差异的满堂灌教学的弊端。

2 成果解决教学问题的方法

（1）创建大量视频、动画、虚拟仿真等优质资源，解决了晦涩知识点难以消化吸收的问题。针对教学中的重点、难点，在线课程创建时引入了大量的视频、动画等优质资源，将抽象的原理、工艺流程、

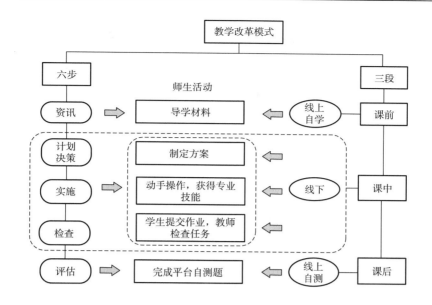

图1 "三阶六步"教学改革模式

操作过程等通过短小精悍的微课形式呈现，便于同学们"无限次地无时空限制"地回看，给学习带来了极大便利的同时帮助同学们掌握疑难问题。

（2）依托企业齐全的产品、设备资源，有效解决了实践教学资源不足的问题。合作企业的新产品、新工艺、织物典型产品、先进生产设备、生产流水线、检测仪器等解决了教学中因资源、设备短缺带来的燃眉之急，大大丰富了教学资源，扩宽了学生的视野。

（3）在线学习满足了学生个性化、差异化、隐私化学习，解决了传统课上教师一对数十人无法兼顾学生个体差异的满堂灌教学的弊端。

学生可以根据自身需要，选择学习时间、学习方式、学习地点、学习次数，进而实现满足其个体需要个性化（每个人喜欢的学习方式、时间等不同，有的喜欢手机，有的喜欢电脑、有的喜欢夜猫子等）、差异化（每个人对不同的内容学习接收不同，兴趣点不同）、隐私化（有的学生害羞不敢问，这样她就可以反复地去学自己不容易学会的地方）学习。

3 成果的创新点

3.1 课程建设理念创新：产教深度融合，校企共建在线课程

深化产教融合，打破企业被邀请到学校参与人才培养方案的制定和课堂教学、讲座等传统，学校教师前往企业，依托真实的工作岗位、纺织生产、检测用各大设备，企业专家讲述工作岗位对应的工作任务，以微视频的形式形成校企共建在校课程，弥补教学实践资源不足的缺陷。

3.2 培养模式创新：构建"工学交替—育训结合—德技并修"校企协同培养模式

课程学习校企协同，岗位实践校企共管；依托实训基地和双师型教师，形成"校企联合、校内外共管、二师四生一基地"为特色的学生企业实践模式，即在一个实训基地实习的4名学生配置校内外导师各一名，实现精细化培养。

4 成果的推广应用情况

4.1 校内实践

该课程建设及教学创新模式经过5年的探索与实践，取了显著的成效，学生技术技能素养显著提高，在技能大赛中持续获得佳绩，就业应聘优势显著，工作岗位成绩突出。教师教学改革与研究方面的成

果显著。

4.1.1 学生专业技能提高明显，参加技能大赛屡获佳绩

2015~2019 年，我院学生在面料设计、面料检测大赛中共获团体一等奖 5 项，标兵 4 名，一等奖 15 名。

4.1.2 项目团队的教学改革与研究成效显著

课题组成员在课程建设及教师信息化能力大赛中屡获嘉奖，获得信息化教学能力大赛国赛一等奖 1 项，江苏省二等奖 2 项，江苏省微课大赛三等奖 1 项；江苏省精品在线开放课程 4 门；江苏省高等学校重点教材 1 项；立项江苏省高等教育教改研究课题 2 项；获得中国纺织工业联合会教学成果奖 4 项；完成全国纺织服装信息化教育研究课题 2 项；省级以上刊物上公开发表教研教改文章 4 篇，其中 1 篇发表在核心期刊。

4.2 校外推广

我校作为"现代纺织技术专业"国家教学资源库的牵头单位，国际纺织服装职业教育联盟、中国纺织服装职教集团中的理事长单位，与全国纺织类兄弟院校保持着密切的联系。紧抓这一契机，积极分享经验，向广州职业技术学院、盐城工业职业技术学院、常州纺织职业技术学院等兄弟院校推广该成果，并运用于专业课程的教学及技能大赛的集训。在该成果影响下，广东职业技术学院在 2018 年面料检测技能大赛中荣获了团体一等奖的好成绩，实现了该校"面料检测"赛项团体一等奖零的突破。

4.3 服务产业

该成果的多门在线课程多次被作为纺织企业培训新员工的"电子教材"，先后为南通新飞纺织、江苏金太阳集团、上海罗莱家纺、江苏联发集团、温州大荣纺仪、莱州纺仪等企业人员 800 余人提供线上培训，助力纺织企业实现由普通劳动者向新形势下高素质技术技能型人才角色转变的愿景，推动纺织行业由机械制造向智能制造的快速发展。

4.4 社会影响

近年来，我校培养的纺织人才受到企业的纷纷好评，联发集团、Intertek 天祥集团与我院签订订单式培养模式，我院纺织类学生就业率达 90% 以上。2018 年我校入选省优质校建设单位，现代纺织技术专业是核心；2019 年成功入选江苏省高水平高等职业院校建设单位，我校现代纺织技术专业入选国家高水平专业群，是全国唯一入选的纺织类专业群，彰显了我校纺织专业在专业建设、课程建设、师资团队、社会服务等方面的领先地位；2019 年我校成功入选 2018 年高等职业院校育人成效、国际影响力、服务贡献全国 50 强。

"校企共建、双向兼职、创新服务"提升女装专任教师育人能力的研究与实践

杭州职业技术学院

完成人及简况

姓名	性别	所在单位	党政职务	专业技术职称
孙红艳	女	杭州职业技术学院	无	副研究员
章瓯雁	女	杭州职业技术学院	达利女装学院第一党支部书记	教授
徐高峰	男	杭州职业技术学院	达利女装学院院长	副教授
马亿前	女	杭州职业技术学院	无	助理研究员
徐剑	男	杭州职业技术学院	继续教育学院院长	讲师

1 成果简介及主要解决的教学问题

1.1 成果简介

高职教育是一种高等教育"类型"，它在育人内容、手段和路径与本科院校有较大差异，要构建与本科并行的高职特有的育人模式，发展现代职业教育，首要的是高职专任教师能力要胜任。杭州职业技术学院和达利女装学院开展深度的校企融合，共同实施教师提升计划，共建国家级双师培育基地，实施教师分类培育的"四大工程"，构建校企双方"身份互认、角色互换"机制，着力增强教师的研发和社会服务能力，打造出了一支"善教学、精技能、能研发"的多元能力复合型的高素质教师教学创新团队，显著提升了女装专业师资队伍整体水平。

1.2 主要解决的教学问题

1.2.1 解决双师型教师不足的问题

我国高职院校"双师型"教师整体比较缺乏且补充困难，成为深化职业教育改革良性运行的障碍和瓶颈，这也成为制约高水平高职院校建设面临的第一要素。

1.2.2 解决专任教师和企业师傅融合不深的问题

很多高职院校"双师结构"只是停留于表面，专兼教师两支队伍往往是各行其是，融合不足，专任教师、企业师傅远没有形成一体化的教研团队，影响了"双师结构"构建的初衷和价值发挥。

1.2.3 解决专任教师能力结构不良的问题

高职院校的教师往往是以"教学"为主，普遍存在知识结构单一、实践操作能力欠缺、岗位需求了解不足、研发服务水平不高、教学创新意愿不强等问题。要与高水平职业教育的发展要求相匹配，高职专任教师亟待形成"精技能、善教学、能研发"的多元复合能力结构。

2 成果解决教学问题的方法

2.1 校企共建队伍，打造一流的师资建设支持系统

一是校企共同制订和实施教师提升计划，实施"四大工程"。实施专业带头人"登峰工程"、骨

干教师"名师工程"、青年教师"青蓝工程"、兼职教师"名匠工程"，为学院内的每位教师制定有针对性的职业生涯规划和重点培育；二是校企共同打造国家级双师培育基地。整合浙江省服装版师协会、设计师协会、达利国际以及在杭品牌女装企业资源，建立学校教师、企业技师共享共培师资发展平台，每年组织教师参加专业领域职业资格培训，在面料开发、时尚女装款式、毛衫设计、时装搭配与陈列等领域，培育技术能手；三是建立双师培育的长效机制。达利集团每年投入 100 万元用于学院教师的培训和进修；将教师企业经历制度化，作为评定"双师型"教师资格的条件和职称晋升条件，在企业期间指导的学生实习、参与项目研发、技术革新计入教学工作量与校内津贴挂钩。

2.2 双向兼职，专任教师和企业师傅共构教研共同体

一是身份互认，角色互换。学院倡导实施"教师进企业、大师进课堂"，聘用达利服装中心负责人为专业负责人，深度参与专业建设，指导师资队伍建设，负责建立"教师—师傅"对接，企业师傅常驻学校引入企业技术、工艺、文化，专兼职教师结对，兼职教师与专任教师一并进行培训和教研；二是专兼一体化考核管理。为了增强专兼融合，学院实行二者的捆绑式管理，教学要求可以通过专任教师无障碍地渗透到兼职教师，对专任教师的考核就是该教学单位的整体考核，同时也对兼职教师进行考核，并给予相关激励。

2.3 突出创新和服务，实现多元复合的专任教师能力结构

通过组建大师工作室和产学研中心、下企业锻炼、教师企业经历工程等手段，引导教师关注企业一线技术需求，到企业一线顶岗实践，教师每年至少 1 个月进企业参与企业工作，教师真正参与企业生产实践和技术创新服务，通过应用型课题项目研究，解决企业生产中的关键技术难题，积累技术经验和研发成果，培育具有引领产业技术革新、创新能力的复合型师资队伍，使之"善教学、精技能、会研发"（图 1）。

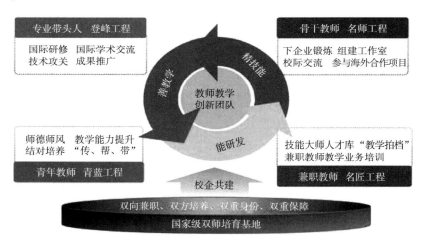

图 1　达利女装学院"校企共建、双向兼职、创新服务"师资队伍建设示意图

3　成果的创新点

3.1 以校企命运共同体为基石，企业深度参与，实现教师培育模式创新

杭职院和达利公司建立了共同体，校企紧密合作为女装专业师资团队建设打下坚实基础。企业将师资培育纳入企业人才发展规划，深度参与企业教师工作站、产学研中心等师资平台建设，遴选技术水平和工作经验丰富的一线企业专家、技术骨干常驻学校参与学校教学，与专任教师互补交流，同时企业积极落实专任教师的企业经历工程，给予专任教师实质任务，使教师企业经历工程落到实处。

3.2　以职业生涯规划为依据，分类精准培养，实现师资培育路径创新

学院师资培育注重科学谋划，制定不同类型教师的能力标准，结合教师个体的职业生涯规划，根据教师的类型、成长阶段、能力层次等维度，采取国内外高校访问研修、进企业服务、技术技能大赛、教学技能培训、海外研修、教学拍档等多种方式，开展专业带头人、骨干教师、青年教师、兼职教师的分层、分类、分岗培训；依托行业企业和高等院校建设高水平双师培育基地，培育了一批"双师型"优秀教师。

3.3　以创新和服务为发力点，实战为上，实现教师能力培育内容创新

以往教师培训侧重于教学能力培训，而对教师的技术研发、社会服务等方面的能力培训关注不足。学院注重强化教师的教研能力、应用研究能力，搭建协同发展中心、工程创新中心、创新创意中心、企业产学研中心等载体，加大科研激励力度，引导教师开展技术创新和企业服务，实现教师能力的多元化发展。

4　成果的推广应用情况

本课题经过三年的理论研究、实践验证和成果应用，取得了明显的成绩。

4.1　学院教师的"双师"结构和能力得到明显提升

通过校企深度合作，多措并举提升师资能力，优化师资结构。目前，学院 80% 的专业教师拥有 3 年以上企业工作经历，企业常驻学校技师 15 人，兼职教师占学院教师总数的 50%，而兼职教师来自企业一线的占兼职教师人数的 90%，真正形成了"双师结构"，形成了一支稳定的专兼结合的高水平队伍。

4.2　专任教师的创新和服务能力明显提升

近三年，师生每年产品研发量占达利公司年开发量 31%，专任教师承担横向课题 33 项，技术服务到款额 800 余万元，申请获得实用新型专利 21 项，外观设计专利 17 项，软件著作权 3 项。

4.3　教师队伍的整体水平得到大幅度提升

学院目前拥有 1 支省级教学团队，38 名专任教师中已培育出 1 名全国优秀教师、1 名全国技术能手、2 名全国优秀制版师、1 名浙江省"万人计划"教学名师、2 名教师进入省级"教坛新秀"、2 人获得浙江省"技术能手"、2 名浙江省高校优秀教师，学院获评"全国教育系统先进单位"。

4.4　学院的育人成效和专业建设成效突出

学院的"校企共同体产教融合育人模式"被社会各界称为职业教育的"达利现象"，并且获得国家教学成果奖一等奖，入选《国家高等职业教育服务产业发展成果案例选编》，获评"杭州十大美丽现象"。学院教师制定的《服装制版师岗位标准》成为全国制版师大赛的技术标准，承办省级以上服装技能大赛 30 项，开展技术培训和鉴定 35000 余人次，承担西博会项目流行发布会服装制作 120 套。服装设计与工艺专业在 2020 年顺利进入中国特色高水平专业建设计划。

基于现代学徒制的高职现代纺织技术专业
教学标准创新研究与实践

山东轻工职业学院
淄博海润丝绸发展有限公司

完成人及简况

姓名	性别	所在单位	党政职务	专业技术职称
陈爱香	女	山东轻工职业学院	纺服系纺织党支部书记、教研室主任	副教授
李永鑫	女	山东轻工职业学院	纺服系党总支副书记、系主任	讲师
李超	男	山东轻工职业学院	纺服系党总支宣传委员、系副主任	讲师
贾长兰	女	山东轻工职业学院	纺服系纺织党小组组长、丝绸文化创意园主任	讲师
杨文	女	山东轻工职业学院	纺服系纺织党支部宣传委员	讲师
张苗苗	女	山东轻工职业学院	无	讲师
宋蕾	女	山东轻工职业学院	无	讲师
陈艳	女	山东轻工职业学院	无	副教授
陈利	男	山东轻工职业学院	无	教授
刘丽娜	女	山东轻工职业学院	无	讲师

1 成果简介及主要解决的教学问题

1.1 成果简介

本成果来源于"纺织之光"课题《高职现代纺织技术专业基于现代学徒制的专业教学标准创新研究》，2015 年立项，2018 年通过验收，结题。

《现代职业教育体系建设专项规划（2012—2020）》提出"推进现代学徒制试点"，根据《关于〈高等职业学校专业教学标准〉修（制）订工作有关事项的通知》精神，在全国纺织服装教指委的指导下，我院参与了第一批专业教学标准的制定，通过行业、企业和院校的调查，明确了专业岗位群及培养目标；在职业能力分析的基础上确定了课程设置和教学内容；制定了切合现代学徒制的现代纺织技术专业教学标准；探索创新了"三结合、三同步"的人才培养模式。

1.2 主要解决的教学问题

（1）人才培养目标不明确的问题，通过企业调研，明确了人才培养目标，制定了基于现代学徒制的专业教学标准。

（2）创新了"三结合、三同步"的人才培养模式，解决了专业人才培养的方式方法问题。

（3）对专业课程体系进行了系统化设计，优选教学内容，深化教学改革。

（4）通过"三教"改革，实施了翻转课堂、混合式教学、理实一体化教学等新型教学模式。

（5）打造了一支"多元化结构"的优秀教学团队，保障高技能人才培养的实施。

（6）加大了实习实训条件建设，为人才培养模式的实施提供了坚实的平台。

2 成果解决教学问题的方法

2.1 通过调研，明确人才培养目标，制定专业教学标准

通过多种方式的调研，明确了专业岗位群及人才培养目标，制定了切合中国特色现代学徒制的专业教学标准，以培养满足企业需求的高素质技能型人才。

2.2 创新了"三结合、三同步"的人才培养模式，解决了专业人才培养的问题

三结合是指培养目标与企业需求相结合、教学过程与生产过程相结合、学习过程与工作过程相结合；三同步是指项目实训与产品生产同步、课程考核与证书考核同步、技能培养与素质提高同步。

2.3 对专业课程体系进行系统化设计，优选教学内容

以典型工作任务为线索，在职业岗位能力分析的基础上，并以职业岗位能力分析为依据，完善了基于培养纺织生产工艺实践能力的专业课程体系，深化教学改革。

2.4 进行"三教"改革，实施新型教学模式

通过"教师、教材、教法"三教改革，实施了翻转课堂、混合式教学、理实一体化教学。依托网络化教学平台，进行项目化课程体系改革，实施新的教学模式，实现了"教、学、做"的有机融合。

2.5 加强教师队伍建设、打造了一支"多元化结构"的优秀教学团队，保障高技能人才培养的实施

通过教师进企业实践、聘任能工巧匠和技术专家作为兼职教师等方式，建成了一支结构合理、素质优良、专兼结合的"多元化结构"教学团队。

围绕课程教学要求，加大教学实验实训条件建设，建成了织物打样和产品设计等实训室，为人才培养模式的实施提供了坚实的平台依托"一站三中心"的实践平台，培养了学生专业创新技能。

3 成果的创新点

3.1 教学理念的创新

秉承丝绸"精美、细致、高雅"的品质内涵，确立了"精益求精、细致细心、高质高效"的教学理念，建立并完善了教学管理制度体系，通过多种渠道，将纺织行业在产品和技术方面的发展成果及时展示给学生，在"一带一路"深厚的文化育人环境中，逐步培养技术扎实的高素质技术技能型人才。

3.2 人才培养模式的创新

依据企业对现代纺织技术专业的人才需求，优化人才培养方案，按照校企合作、工学结合的原则，创新了"三结合、三同步"的人才培养模式。通过人才培养模式的实施，提高了学生的实践技能、创新精神和职业素质，实现了人才素质的全面提升。

3.3 实践教学平台的创新

依托市纺织服装工业中心、国际时尚设计学院、1960丝绸文化创意园、数字化网络平台等功能，建成了专业设计大师流动工作站、织物设计与打样中心、纺织纹样设计中心、丝绸文化创意中心的"一站三中心"的实践教学平台，为人才培养提供保障，提升专业辐射能力。

4 成果的推广应用情况

4.1 专业教学成果辐射带动作用强

以现代纺织技术专业为龙头，带动纺织品设计、纺织品装饰艺术设计、服装设计与工艺、染整技术、纺织品检验与贸易等专业的建设与发展。在办学定位、人才培养模式改革、课程体系重构、专业建设、"双师型"专业教学团队建设、实训基地建设、社会服务能力等方面均取得显著成果。2009年现代纺

织技术专业被评为院级特色专业；2010年纺织品设计专业被评为院级品牌专业，2011年被评为山东省特色专业，2012年被列为中央财政支持重点建设专业，专业教学团队被评为省级优秀教学团队。该成果依托淄博市纺织服装职业教育集团，在淄博市其他中高职院校产生较大影响；学院图书馆开设了丝绸纺织实物馆，建立了特色数据库，收集了我国历史各时期的典籍、花样、工艺、服装、资料等，为大学生的艺术设计和文化创意提供快捷服务，也为省内外开设与现代纺织技术专业相关的艺术设计和服装专业的院校师生提供信息交流的平台，先后有20多所兄弟院校来我院学习和交流。

近三年，先后完成了山东省教育厅资助的五年制染整技术专业和服装设计专业两个专业的教学指导方案；第三批染整技术专业和第四批纺织品设计专业教学指导方案；成功申报了国家职业教育教学资源库的服装设计专业和现代纺织技术专业子项目；主持参与12个专业教学标准的制定；取得28项国家发明专利；在全国职业院校信息化教学大赛中，专业教师多次获全国一、二、三等奖；成功申报了山东省教改立项项目8项（其中重点项目2项），获得省财政20万元资助；成功申报了山东省自然科学基金项目1项，获得15万元科研经费；取得了山东省高校科研成果奖6项。2016年获批淄博市纺织服装工业设计中心项目，获得市财政150万元建设资金支持。2018年获批淄博市纺织服装专业公共实训基地项目，获市财政200万元建设资金支持。2019年获淄博市1960丝绸文化创意园基地项目，获市财政150万元建设资金支持。

4.2 教科研成果显著提升

2010年以来，主持省级以上教科研项目19项，获得省级及以上各类成果30余项；建成了1门国家级、2门省级精品资源课、4门省级精品课程、1门省级精品在线课程；在公开学术刊物发表论文33篇，其中全国中文核心期刊收录9篇；获得专利6项；开发并编写了10多部校企合作教材，其中《纺织品服用性能与功能》被评为山东省高等学校优秀教材；主持省级纺织品设计专业教学指导方案开发项目，获得省财政20万元资助。

4.3 人才培养质量不断提高

2010年以来，连续多届参加全国高职高专学生纺织面料设计及花样设计技能大赛、面料检测技能大赛、中国国际家用纺织品创意设计大赛、全国大提花面料创意设计大赛、全国院校家居软装设计大赛等，获一等奖9名、二等奖15名、三等奖16名、团体一等奖3项、优秀组织奖1项、二等奖8项，在同类院校中有很高的知名度。参加丝绸文化创意产品在2012"鲁绣杯"中国大学生家用纺织品创意设计大赛中荣获金奖1项、银奖1项、优秀奖2项；在第四届中国工艺美术精品暨家居用品博览会上荣获金奖2项、银奖2项、铜奖2项；在2012第七届"从洛桑到北京"国际纤维艺术双年展中荣获设计创意奖，作品被中国美术馆和浙江美术馆收藏。

近五年，纺织类专业学生第一志愿报考率达100%，专业匹配度达90%，职业资格证书获取率达98.9%。学生毕业后能够很快适应工作岗位，用人单位满意度达95%。

4.4 社会服务能力明显提升

与西安工程大学、淄博新力环保材料有限公司合作成立院士工作站，开发过滤材料项目；为企业设计的真丝大麻绉SH09—11面料在首届中国丝绸文化节上获2010全国丝绸创新产品银奖；"有机棉色绉布OC10"获"创意淄博"2010年工业设计大赛"鲁泰杯"纺织服装产品分赛铜奖。联合企业和兄弟院校，开发培训课程及其课程标准30余个；开发、设计教学资源4000余条。联合开发的教学材料和数字化资源被山东理工大学纺织服装学院、淄川第二职业中专、高青职业中专以及鲁泰纺织股份有限公司等单位在学生学习、职工培训中广泛采纳应用。与淄博市纤维纺织产品监督检验所对接合作，开展棉花、化学纤维、纱线类、毛巾类、毛纺类、棉纺类、针织类、絮用纤维制品及服装类等多种纤维及纺织品的检验服务；利用各种设计软件为企业提供织物组织设计、花型设计、图案设计及纹样设计服务；利用各种试样设备，开展机织面料、提花面料、巾被类面料、针织面料的试织与生产技术研究服务；开展适用于各类纺织品的纱线混纺、复合、试样及小批量生产；与区域内文化产业对接，进行文化创意产品开发、试制和定制。

近 5 年以来，利用师资队伍、校内外实训基地，为企业员工进行产品设计培训及技能鉴定，面向企业开展员工岗位培训达 1600 人次，技能鉴定达 1900 人次；开展产品开发达 450 多项；在中国棉纺织行业协会主办的"银仕来"杯大提花面料创意设计大赛中，30 多幅参赛作品被企业采纳并投产。2011 年 4 月，学院在香港理工大学时装与纺织资源中心和香港文化创意产业中心举办了《丝绸光纤艺术作品展》；组织师生参与完成了毛主席纪念堂大型绒绣壁画《祖国大地》的制作和监制工作；连续两届主持（淄博）国际陶瓷博览会"丝绸之路·起点淄博"丝绸展馆的整体设计与施工，整合淄博丝绸纺织企业，以"健康丝绸、时尚丝绸、文化丝绸、创意丝绸、艺术丝绸"五大板块，展示了淄博丝绸纺织文化创意产业所取得的成果；参与了周村古商城非物质文化遗产传统手工技艺博物馆的筹备设计和指导工作等。学院丝绸特色数据库，为省内丝绸纺织服装类企业、消费者提供一站式的丝绸纺织资源服务，使从业人员可有效地在短时间内寻找到所需的资料，广泛收到企业的好评。

服装设计与工艺专业"双轨互通、三段递进"现代学徒制育人模式的探索与实践

邢台职业技术学院

完成人及简况

姓名	性别	所在单位	党政职务	专业技术职称
王振贵	男	邢台职业技术学院	系副主任	讲师
牛海波	女	邢台职业技术学院	无	副教授
岳海莹	女	邢台职业技术学院	无	讲师
王瑞芹	女	邢台职业技术学院	无	副教授
刘辉	女	邢台职业技术学院	无	副教授
臧莉静	女	邢台职业技术学院	教研室主任	讲师
贡利华	女	邢台职业技术学院	无	讲师
范树林	男	邢台职业技术学院	系主任	教授

1 成果简介及主要解决的教学问题

1.1 成果简介

成果基于国家现代学徒制试点项目。作为首批现代学徒制试点单位，邢台职业技术学院与际华三五零二职业装有限公司互融合作，实施服装设计与工艺专业现代学徒培养。在学生学徒双重身份、教师师傅联合执教、学校企业共同育人理念下，创新了"双轨互通、三段递进"现代学徒培养模式。通过"双轨"设计，在招生、教学团队、培养内容与方法、考核内容与形式等方面架通校企间的桥梁，通过企业课程"三段"式构建，采用"悟""精""承"递进式教学设计，在学徒的工作态度、岗位能力、职业素养等方面创新了阶梯式综合能力培养的做法，探索出了校企主体作用凸显、师生身份转换顺畅、课程生产有效衔接、企业课程管理规范、工匠技艺和工匠精神并重的"双匠"人才培养途径。成果得到教育部职成司高志研的认可并引入论文，《高等职业教育现代学徒制"双轨互通、三段递进"人才培养模式研究》立项全国教育科学"十三五"规划2019年度课题教育部重点课题。

1.2 主要解决的教学问题

（1）推进了校企深度融合、协同育人，企业参与人才培养全过程。

（2）经教师、师傅的联合传授实现了技艺的有效传承。

（3）德技并重，三段式企业课程促进了兼具工匠技艺和工匠精神的"双匠"人才培养。

2 成果解决教学问题的方法

2.1 本成果研究的基本思路

以习近平新时代中国特色社会主义思想及国家相关文件精神为指导，以社会经济发展需求为依据，以培养现代职业教育人才为宗旨，校企双方形成教学、生产紧密结合的校企命运共同体，探索并开展"双

轨互通、三段递进"式现代学徒的培养模式（图1）。

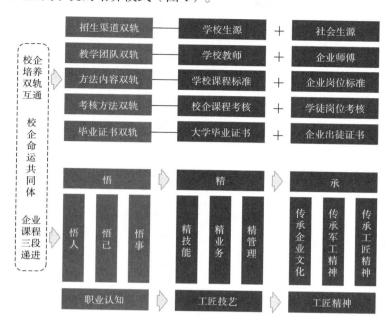

图1 本成果研究的基本思路

2.2 本成果解决教学问题的具体方法

2.2.1 设计研究制定总体框架

系统设计"12345"实施框架，即一个目标、两个主体、三项内容、四个途径、五项实施。一个目标，即通过成果实施实现人才培养目标；两个主体，即校企双主体办学；三项内容，即重点做好岗位分析、课程体系设计、实施管理环节；四个途径，即通过国内、外的相关调研进行分析、总结；五项实施，即在招生、教学团队、培养方法与内容、考核等层面开展探索与研究（图2）。

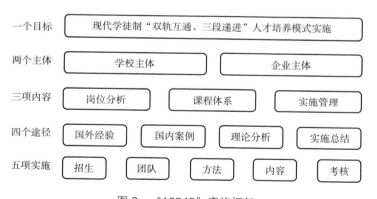

图2 "12345"实施框架

2.2.2 广泛开展问卷调查

以问卷调查的形式采集各服装企业对人才结构的需求、职业标准要求；采集学徒对培养方式的认可度、收集问题、征集改进措施；采集社会各界对现代学徒制的认知、认可度及需求情况，作为研究的重要依据。

2.2.3 充分进行案例分析

通过案例分析，获取开展现代学徒制试点高职院校的现代学徒制开展情况、特色亮点、不足等要素，进行分类、汇总、统计，同我院学徒制工作开展进行对比分析，进而探寻适合自身发展的特色模式。

2.2.4 多方进行专家访谈

通过对企业、行业、院校、教育研究机构等专家走访以及召开访谈会等形式，深刻分析产业需求、进行培养模式分析修订，从而进行自身办学特色方法的凝练。

3 成果的创新点

3.1 双轨互通的教学组织

（1）招收高中生源及社会生源实现"招生渠道双轨"。

（2）学校教师和企业师傅共同执教形成"教学团队双轨"。

（3）学校课程标准和企业生产标准组成"方法内容双轨"。

（4）开展校企课程考核及学徒岗位考核组成"考核内容双轨"。

（5）毕业时发放出徒证书及大学毕业证书实现"毕业证书双轨"。

校企深度融合的教学组织架起了校企融合办学的桥梁，从机制制度层面规范了学徒制办学的实施。

3.2 三段递进的企业课程

采用"悟""精""承"三段递进培养模式，实施校企双主体育人。第一阶段，通过入职培训、轮岗实践以及体验式综合素质培养，让学生"悟人、悟事、悟己"，培养良好的职业工作态度；第二阶段，组织开展企业课程学习及大师一对一指导的技能实践，实现"精技能、精业务、精管理"，培养学生精益求精的工匠技艺；第三阶段，学生通过服装设计技艺大师的熏陶独立完成企业"量身定制"的任务，实现"传承企业文化、传承军工精神、传承工匠精神"，培养适合新时代产业需求的工匠精神。

4 成果的推广应用情况

4.1 成果的应用推广情况

"双轨互通、三段递进"现代学徒制人才培养模式在河北省纺织服装职业教育集团校企单位首先进行推广应用，由邢台职业技术学院、保定职业技术学院等学校重点实施。其中，邢台职业技术学院与际华三五零二职业装有限公司合作、保定职业技术学院与保定澳森制衣股份有限公司合作试行学徒制培养，收效良好，学生的实践能力得到极大提升。河北女子职业技术学院、辛集市职教中心等中高职院校也已开始该模式的探索应用。

4.2 成果预期应用前景

本成果将在目前应用基础上，以河北省纺织服装职业教育集团为平台，在集团内中高职学校、企业进行推广应用，进而辐射京津同类院校、企业；同时在全国进行经验交流，以期对同类院校及专业提供参考借鉴，进而为我国现代学徒制改革工作添砖加瓦。

"三位一体，校企联合工匠式学徒" 服装类人才培养研究与实践

辽宁轻工职业学院

完成人及简况

姓名	性别	所在单位	党政职务	专业技术职称
曲侠	女	辽宁轻工职业学院	无	副教授
祖秀霞	女	辽宁轻工职业学院	系主任	教授
孙新峰	男	辽宁轻工职业学院	无	副教授
叶淑芳	女	辽宁轻工职业学院	无	讲师
徐曼曼	女	辽宁轻工职业学院	无	讲师

1　成果简介及主要解决的教学问题

1.1　成果简介

该成果遵循职业教育规律，全程贯穿校企行合作、产教融合的理念，以培养"工匠精神"为出发点、"现代学徒"为培养目的，构建了"三位一体，校企联合工匠式学徒"服装类人才培养的教学模式。

成果实践中依托省级现代学徒制项目建设、省级示范专业群建设、省级服装设计与工艺培训基地、省级双高专业群建设项目，升级改建具有现代化智能制造功能的服装全产业链不同典型职业岗位的工作室、培养了高水平师资队伍、人才培养质量明显提升，技能大赛成绩优异、社会服务能力影响力大、课程建设成果丰硕、科研能力明显提升、学生创新创业能力强、就业率高、用人行业、企业满意度高。成为省内一流、国内领先的专业，对同类专业建设起到了示范和推广作用。

1.2　主要解决的教学问题

（1）解决了教学内容与企业生产任务脱节的问题。避免了传统教学模仿企业生产，实现了教学内容与企业生产任务的一致性。

（2）解决了日常教学任务无法进行实际生产实践的问题。通过学徒身份进入企业学习，学生可以进入生产现场进行实训学习。

（3）解决了学生技能与职业岗位技能标准不一致的问题。通过实际生产学习，实现学生技能标准与具体工作岗位标准的一致性，达到和满足企业用人需求。

（4）解决了院校与企业联合育人稳定的基地保障问题。学生在稳定的校企合作基地，保证教学进程实训操作训练，保障了实训教学正常有序地进行。

2　成果解决教学问题的方法

（1）创新"教、学、做三位一体"的学徒式人才培养。通过在企业开展学徒制的教学，实现了教学过程中要求的"边教、边学、边做"，使理论与实践交替进行，将知识论、能力、素质有机结合，实现了理中有实，实中有理，突出学生的动手能力和专业技能的培养。

（2）创新"校企联合"工匠式学徒"弹性学制"与"线上＋线下混合"教学模式，解决了实训技能的连续性与阶梯性提升的培养过程问题。

弹性学制：即学制中第一学年校内专业素质学习，校内教师与企业教师分别授课；第二、三学年企业专业技能学习，进驻企业，采用师傅带徒弟形式，开始学习企业生产技能，校内教师采用线上 + 弹性学制，对学生授课，使学生理论与实训能力同步提升。

（3）实现"上课"即"上岗"，"毕业"即"就业"工匠式人才培养，达到企业用人标准的职业人才培养目标。

在校企联合、工匠式学徒的培养模式下，学生通过校内、企业学习的合理设置，实现"知识、能力、素质"三位一体的教育；"上课"即"上岗"，"毕业"即"就业"的职业人才培养，实现了毕业与就业的零距离，完成了高水平的职业人才培养。

3　成果的创新点

（1）创新了"校企联合"人才培养合作模式，可实现"招生"即"招工"的学徒培养。在人才培养中，创新了校企联合人才培养形式。即第一年校内学习，校企教师联合授课；第二、三年，以学徒身份进驻企业学习，实现了"边教、边学、边做"，理论与实践交替进行，将知识论、能力、素质有机结合，实现了理中有实，实中有理，突出学生的动手能力和专业技能的培养，全方位开展职场化人才培养。

（2）开创了"线上 + 线下混合式"弹性教学模式，实现了校企行合作、产教融合，实践贯穿始终的职场化育人模式。

通过学生在学校和企业的穿插学习，采用灵活的弹性学制，在第二、三学年采用线上授课形式，为学生进行校内教师授课、线下由企业师傅按员工标准对学生进行培养。这种"线上 + 线下混合式"弹性育人方式既是对学生学习的合理设置，也是对学校与企业在共同培养人才的合理举措，保证了学生技能实践学习的连贯性与学习质量保障。

（3）探索了全方位校企联合工匠式人才培养，促进了职业技能人才培养质量的持续提升。采用校内 + 企业教师团队的联合授课；校内与企业学习的深入；线上 + 线下课程的交替，使学生的专业素能、专业技能、职业素质都有全面的发展。全方位的展开现工匠式人才培养，为高质量的人才培养提供有力的保障。

4　成果的推广应用情况

4.1　现代学徒制建设成效显著，立项成为省级现代学徒制试点项目

自现代学徒制模式实施后，与企业深度联合，每年按计划积极开展人才培养，已经形成规模"工匠式学徒"人才培养，培育"大国工匠"精神的服装类人才，2018 年被遴选为省级现代学徒制建设项目。

4.2　学徒式人才培养成果显著，获业内专家的一致好评

成果得到中国服装设计师协会、辽宁省纺织服装协会、大连市服装设计师协会等专家的高度评价。教学成果鉴定专家委员会对本成果鉴定评价较高，具有很高的推广应用价值。

4.3　人才培养成效明显，用人企业对毕业生质量赞誉度高

学徒式人才培养质量明显提升，经过学徒制培养的学生毕业后，用人单位对毕业生满意率达 99%。学徒制学生在职业素养、专业技能、工匠精神、职业深度发展方面等综合能力均排在首位。学生专业技能高超，在国赛、省级技能大赛获奖 29 项；学生与行业企业技能人员同台竞技，荣获辽宁省"十佳版型师"称号 6 人次；进入全国十佳制版师决赛 4 人次，入选全国百强青年设计师 1 名。

4.4　项目实践成果丰硕，教育改革成果广泛，推广示范辐射作用显著

"三位一体，校企联合工匠式学徒"人才培养，已成为校企联合，服装类人才培养模式的典范。教学成果丰硕：获得省示范专业项目 1 项；省双高建设项目 1 项；省级以上教学成果奖 19 项；省级以上立项结题 10 项；省级教学名师 2 名；省级教学团队 1 支；省级实训基地 1 个；发明专利 2 项；"十二五"规划教材 3 部；时装周时装发布会 11 场等。"三位一体，校企联合工匠式学徒"人才培养实现全程校企联合，在服装类职场化人才培养方面成为典型的范本，极具推广价值。

以赛促教、以赛促学、以赛促创——服装与服饰设计专业学生创新创业能力培养实践探索

嘉兴职业技术学院

完成人及简况

姓名	性别	所在单位	党政职务	专业技术职称
彭颢善	男	嘉兴职业技术学院	无	副教授
罗晓菊	女	嘉兴职业技术学院	无	副教授
姚怡	女	嘉兴职业技术学院	党支部宣传委员	助教
顾金孚	男	嘉兴职业技术学院	校督导与质量监控办公室主任	教授
张青夏	女	嘉兴职业技术学院	服装与服饰设计专业党支部组织委员	讲师
戴桦根	男	嘉兴职业技术学院	教研室主任	副教授

1 成果简介及主要解决的教学问题

服装设计专业在技能竞赛的引领和推动之下，以赛促教、以赛促学、以赛促创，深化了"工学结合，校企合作"人才培养模式改革，优化了专业课程体系，推进了工作室制的教学方法改革，培育了优秀项目团队，增强了专业服务地方经济的能力，搭建了"工作室—校中厂—产学研共同体"实训教学平台，培养了高水平师资团队，推行了"四共育"校企合作运行机制，构建了创新人才培养体系。近3年来，荣获教育部"创新行动计划骨干专业"、教育部"现代学徒制试点专业""浙江省优势专业"等称号，学生获全国职业技能大赛一等奖、三等奖各1项，全国职业院校挑战杯大赛特等奖、一等奖各1项，省级专业技能大赛一等奖8项，专业学会、行业指导委员会全国赛事一等奖13项，其他等级赛项100余项，获得浙江省大学生新苗计划12项，学生授权专利500余项。

2 成果解决教学问题的方法

2.1 以赛促教、以赛促学、以赛促创为载体，构建立体化、多层次的人才选拔激励机制

以"国赛""省赛"行业大赛为引领，实施工作室教学改革，与校内学生技能大赛、学生毕业设计大赛共同构建了"立体化、常态化、多层次、全覆盖"的技能竞赛体系，结合创新创业人才培养计划，实现了技能竞赛训练团队和教学项目团队的融合、竞赛项目与教学内容的融合、竞赛资源与教学资源的融合，建立起完善的人才选拔与激励机制。

2.2 以赛促教、以赛促学、以赛促创为指南，深化工作室制人才培养模式改革

实施现代学徒制和工作室制的人才培养模式改革，引入技能大赛评价标准，实现课程标准与行业标准的统一；引入技能大赛评价模式，实现人才培养质量标准与职业标准的对接；引入技能大赛训练模式，提升师生项目工作室、学生创业工作室的工作效能与业绩。

2.3 以赛促教、以赛促学、以赛促创作抓手，创建"工作室—校中厂—产教研共同体"实训教学体系

将参赛组织、选手培训、参赛作品培育等工作与实训教学任务紧密结合，充分发挥"工作室—校

中厂（时尚展示空间）—产学研共同体"的实训平台优势，创建场所与生产车间一体化，学习过程与工作过程一体化，教师与师傅、学生与徒弟一体化、学生作业与实际产品一体化的"共享型"实训教学体系。

2.4 以赛促教、以赛促学、以赛促创为纽带，推行"四共育"校企合作运行机制

与知名服装企业深入推进"四共育"合作机制，即校企双方"校企共育时尚空间、共育项目团队、共育教学资源、共育创业能力"。

2.5 以赛促教、以赛促学、以赛促创推动建设了专兼结合的师资队伍

通过把竞赛内容融入课堂教学和课程建设中，培养了专业带头人和青年骨干教师，稳定了企业导师队伍。

2.6 以赛促教、以赛促学、以赛促创强化校企协同育人

坚持产教融合发展，推动职业教育融入了经济社会发展和改革全过程，推动专业设置和产业需求，课程内容与职业标准。教学过程和生产过程对接，实现职业教育与技术同步，生产方式变革以及社会公共服务相适，促进经济增效。

3 成果的创新点

3.1 以赛促教、以赛促学、以赛促创实现了技能竞赛体系与课程教学体系的融合

通过竞赛项目与教学内容的融合，竞赛资源与教学资源的共享，竞赛过程与教学过程的同步，实现竞赛评价与课程标准的统一。实现了技能竞赛体系与课程教学体系的融合、人才培养质量标准与职业标准的对接。

3.2 以赛促教、以赛促学、以赛促创实现了技能竞赛机制与校企合作机制的融合

逐步完善通过校企联合举办技能大赛，将技能"竞赛项目"与"企业任务"相结合，为企业进行新品开发和产品发布，学校和企业共同培育"时尚空间""项目团队""时尚品牌"和学生的创业能力，实现了技能竞赛机制与校企合作运行机制的融合。

3.3 以赛促教、以赛促学、以赛促创实现了产教融合，校企协同育人

以技能竞赛为引领，将技能竞赛要求与实训体系建设相融合，2015年成立"产学研共同体丝绸学院""时装设计中心""名师工作室"。实现竞赛资源与教学资源共享、企业项目与参赛项目互融互哺、生校企三方共赢，教学资源在服装设计、服装制版与工艺、服装营销等专业间的共享和高效配置。

3.4 以赛促教、以赛促学、以赛促创实现了学生创新创意能力和工匠精神

依托现代学徒制以工作室制人才培养模式，学生在校中厂和工作室，在校企双方导师的指导下，开展项目实践，导师根据学生特长和个性化发展需要，选择专业拓展课程，量身定制专业教学计划，因材施教，实现共性教育与个性教育相结合的教学理念。建立工作室绩效管理体系和工作室业绩"积分换学分"的学业考核机制，学生超额完成工作是项目任务，业绩突出，或参加技能大赛获得奖励即可获取业绩积分，学院奖积分转化为奖励学分，并以此作为对工作室进行激励和管理的依据。

4 成果的推广应用情况

4.1 专业建设成果丰硕

4.1.1 专业建设

（1）成为教育部创新行动计划骨干专业。

（2）成为教育部现代学徒制试点专业。

（3）成为浙江省"十三五"优势专业。

4.1.2　课程建设

服装款式设计、服装CAD、服装营销、服装跟单理单、服装品牌与策划等课程被省教育厅评为精品共享建设课程。

4.1.3　教学能力获奖

（1）彭颢善2016年获全国职业院校技能大赛高职组服装设计与工艺比赛"优秀指导老师"。

（2）彭颢善2017年获"全国职业院校技能大赛优秀工作者"。

（3）彭颢善2016年获第二届"海皮城杯"全国皮革服装制版大赛"优秀指导老师"。

（4）彭颢善2019年第九届"方达杯"全国纺织服装类职业院校学生纺织面料设计技能大赛"优秀指导老师"。

（5）彭颢善的作品获第二届中国时装画大展"入选展"。

（6）专业教师团队2016年获得嘉兴市教学成果二等奖。

（7）张青夏团队2017年获浙江省高等职业院校信息化教学大赛二等奖。

（8）张青夏团队2019年获浙江省教学能力比赛三等奖。

4.1.4　教学改革项目（地厅级）

（1）浙江省课堂教学改革项目"以技能大赛为切入点改革男装设计与制作课堂教学"，浙江省教育厅，2013~2015年，彭颢善。

（2）基于自主款式设计的《服装结构设计》翻转课堂教学模式的探索与实践，浙江省教育厅，2015~2017年，罗晓菊。

（3）基于可经营模式的《女装项目》课堂教学改革，浙江省教育厅，2015~2017年，缪晓燕。

（4）基于ISA模型的实验管理系统的设计与实现——以服装设计专业为例，浙江省高校实验室工作研究学会，2015~2017年，缪晓燕。

（5）"双创型"视角下服装立体裁剪课程教学改革研究，2016~2018年，张青夏。

4.1.5　教学改革论文

（1）彭颢善，基于技能大赛视角的高职服装专业课程教学改革研究，职教论坛，2015年3月。

（2）罗晓菊，基于自主款式设计的《服装结构设计》翻转课堂教学模式的探索与实践，轻工科技，2017年1月。

（3）缪晓燕，基于ISA模型的项目化教学研究与改革，职教通讯，2017年5月。

（4）杨隽颖，服装设计专业利用"校中厂"进行实践教学模式改革的探索与实践，现代职业教育，2017年1月。

（5）张青夏，"双创型"视角下服装立体裁剪课程教学，绍兴文理学院学报，2017年6月。

4.1.6　访问工程师项目

（1）罗晓菊，2016~2018年，访问嘉兴雅莹服饰有限公司。

（2）张青夏，2018~2019年，访问浙江嘉欣丝绸股份有限公司。

（3）赵绮，2015~2016年，访问嘉兴良友进出口集团股份有限公司。

（4）缪晓燕，2015~2016年，访问嘉兴雅莹服饰有限公司。

（5）陈文，2013~2016年，访问嘉兴市雀屏化工有限公司。

4.1.7　专业竞赛成果拔尖

2016年以来，服装设计专业学生在全国、全省各级各类技能大赛、创业大赛中摘金夺银共16多项，其中国家级特等奖1项、一等奖3项、三等奖10多项。浙江省大学生科技创新新苗计划6项，学生申请专利60多项。

4.1.8 专业技能大赛

（1）2016 年全国职业院校技能大赛高职组服装设计赛项国家级一等奖 1 名。

（2）2016 年浙江省职业院校技能大赛高职组服装设计赛项省部级一等奖 1 名。

（3）2016 年浙江省职业院校技能大赛高职组服装设计赛项省部级三等奖 2 名。

（4）2016 年第二届"海皮城杯"全国皮革服装制版大赛省部级一等奖 2 名。

（5）2016 年第二届"海皮城杯"全国皮革服装制版大赛省部级二等奖 2 名。

（6）2017 年浙江省职业院校技能大赛高职组服装制版与工艺赛项省部级二等奖 1 名。

（7）2017 年浙江省职业院校技能大赛高职组服装制版与工艺赛项省部级三等奖 2 名。

（8）2017 年第九届"瓦栏杯"全国纺织服装类职业院校学生纺织面料设计技能大赛省部级一等奖 1 名。

（9）2019 年第十一届"瓦栏杯"全国纺织服装类职业院校学生纺织面料设计技能大赛省部级一等奖 1 名。

（10）2018 年浙江省高职院校职业技能大赛服装设计与工艺赛项省部级团体二等奖 1 个、团体三等奖 2 个。

（11）2019 年浙江省高职院校职业技能大赛服装设计与工艺赛项省部级团体一等奖 2 个、团体三等奖 2 个。

（12）2019 年全国职业院校技能大赛高职组服装设计与工艺赛项国家级团体三等奖 1 个。

（13）2019 年第九届"方达杯"全国纺织服装类职业院校学生纺织面料设计技能大赛项省部级一等奖 1 个、二等奖 1 个、三等奖 4 个、团体二等奖 1 个。

4.1.9 学生创业创强创业大赛

（1）2 名同学获得 2016 年"挑战杯—彩虹人生"全国职业学校创新创效创业大赛国家级特等奖。

（2）2 名同学获得 2016 年"建行杯"第二届浙江省"互联网"大学生创新创业大赛暨第二届中国"互联网"大学生创新创业大赛银奖。

（3）多名同学分别获得 2017 年浙江省第 6 届职业院校"挑战杯"创新创业竞赛一等奖、二等奖。

（4）多名同学获得 2018 年"挑战杯—彩虹人生"全国职业学校创新创效创业大赛国家级一等奖。

（5）多名学生获得 2018 年第二届中国纺织类高校创意创新创业大赛二等奖。

4.1.10 浙江省大学生科技创新新苗计划

（1）扎染 T 恤的研究和运用推广，2015 年。

（2）工业碎皮重造技术研究及产品开发，2016 年。

（3）基于青年女性体型的分割半紧身裙结构设计研究，2017 年。

（4）一种塑身型产后智能化护理服的研发，2018 年。

（5）无极控温智能加热服装研发，2019 年。

（6）手绘服饰品的设计制作与推广，2019 年。

4.2 产业对接应用广泛

专业教师服务企业以产学研平台为基础，提升专业社会服务能力。2016~2018 年，杨隽颖、张青夏、廖丽芳等老师兼职于"校中厂"——元谱服装品牌研发中心，从事款式开发、样板设计和工艺开发工作；2017 年，罗晓菊、王琴华老师为嘉欣丝绸集团技术骨干开展专业知识培训，得到了企业好评；2016~2018 年，彭颢善、缪晓燕、李豪英等老师参与了公共实训中心建设，取得了良好的成效；2016~2018 年 5 位专业教师成功申请浙江省访问工程师项目，为企业解决技术和生产问题。

4.3 社会影响与辐射情况

4.3.1 专业承办大赛和培训

2016 年承办第二届全国'海皮城杯'皮革服装制板大赛；2017 年承办"丝绸杯"嘉兴市职业技

能竞赛暨百万职工技能大比武活动；2018 年承办"中辉杯"百万职工技能大比武时装技术技能竞赛；2018 年承办嘉兴市中职学生服装设计与工艺大赛；2018 年承办全省残疾人工匠大赛男、女装制作项目培训班；2018 年承办浙江省非遗传承人群研习培训班（织绣印染蓝印花布方向）；2019 年举办了浙江省职业院校院服装设计工艺大赛暨全国选拔赛；2019 年承办第六届全国残疾人职业技能大赛暨第三届全国残疾人展能节。

4.3.2 开展职业技能鉴定

依托纺织服装行业职业技能鉴定中心的优势，以省示范性实训基地（创意设计）为基础，开展职业技能培训和鉴定工作，面向社会和学生每年定期开展技能培训。近两年累积为企业、学校鉴定考评服装制版师（中、高）级 2000 人数次。

产教深度融合：促进科技成果转化与培养高素质技术技能人才的探索与实践

江苏工程职业技术学院

完成人及简况

姓名	性别	所在单位	党政职务	专业技术职称
马顺彬	男	江苏工程职业技术学院	无	副教授
蔡永东	男	江苏工程职业技术学院	无	教授
瞿建新	男	江苏工程职业技术学院	无	副教授
张炜栋	男	江苏工程职业技术学院	染整教研室主任	副教授
周祥	男	江苏工程职业技术学院	无	副教授
张曙光	男	江苏工程职业技术学院	无	教授
佟昀	男	江苏工程职业技术学院	无	教授

1 成果简介及主要解决的教学问题

1.1 成果简介

针对当前高职院校科技成果转化过程中存在教师缺乏成果转化的积极性和主动性、科技成果转化与学生培养脱节、科技成果转化与教学资源储备（更新）脱节的现状，以江苏省高校哲学社会科学研究基金项目《高职院校的科技协同创新路径研究》为研究基础，创新产教深度融合体制机制，多渠道、多途径构筑具有科学评价指标体系、评价标准的产教深度融合育人平台，通过教师科技项目、教师（教授）工作室、江苏省大学生创新创业训练计划项目、技能大赛等载体，将科技成果转化、专业教学资源储备与更新、学生培养等有机融合、协同发展，探索出了高素质技术技能人才培养新路，得到政府、纺织行业、企业一致好评。

1.2 主要解决教学问题

（1）通过创新体制机制，优化顶层设计，全面提升教师的科研、教学和社会服务能力，将参与省级科技创新团队的教师按研究方向进行组合，解决了教师"理论与实践相脱离"。

（2）以教师科技项目、教师（教授）工作室、江苏省大学生创新创业训练计划项目、技能大赛、企业实践等载体形成人才培养方案，对教师定方向、定任务、定学生，指导学生进行科学研究和企业实践，解决了科技与教学相脱离的问题。

（3）通过产教深度融合平台，有效推动了企业产品转型，行业升级，促进了教育和行业产业的深度融合，受到行业及各级政府的肯定，解决了"教育与行业产业相脱离"的问题。

（4）通过产教深度融合，将企业真实生产案例用于教学，解决了教学资源与企业生产实际相脱离的问题。

2 成果解决教学问题的方法

（1）多渠道、多途径构筑具有科学评价指标体系、评价标准的产教深度融合育人平台，联合企业进行关键技术公关，联合申报各级科技项目 9 项和发明专利 9 件，获得省市级科技进步二等奖 2 项、三等奖 7 项，转让发明专利 23 件。3 项目入选"纺织之光"2019 年度纺织行业新技术（成果）推广项目目录，有效地将教师研究成果转化为企业生产力。

（2）以教师科技项目、教师（教授）工作室、江苏省大学生创新创业训练计划项目、技能大赛、企业实践等载体，对教师定方向、定任务、定学生，促使教学与科研紧密融合，引导鼓励学生参与进来，提升了学生的综合职业素质，学生发表论文 16 篇，授权专利 18 件，其中发明专利 5 件，累计获奖 31 项，其中一等奖 8 项，二等奖 9 项，三等奖 9 项，江苏省普通高等学校本专科优秀毕业设计团队 1 个，完成江苏省大学生创新创业训练计划项目 8 项。

（3）通过产教深度融合，联合企业进行教学资源开发与更新，将教师的研究成果与企业的实际生产案例编入教材，完成国家级规划教材 1 部、省部级规划教材 4 部；用于国家级资源共享课程——现代织造技术的资源更新；用于国家级职业教育现代纺织技术专业教学资源库、江苏高校品牌专业纺织技术专业建设，切实将学习任务实际化、可行化、标准化，由教师指导学生开展科教结合实践训练，再以教师（教授）工作室为补充，实现高素质技术技能人才培养。

3　成果的创新点

（1）创新体制机制，多渠道、多途径构筑具有科学评价指标体系、评价标准的产教深度融合育人平台。联合企业进行关键技术公关，联合申报各类科技项目、专利、科技进步奖等，有效地将教师研究成果转化为企业生产力，与企业保持了紧密联系，为学生企业实践、就业等创造了良好氛围。

（2）以教师科技项目、教师（教授）工作室、江苏省大学生创新创业训练计划项目、技能大赛、企业实践等为载体，对教师定方向、定任务、定学生，促使教学与科研紧密融合，引导鼓励学生参与进来，提升了学生的综合职业素质。

（3）积极推进产教深度融合，联合企业进行教学资源开发与更新，将教师的研究成果与企业的实际生产案例编入教材，用于国家级资源共享课程《现代织造技术》资源更新；用于国家级职业教育现代纺织技术专业教学资源库、江苏高校品牌专业代纺织技术专业建设，切实将学习任务实际化、可行化、标准化，由教师指导学生开展科教结合实践训练，再以教师（教授）工作室为补充，实现高素质技术技能人才培养。

4　成果的推广应用情况

4.1　校内应用

以教师科技项目、教师（教授）工作室、江苏省大学生创新创业训练计划项目、技能大赛、企业实践等载体，学生吸收了纺织行业企业先进的研究技术，在全国技能大赛中摘金夺银，累计获奖 31 项，其中一等奖 8 项，二等奖 9 项，三等奖 9 项，获得了 18 项专利、发表了 11 篇论文，获得江苏省高校优秀毕业设计优秀团队奖 1 个，完成江苏省大学生创新创业训练计划项目 8 项，12 位同学获得"纺织之光"中国纺织工业联合会学生奖，周祥老师获得全国职业院校信息化教学大赛一等奖 1 项。

4.2　校外应用

创新体制机制，多渠道、多途径构筑具有科学评价指标体系、评价标准的产教深度融合育人平台，服务纺织行业企业，服务企业 20 余家，联合申报各级科技项目 9 项和发明专利 9 项，获得省市级科技进步二等奖 2 项、三等奖 7 项，转让发明专利 23 项，到账经费 100 余万元，助推企业产品提档升级，为企业新增销售收 1.2 亿元以上，3 项目入选"纺织之光"2019 年度纺织行业新技术（成果）推广项目目录，有效地将教师研究成果转化为企业生产力。

4.3 社会影响

产教深度融合成绩显著，备受行业及各级政府的重视和奖励，如 2013 年被中国纺织工业联合会授予全国纺织行业技能人才培育突出贡献奖，2014 年被中国纺织工业联合会授予中国纺织服装人才培养基地，2015 年获批国家级职业教育现代纺织技术专业教学资源库，2015 年现代纺织技术专业获批江苏高校品牌专业建设工程一期 A 类项目。3 人被教育部评为技术技能大师，1 人被江苏省纺织工程学会授予第十二届江苏纺织青年科技奖，2 名教师被授予全国纺织服装行业职业教育先进工作者称号，3 人被评为江苏省"333"高层人才培养工程第三层次培养对象。2019 年现代纺织技术专业入选中国特色高水平专业群建设单位和全国高职院校服务贡献 50 强、国际影响力 50 强、育人成效 50 强共 3 个 50 强称号。

"纺纱工艺设计与实施"在线开放课程建设与线上线下混合教学实践

江苏工程职业技术学院

完成人及简况

姓名	性别	所在单位	党政职务	专业技术职称
刘梅城	男	江苏工程职业技术学院	无	副教授
陈和春	男	江苏工程职业技术学院	无	讲师
张冶	女	江苏工程职业技术学院	无	副教授
尹桂波	男	江苏工程职业技术学院	教务处处长	教授
洪杰	男	江苏工程职业技术学院	纺织服装学院副院长	副教授
张曙光	男	江苏工程职业技术学院	无	教授
耿琴玉	女	江苏工程职业技术学院	无	教授

1 成果简介及主要解决的教学问题

1.1 成果简介

纺纱工艺设计与实施课程作为我校现代纺织技术专业核心课程,是2008年国家示范性高职院校、2015年"现代纺织技术专业"国家教学资源库及2019年国家"双高"专业的重点建设课程,是2016年江苏省省级在线开放课程,目前正与国家开放大学合作开展1+X证书制度背景下的课程改革。本课程2015年在"智慧职教"、2017年在"爱课程"两个平台开始在线教学,两个平台学习人数累计达36674人,用户覆盖了全国23个省和19所高职院校、1所本科院校以及大量社会人员。通过本课程的实施,激发了学生的专业创新能力,指导学生完成省大创项目3项、发表论文13篇、授权专利24项、获得优秀毕业设计5篇、行业技能大赛获奖6项、创业1项。

1.2 主要解决的教学问题

(1)本课程创设符合学习者认知规律的学习情境,设计了纯棉普梳纱、纯棉精梳纱、混纺纱、新型纺纱四个难度逐级递进的学习情景,通过任务驱动、工学结合,实现了行动导向的课程体系,符合高职学生的认知规律。

(2)建设了符合当前学生学习业态的线上线下混合教学范式,把每个技能点制作成微课,再组建成慕课课程,通过平台学习的"自引导"功能,组织线上教学活动;以我校纺织实训中心为依托开展线下教学活动。平台大数据智能化评价与线下成果展示、操作技能评价相结合,实现了线上线下混合教学模式下的"工学结合",提高了教学效果,改善了教学评价的科学性。

(3)建设了线下教学与纱线产品开发相结合的研教一体化模式,利用我校纺纱实训中心先进的纺纱设备,把线下教学与教师进行的纱线产品研发结合在一起,既丰富了教学内容,又开阔了学生的眼界、提高了学生的专业创新能力。

2 成果解决教学问题的方法

2.1 通过基于工作过程的课程体系建设，编写了"工学结合"的教材《纺纱工艺设计与实施》

本课程基于纺纱工作过程，把纺纱工艺的学习与纱线样品的制作结合在一起，以纯棉普梳纱、纯棉精梳纱、混纺纱、新型纺纱四种典型纱线产品为载体，设计了四个难度和综合应用程度逐渐递进的学习情境；通过案例引导、项目实施，从工艺设计到工艺实践，将专业知识的学习、操作技能的训练、职业素养的培养融为一体。编写了"工学结合"教材《纺纱工艺设计与实施》，分别于 2011、2019 年由东海大学出版社出版了第一版、第二版。

2.2 通过在线开放课程建设，制作了丰富的教学资源

本课程制作了 1000 多个内容丰富的教学视频、动画、PPT、图像、文档等优质资源，提高了学生在线学习的兴趣；本课程还开发了全流程虚拟纺纱系统，该系统包括三种纺纱工艺流程、二十多种纺纱设备、45 个模拟动画，通过虚拟动态模拟功能演示复杂的纺纱过程，解决了在线教学中存在的看不见、摸不着、弄不清等学习困难问题，提高了在线教学效果与质量。

2.3 配备了优秀的教学团队与先进的纺纱设备，为线下实践教学提供了保障

本课程的教学团队共计 10 人，其中教授 3 人、副教授 3 人、副教授兼高级工程师 1 人、高级工程师 1 人、讲师 2 人，拥有硕士、博士学历 5 人，企业经历 3 人，具有较高的理论水平、实践能力，为线上线下教学提供了保障。

我校纺纱实训中心配置了 3 条试纺生产线，共计 60 多台技术先进的纺纱设备，还聘用了经验丰富的专业人员进行设备的保养与维修，同时，我校还配置了南通市新型纤维材料重点实验室，具有从纤维、纱线到面料的全套检测设备与仪器，为本课程的线下教学工作提供了保证。

2.4 通过产学研育人平台，实现了科研反哺教学

我校自 2016 年开始，通过产学研育人平台开展了基于导师制的学生创新能力训练，把教师在纺纱技术研究中的最新成果，应用在本课程的线下教学中，指导学生进行纺纱实践与纱线开发，有效提高了学生的专业创新能力。

3 成果的创新点

3.1 课程体系创新

本课程利用现代信息制作技术，建设了 1000 多个品质优良的教学资源与全流程虚拟纺纱系统，利用学习平台的"自引导"功能，组织线上教学活动，通过平台大数据进行智能化评价；基于我校纺织实训中心技术先进的设备与经验丰富的教师团队，通过任务引领、项目驱动、团队合作，进行项目实施；采用成果展示、实践操作进行线下评价。利用平台学习的自主性，与项目实践相结合，实现线上线下学习的高度融合，构建了基于线上线下混合教学模式下工学结合课程体系。

3.2 能力培养模式创新

为了适应纺织行业对创新型人才的需求，本课程利用技术先进的纺纱设备，在课程实施过程中把纱线新产品研发与教学实践相结合，充分激发了学生对专业创新与产品开发的兴趣。通过纱线产品开发，提高了课程学习效果与专业创新能力。在近五年中，指导学生完成了省大学生创新训练项目 3 项、发表核心期刊论文 13 篇、授权发明与实用新型专利 24 项，获得校级及以上优秀毕业设计 5 篇等系列创新成果，形成了基于专业课程教学的专业创新能力培养模式。

4 成果的推广应用情况

在 2015 年"现代纺织技术专业"国家教学资源库期间，《纺纱工艺设计与实施》在线开放课程的

开课平台是智慧职教（www.icve.com.cn），2016 年江苏省级在线开放课程建设期间，开课平台是爱课程（www.icourse163.org）。截至 2020 年 5 月，该课在线开放课程在两个学习平台的总用户量达到 36674 次人，涉及全国 23 个省级行政区，覆盖了全国 19 所开设纺织专业的高职院校、1 所本科院校以及大量社会人员，在智慧职教的云课堂上被 8 所高职院校 16 位老师在 20 门专业课程中长期调用。

4.1　智慧职教平台

本在线开放课程 2015 年 6 月在智慧职教（www.icve.com.cn）平台上线后，便在当时参与国家教学资源库建设的 19 所高职院校中得到广泛应用，2017 年又重新修改整理，据不同学校、不同专业学生的实际需求，设计制作了 6 门特色慕课课程与 53 个微课。具体情况如图 1、图 2 所示。

子项目 " 纺纱工艺设计与实施 " 统计

课程封面	课程名称	创建时间	创建者	审核状态	课程类型
	纺纱工艺设计与实施（2017版本）	2017-08-09 15:26:14	张冶	审核通过	标准化课程
	新型纱线和新型纺纱	2017-08-20 21:00:34	张冶	审核通过	标准化课程
	纺纱工艺设计与实施	2015-04-30 06:10:12	张冶	审核通过	标准化课程
	混纺纱工艺设计	2017-08-31 16:05:20	张冶	审核通过	标准化课程
	纯棉精梳工艺设计	2017-08-31 15:24:58	张冶	审核通过	标准化课程
	快速成纱	2017-08-10 14:52:36	张冶	审核通过	标准化课程

图 1　纺纱工艺设计与实施在线开放课程 6 门特色慕课课程

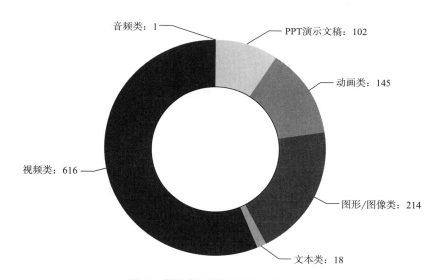

按媒体类型统计

音频类：1
PPT演示文稿：102
动画类：145
视频类：616
图形/图像类：214
文本类：18

图 2　微课类与微课课程合计：（53）

4.1.1 纺纱工艺设计与实施慕课的应用

目前，本在线开放课程在智慧职教（www.icve.com.cn）平台的用户总数已经达到 35030 人次，覆盖了全国 20 多个省 19 所高职院校、1 所本科院校以及大量社会人员。其中，2015 版纺纱工艺设计与实施慕课应用情况如图 3 所示。

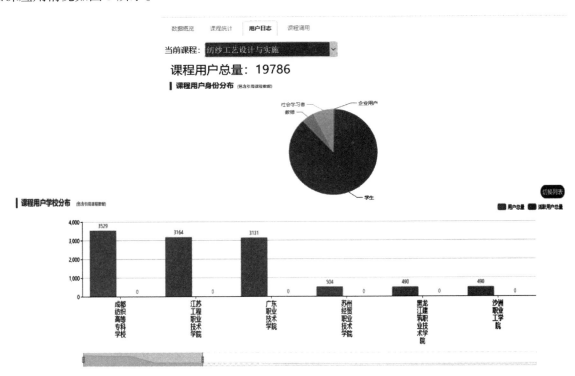

图 3 2015 版纺纱工艺设计与实施慕课应用情况

2017 版纺纱工艺设计与实施慕课应用统计（图 4）。

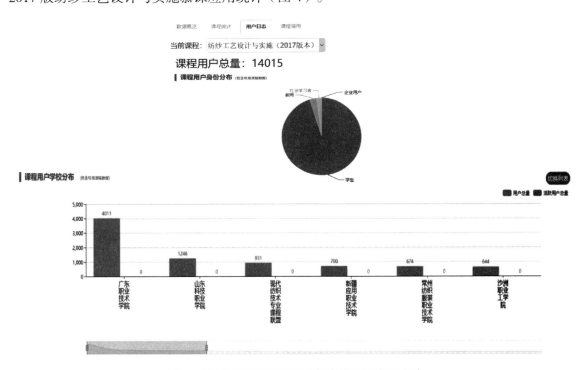

图 4 2017 版纺纱工艺设计与实施慕课应用统计

4.1.2 在云课堂被其他院校调用统计（图 5）

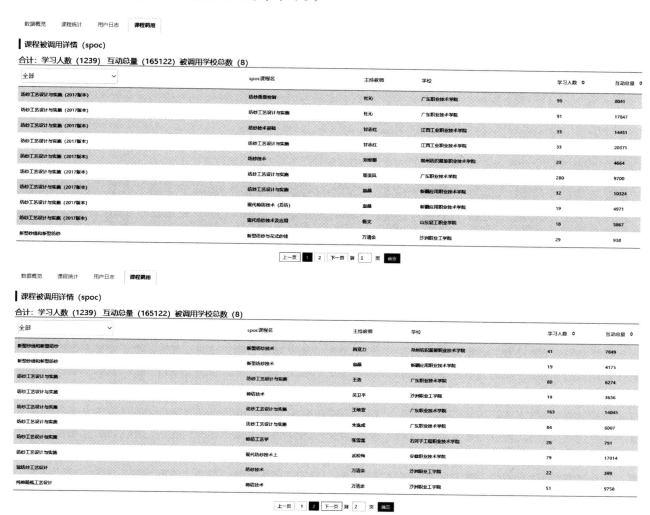

图 5　课程被其他院校调用详情

4.2　爱课程平台

2017 年 9 月本在线开放课程在爱课程（www.icourse163.org）平台上线，截至目前已经在线开课五期。具体情况如图 6 所示。

图 6　纺纱工艺设计实施开放课程在爱课程平台的开课情况

　　由于爱课程平台是按学校上课的学期开课，因此，在该平台选择本在线开放课程的学生主要以本校学生为主。在第一学期、第二学期学习本课程的学生，基本都是我校现代纺织技术专业的学生；从第三学期开始，随着本在线开放课程的推广，选择本课程学习的学生开始扩展到染整技术专业、服装专业以及商学院的贸易专业、艺术学院的家纺专业，学习人数也在不断增加，到2020年2月第5学期开课时，累计选课人数已达到近2753人（图7）。

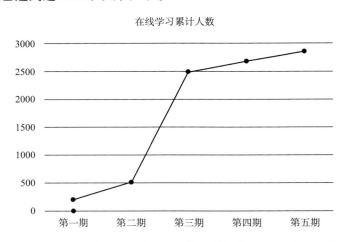

图7　在爱课程平台上的在线学习本课程人数（数据截至2020年2月第5学期）

附录

"纺织之光" 2020 年度中国纺织工业联合会纺织职业教育教学成果奖预评审会议专家名单

序号	单位	姓名	学术（行政）职务
1	成都纺织高等专科学校	宋超	教务处处长
2	杭州职业技术学院	徐高峰	达利女装学院院长
3	江苏工程职业技术学院	尹桂波	教务处处长
4	义乌工商职业技术学院	朱加民	教育督导处处长
5	浙江纺织服装职业技术学院	王成	教务处处长

“纺织之光”2020 年度中国纺织工业联合会纺织职业教育教学成果奖网络评审专家名单

序号	院校	姓名	职称
1	阿克苏职业技术学院	董燕	教授
2	阿克苏职业技术学院	李国锋	副教授
3	昌乐宝石中等专业学校	丁玉香	正高级讲师
4	常州纺织服装职业技术学院	张文明	教授
5	常州纺织服装职业技术学院	夏冬	教授
6	常州纺织服装职业技术学院	陶丽珍	教授
7	常州纺织服装职业技术学院	岳仕芳	教授
8	常州纺织服装职业技术学院	朱红	教授
9	常州纺织服装职业技术学院	庄立新	教授
10	常州纺织服装职业技术学院	袁红萍	副教授
11	常州纺织服装职业技术学院	顾明智	教授
12	常州纺织服装职业技术学院	王一凡	副教授
13	常州纺织服装职业技术学院	刘艳云	副教授
14	常州纺织服装职业技术学院	何彦	教授
15	常州纺织服装职业技术学院	蒋蓉	教授
16	常州纺织服装职业技术学院	张耘	教授
17	成都纺织高等专科学校	黄小平	教授
18	成都纺织高等专科学校	黄俊	副教授
19	成都纺织高等专科学校	冒亚红	副教授
20	成都纺织高等专科学校	曹选平	副教授
21	成都纺织高等专科学校	付学敏	副教授
22	成都纺织高等专科学校	余真翰	教授
23	成都纺织高等专科学校	何涛	教授
24	大连市轻工业学校	王琳秀	高级讲师
25	大连市轻工业学校	刘玉荣	高级讲师
26	广东女子职业技术学院	卢志高	副研究员
27	广东职业技术学院	吴教育	教授
28	广东职业技术学院	龙建佑	教授
29	广东职业技术学院	古发辉	教授
30	广东职业技术学院	李竹君	教授
31	广东职业技术学院	王家馨	教授
32	广东职业技术学院	罗杰红	教授
33	广东职业技术学院	王丹玲	教授
34	广东职业技术学院	蔡祥	教授
35	广东职业技术学院	文水平	副教授

序号	院校	姓名	职称
36	广东职业技术学院	唐琴	副教授
37	广东职业技术学院	李集城	副教授
38	广东职业技术学院	任丽惠	副教授
39	广东职业技术学院	王银华	副教授
40	广东职业技术学院	吴基作	副教授
41	广东职业技术学院	刘宏喜	教授
42	广州市纺织服装职业学校	段恋	高级讲师
43	广州市纺织服装职业学校	丁伟	高级讲师
44	广州市纺织服装职业学校	阳洪东	高级讲师
45	杭州职业技术学院	贾文胜	教授
46	杭州职业技术学院	陈加明	副教授
47	杭州职业技术学院	徐高峰	副教授
48	杭州职业技术学院	袁飞	副教授
49	杭州职业技术学院	郑小飞	副教授
50	杭州职业技术学院	刘桠楠	副教授
51	杭州职业技术学院	白志刚	教授
52	杭州职业技术学院	卢华山	副教授
53	杭州职业技术学院	张虹	副教授
54	杭州职业技术学院	章瓯雁	教授
55	杭州职业技术学院	曹帧	副教授
56	杭州职业技术学院	郭雪松	副教授
57	嘉兴职业技术学院	曹颖	副教授
58	嘉兴职业技术学院	金智鹏	副教授
59	江苏工程职业技术学院	陆锦军	教授
60	江苏工程职业技术学院	孙兵	教授
61	江苏工程职业技术学院	黄雪红	教授
62	江苏工程职业技术学院	闾志俊	教授
63	江苏工程职业技术学院	马昀	副教授
64	江苏工程职业技术学院	江荣华	副教授
65	江苏工程职业技术学院	钱雪梅	副教授
66	江苏工程职业技术学院	王亚鹏	副研究员
67	江苏工程职业技术学院	丁永久	副研究员
68	江苏工程职业技术学院	张晓冬	副研究员
69	江苏工程职业技术学院	魏振乾	副教授
70	江苏工程职业技术学院	熊逸越	副教授
71	江苏工程职业技术学院	邢颖	副教授
72	江苏工程职业技术学院	汪智强	副教授
73	江苏工程职业技术学院	刘桂阳	副教授

序号	院校	姓名	职称
74	江西服装学院	陈万龙	教授
75	江西服装学院	陈东生	教授
76	江西服装学院	段婷	副教授
77	江西服装学院	董春燕	副教授
78	江西服装学院	支娜娜	副教授
79	江西服装学院	闵悦	教授
80	江西服装学院	王利娅	副教授
81	江西服装学院	隋丹婷	副教授
82	江西服装学院	甘文	副教授
83	江西服装学院	陈淑云	副教授
84	江西服装学院	刘琳	副教授
85	江西工业职业技术学院	姚小英	教授
86	江西工业职业技术学院	胡浩	教授
87	江西工业职业技术学院	张苹	教授
88	江西工业职业技术学院	刘琼	副教授
89	江西工业职业技术学院	甘志红	教授
90	江西工业职业技术学院	杜庆华	教授
91	江西工业职业技术学院	李菊华	副教授
92	江西工业职业技术学院	谭艳	教授
93	江西工业职业技术学院	黄雪	副教授
94	江西工业职业技术学院	徐缓	副教授
95	江西工业职业技术学院	曾福民	副教授
96	江西工业职业技术学院	谢晓鸣	教授
97	江阴职业技术学院	张素俭	教授
98	江阴职业技术学院	赵宽	副教授
99	江阴职业技术学院	周方颖	教授
100	黎明职业大学	王晖	副教授
101	黎明职业大学	李云龙	教授
102	黎明职业大学	李大刚	副教授
103	黎明职业大学	张青海	副教授
104	黎明职业大学	曾安然	副教授
105	黎明职业大学	袁淑芳	副教授
106	黎明职业大学	黄茂坤	副教授
107	黎明职业大学	欧阳娜	副教授
108	黎明职业大学	陈敏	教授
109	黎明职业大学	侯霞	副教授
110	黎明职业大学	张华玲	教授
111	辽宁轻工职业学院	孙玉红	教授

序号	院校	姓名	职称
112	辽宁轻工职业学院	吕振凯	教授
113	辽宁轻工职业学院	毕万新	教授
114	辽宁轻工职业学院	熊丽华	教授
115	辽宁轻工职业学院	孙伟	副教授
116	辽宁轻工职业学院	白嘉良	教授
117	辽宁轻工职业学院	韩英波	副教授
118	辽宁轻工职业学院	祖秀霞	教授
119	辽宁轻工职业学院	韩雪	副教授
120	辽宁轻工职业学院	孙新峰	副教授
121	辽宁轻工职业学院	王雪梅	副教授
122	辽宁轻工职业学院	高世会	副教授
123	辽宁轻工职业学院	杨旭	副教授
124	辽宁轻工职业学院	马丽群	教授
125	辽宁轻工职业学院	曲侠	副教授
126	青岛市城阳区职业教育中心学校	何秀云	高级讲师
127	青岛市城阳区职业教育中心学校	方爱峰	高级讲师
128	青岛市城阳区职业教育中心学校	李蕊艳	高级讲师
129	青岛市城阳区职业教育中心学校	孙文谦	高级讲师
130	青岛市城阳区职业教育中心学校	孙妍	高级讲师
131	青岛市城阳区职业教育中心学校	肖立飞	高级讲师
132	青岛职业技术学院	乔璐	教授
133	青岛职业技术学院	刘卫国	副教授
134	青岛职业技术学院	于志云	教授 / 研究员
135	青岛职业技术学院	解荟霖	副教授
136	青岛职业技术学院	安平	副教授
137	青岛职业技术学院	黄娜	副教授
138	泉州纺织服装职业学院	李达轩	教授
139	泉州纺织服装职业学院	关继东	教授
140	泉州纺织服装职业学院	吴赞敏	教授
141	沙洲职业工学院	于勤	副教授
142	沙洲职业工学院	费燕娜	讲师
143	山东服装职业学院	李金强	副教授
144	山东科技职业学院	丁文利	教授
145	山东科技职业学院	董传民	副教授
146	山东科技职业学院	董敬贵	教授
147	山东科技职业学院	张宗宝	副教授
148	山东科技职业学院	韩文泉	教授
149	山东科技职业学院	王艳芳	副教授

续表

序号	院校	姓名	职称
150	山东科技职业学院	李爱香	副教授
151	山东科技职业学院	徐晓雁	副教授
152	山东科技职业学院	刘锡华	副教授
153	山东科技职业学院	孙金平	副教授
154	山东科技职业学院	管伟丽	副教授
155	山东科技职业学院	王兆红	副教授
156	山东科技职业学院	于京现	副教授
157	山东科技职业学院	苑敏	副教授
158	山东科技职业学院	王俊英	副教授
159	山东轻工职业学院	丛文新	副教授
160	山东轻工职业学院	昝学东	副教授
161	山东轻工职业学院	李群英	副教授
162	山东轻工职业学院	郭常青	教授
163	山东轻工职业学院	孙沅志	教授
164	山东轻工职业学院	顾乐华	副教授
165	山东轻工职业学院	肖鹏业	副教授
166	山东轻工职业学院	王开苗	教授
167	山东轻工职业学院	曹修平	教授
168	陕西工业职业技术学院	贾格维	教授
169	陕西工业职业技术学院	杨建民	教授三级
170	陕西工业职业技术学院	康强	教授
171	陕西工业职业技术学院	姚海伟	副教授
172	陕西工业职业技术学院	赵双军	副教授
173	陕西工业职业技术学院	王化冰	教授
174	陕西工业职业技术学院	纪惠军	教授
175	陕西工业职业技术学院	王显方	教授
176	陕西工业职业技术学院	严瑛	教授
177	陕西工业职业技术学院	杨小侠	副教授
178	陕西工业职业技术学院	潘红玮	副教授
179	陕西工业职业技术学院	裴建平	副教授
180	陕西工业职业技术学院	袁丰华	副教授
181	陕西工业职业技术学院	杨华	副教授
182	陕西工业职业技术学院	李仲伟	副教授
183	上海市群益职业技术学校	陈金国	高级
184	上海市群益职业技术学校	张国昌	高级
185	上海市群益职业技术学校	孙晓飞	高级
186	上海市群益职业技术学校	冯立竹	高级
187	上海市群益职业技术学校	李海燕	高级

序号	院校	姓名	职称
188	上海市群益职业技术学校	王忠	高级
189	上海市群益职业技术学校	于娟	高级
190	上海市群益职业技术学校	潘芳妹	中学一级
191	上海市群益职业技术学校	陆志红	中学一级
192	上海市群益职业技术学校	陈静	中学一级
193	上海市群益职业技术学校	吴佳美	初级
194	上海市群益职业技术学校	方闻	中学一级
195	上海市群益职业技术学校	于珏	中级
196	上海市群益职业技术学校	胡爱华	中教一级
197	苏州经贸职业技术学院	赵驰轩	研究员
198	苏州经贸职业技术学院	张明	副教授
199	苏州经贸职业技术学院	王海燕	教授
200	苏州经贸职业技术学院	杭伟明	教授
201	苏州经贸职业技术学院	周谨	教授
202	苏州经贸职业技术学院	凌守兴	教授
203	苏州经贸职业技术学院	戴雯惠	副教授
204	苏州经贸职业技术学院	李俊飞	副研究员
205	苏州经贸职业技术学院	许应楠	副教授
206	苏州经贸职业技术学院	张小英	教授
207	苏州经贸职业技术学院	沙新美	讲师
208	无锡工艺职业技术学院	梁惠娥	教授（二级）
209	无锡工艺职业技术学院	邵汉强	副教授
210	无锡工艺职业技术学院	吴岳军	教授（二级）
211	无锡工艺职业技术学院	陈珊	副教授
212	无锡工艺职业技术学院	陆小荣	教授（三级）
213	无锡工艺职业技术学院	李玮	"副教授 正高级工艺美术师"
214	无锡工艺职业技术学院	蔡红	副教授
215	无锡工艺职业技术学院	徐玉梅	副教授
216	无锡工艺职业技术学院	殷周敏	副教授
217	无锡工艺职业技术学院	方洁	副教授
218	武汉职业技术学院	孔莉	副教授
219	武汉职业技术学院	包振华	教授
220	武汉职业技术学院	任泉竹	副教授
221	武汉职业技术学院	温振华	副教授
222	武汉职业技术学院	李岳	副教授
223	武汉职业技术学院	汪玲	副教授
224	武汉职业技术学院	陈汉东	副教授

续表

序号	院校	姓名	职称
225	武汉职业技术学院	全建业	副教授
226	武汉职业技术学院	戴冬秀	副教授
227	邢台职业技术学院	孙超	副教授
228	邢台职业技术学院	辛东升	副教授
229	盐城工业职业技术学院	邵从清	教授
230	盐城工业职业技术学院	瞿才新	教授
231	盐城工业职业技术学院	张林龙	教授
232	盐城工业职业技术学院	孙卫芳	教授
233	盐城工业职业技术学院	李桂付	教授
234	盐城工业职业技术学院	刘华	教授
235	盐城工业职业技术学院	许俊生	教授
236	盐城工业职业技术学院	姜为青	教授
237	盐城工业职业技术学院	陈洁	教授
238	盐城工业职业技术学院	樊理山	教授
239	盐城工业职业技术学院	姚月琴	教授
240	盐城工业职业技术学院	张圣忠	教授
241	盐城工业职业技术学院	陆从相	副教授
242	盐城工业职业技术学院	李中华	副教授
243	盐城工业职业技术学院	贾妍春	副教授
244	扬州市职业大学	褚结	教授
245	扬州市职业大学	徐继红	教授
246	扬州市职业大学	储咏梅	教授
247	扬州市职业大学	陈亮	副教授
248	扬州市职业大学	戴孝林	高级实验师
249	扬州市职业大学	戎丹云	副教授
250	义乌工商职业技术学院	李昌祖	教授
251	义乌工商职业技术学院	马广	教授
252	义乌工商职业技术学院	李慧玲	教授
253	义乌工商职业技术学院	朱加民	教授
254	义乌工商职业技术学院	金红梅	教授
255	义乌工商职业技术学院	华丽霞	副教授
256	义乌工商职业技术学院	龚晓嵘	副教授
257	义乌工商职业技术学院	洪文进	讲师
258	浙江纺织服装职业技术学院	郑卫东	研究员
259	浙江纺织服装职业技术学院	杨威	教授
260	浙江纺织服装职业技术学院	陈运能	教授
261	浙江纺织服装职业技术学院	王成	教授
262	浙江纺织服装职业技术学院	陈海珍	教授

序号	院校	姓名	职称
263	浙江纺织服装职业技术学院	胡贞华	副教授
264	浙江纺织服装职业技术学院	张鹏	教授
265	浙江纺织服装职业技术学院	朱远胜	教授
266	浙江纺织服装职业技术学院	叶宏武	教授
267	浙江纺织服装职业技术学院	夏建明	教授
268	浙江纺织服装职业技术学院	罗炳金	教授
269	浙江纺织服装职业技术学院	张芝萍	教授
270	浙江纺织服装职业技术学院	孟海涛	教授
271	浙江纺织服装职业技术学院	于虹	副教授
272	浙江纺织服装职业技术学院	龚勤理	教授
273	浙江艺术职业学院	李雪芬	副教授
274	郑州市科技工业学校	花芬	高级讲师
275	郑州市科技工业学校	朱昀	高级讲师
276	重庆工贸职业技术学院	任小波	副教授
277	重庆工业职业技术学院	唐谦	教授

"纺织之光" 2020 年度中国纺织工业联合会纺织职业教育教学成果奖评审会议专家名单

序号	工作单位	姓名	学术（行政）职务
1	常州纺织服装职业技术学院	朱红	教授
2	成都纺织高等专科学校	何涛	纺织服装产业发展研究中心主任
3	广东女子职业技术学院	卢志高	教务处处长
4	广东职业技术学院	古发辉	教务处处长
5	杭州职业技术学院	沈威	党委委员、纪委书记
6	江苏工程职业技术学院	陆锦军	院长
7	江西服装学院	段婷	教授
8	江西工业职业技术学院	胡浩	副院长
9	辽宁轻工职业学院	孙玉红	院长
10	青岛职业技术学院	刘卫国	艺术学院副院长
11	山东科技职业学院	韩文泉	科协副主席
12	山东轻工职业学院	孙志斌	院长
13	陕西工业职业技术学院	杨建民	发展规划处处长
14	苏州经贸职业技术学院	赵驰轩	院长
15	无锡工艺职业技术学院	吴岳军	副院长
16	武汉职业技术学院	戴冬秀	纺织服装学院院长
17	盐城工业职业技术学院	瞿才新	院长
18	扬州市职业大学	储咏梅	教学督导室副主任
19	义乌工商职业技术学院	金红梅	创意设计学院院长
20	浙江纺织服装职业技术学院	郑卫东	院长